生活处处皆博弈。只要我们懂得博弈论的一些基本原理，并将这些博弈策略运用到我们的生活与工作中，我们就可以出奇制胜，改变生活的原来轨道。

轻松读懂博弈论知识

QINGSONG DUDONG BOYILUN ZHISHI

魏长松◎编著

一本书让你轻松掌握博弈论知识

中国城市出版社
·北京·

图书在版编目（CIP）数据

轻松读懂博弈论知识 / 魏长松编著. —北京：中国城市出版社，2012.4
ISBN 978-7-5074-2581-9

Ⅰ. ① 轻… Ⅱ. ① 魏… Ⅲ. ① 博弈论 - 通俗读物 Ⅳ. ① O225-49

中国版本图书馆 CIP 数据核字（2012）第 066639 号

责任编辑	张惠平
封面设计	方彩工作室
责任技术编辑	张建军
出版发行	中国城市出版社
地址	北京市西城区广安门南街甲 30 号（邮编 100053）
网址	www.citypress.cn
发行部电话	（010）63454857 63289949
发行部传真	（010）63421417 63400635
总编室电话	（010）68171928
总编室信箱	citypress@sina.com
经销	新华书店
印刷	北京集惠印刷有限责任公司
字数	338 千字 印张 22
开本	710×1000（毫米）1/16
版次	2012 年 5 月第 1 版
印次	2012 年 5 月第 1 次印刷
定价	33.80 元

前 言
PREFACE

人们常说：世事如棋。每个人的人生就像是在下一盘棋。只是这局棋的棋盘和棋子都是无形的，你的每一个行为都会化作棋子在棋盘中和别人激战，而此时精明慎重的棋手们大多数会揣摩着，思考着，算计着，因为走错一步，就可能会招来灭顶之灾，正所谓“一着不慎，满盘皆输”。

博弈论就是讲现实中的博弈规则，就是讲我们该如何下好现实这盘棋。任何博弈都是如此，不论是小孩子“玩石头、剪子、布”还是江湖豪客的性命相搏，不论是经济战争还是军事战争，不论是运动场上的竞技还是亿万年来在生物圈内演义的生存竞争，大到一国，小到一人，重到一决生死，轻到为博人一笑，各种博弈都遵循共同的思路。

人性本是自私的。我们之所以进行博弈，就是为了能够充分把握博弈带给我们的利害，取得我们利益的最大化：在日常交往中，能够成为人群中最受欢迎的人；在爱情面前，懂得尊重和争取，赢取一份值得相守终生的感情。

可以说，生活处处皆博弈。只要我们懂得了博弈论的一些原理，并将这些博弈策略应用到我们的生活与工作中，我们就可以出奇制胜，改变生活的原来轨道。

理解博弈，运用博弈，会使我们在生活当中更加游刃有余。为了实现利益的最大化，就一定要学习博弈理论的精髓，做好利益的分割，得到最好的结果。这就是我们必须了解、学习博弈理论的最根本原因。

博弈论并不是学者们用来唬人的把戏，而是一种一般性的分析方法。博弈论首先是人们思索现实世界的一套逻辑，其次才是把这套逻辑严密化的数学形式。博弈论的目的在于巧妙的策略，把复杂的问题简单化。我们学习博弈论的目的，不仅是为了享受博弈分析的过程，更是为了赢取美好的结局。

为了自己，也为了与他人更好地合作，我们都需要学习一点博弈论的策略思维。本书以通俗易懂的语言和大量实例讲解了博弈论的理论及其在日常生活和商业领域的应用，让您轻松读懂博弈论，学会用博弈的智慧来指导生活和工作，在生活和事业中悄然成为胜者。

目 录
CONTENTS

上篇 博弈理论

下篇　博弈应用

上篇

博弈理论

第一章　智猪博弈：等待优于行动

◎智猪博弈的释义

【在适当的时候，不妨搭个便车，省点力气，吃点免费的午餐，以便达到事半功倍的效果。】

博弈课程里面有一个著名的模型叫做“智猪博弈”。这个模型的主角是我们熟悉的猪：

假设猪圈里有一头大猪、一头小猪。猪圈的一头有猪食槽，另一头安装着控制猪食供应的踏板，踩一下踏板会有一定单位的猪食进槽，两头隔得很远。假设两头猪都是理性的猪，也就是说他们都有着认识和实现自身利益的猪。再假设猪每次踩动踏板都会有10个单位的饲料进入猪槽，但是并不是白白得到饲料的，猪在踩踏板以及跑到食槽要付出的劳动会消耗相当于2个单位饲料的能量。

还有就是当一头猪踩了踏板之后再跑回食槽的时候吃到的东西比另一头猪要少。也就是说，踩踏板的猪不但要消耗2单位饲料的能量，还比等待的那个猪吃得少。

再来看具体的情况，如果大猪去踩踏板，小猪等待，大猪能吃到6份饲料，小猪吃4份，那么大猪消耗掉2份，最后大猪和小猪的收益为4：4；如果小猪去踩踏板，大猪等待，大猪能吃到9份饲料，小猪1份，那么小猪消耗掉2份，最后大猪和小猪的收益为9：-1；若两头猪同时跑向踏板，那么大猪可以吃到7份饲料，而小猪可以吃到3份饲料，最后大猪和小猪的收益为5：1；最后一种情况就是两头猪都不动，那他们当然都吃不到东西，两头猪的收益就为0。

我们可以看到，当采用大猪踩踏板，小猪等待的策略时，这个时候，大猪和小猪的净收益都是4个单位的饲料。而且我们还可以看到的一个奇怪现象就是，如果小猪主动劳动，那么小猪的收益居然是-1，对于小猪来说，这比躺在那儿还要吃亏，当然小猪是不会干的。

就是说，如果是小猪按动踏板，则大猪会在小猪到达食槽前把食物全部吃光；如果是大猪踩动踏板，则大猪到达食槽时只能和小猪抢食剩下的一些残羹冷炙。既然小猪劳动不得食，则小猪不会主动踏板，而大猪为了生存，尽管只能吃到一部分，还是会选择劳动（踩踏板）。那么，在两头猪都有智慧的前提下，最终结果是小猪选择等待，只要搭顺风车就可以了。

对于大猪来说，小猪有了这个选择，那么大猪就只有两种结果了：要么也不动，那么两头猪就等死了；要是自己去踩踏板的话还有4份饲料可以吃。所以，对大猪来说，等待是一种劣势的策略。我们已经说过了，假设了大猪和小猪都是理性的智猪，那么当大猪知道小猪不会主动去踩踏板的时候，它亲自去动手总比不动要强，因此为了自己的利益，它必须主动地奔走于踏板和食槽之间。

也就是说，不管大猪采取什么样的策略，对于小猪来说，劳动都是一个劣势策略，因此最开始就可以排除掉这种可能。在剔除了小猪的踩踏板这种方案以后，大猪就只有两种方案可供选择。在这两种策略里面，等待是一种绝对的劣势策略，所以也被剔除掉。所以在剩下的策略里面就只剩下小猪等待、大猪踩踏板这个可以供选择的策略了，这就是智猪博弈的最后均衡。

结论就是：对于小猪来说，如果不仔细思考就开始劳动的话，会得不到任何好处。所以，有时候慢一点反倒是好的。

智猪博弈给我们的启示就是：生活中有些事情其实用不着自己费力，不妨找机会搭个便车，又省力又有实惠。这样的美事谁不希望呢？比如我们所熟知的名人效应，其实都是搭便车的“小猪”在借“大猪”的力量为自己谋取收益。

TCL为了打造“国产手机第一品牌”的国际化形象，斥巨资1000万元聘请“韩国第一美女”金喜善，并力邀国际级导演张艺谋担纲广告片的拍摄。金喜善美丽、高贵、大方，符合产品本身的特质，同时她的国际化背景和对中国年轻时尚群体的巨大感召力也是TCL品牌可以搭便车的重要因素。在金喜善出演的TCL手机品牌形象的广告中没有一句台词，金喜善只是利用自己的肢体语言和表情表达出她对TCL手机的喜爱和信赖。这部广告片在中央电视台的黄金时段进行了投放，取得了很好的传播效果，TCL手机“中国手机新形象”的传播语传遍全国。应该说，邀请金喜善的策略对于迅速打响TCL手机品牌而言是正确而有效的。

许多人并未读过“智猪博弈”的故事，但是却在自觉地使用小猪的策略。一些企业看到市场上的龙头企业推出了新的产品而风靡一时，便立刻模仿跟进，也是一种搭便车的小猪策略，让大猪花费前期的研究开发、市场推广等费用，等市场前景明朗了，自己再跟进就有稳定的收益了；还有股市上等待庄家抬轿的散户；公司里不创造效益但分享成果的人等等。因此，对于制订各种经济管理的游戏规则的人，必须深谙“智猪博弈”的道理。而参与其中的每个人，也要好好思考。

◎慢一点反倒是好的

【对于小猪来说，既然如果不仔细思考就开始劳动的话却得不到任何好处，那么，有时候慢一点反倒是好的。】

某大学公开招聘两名教授，一个是教经济学的，一个是教会计学的。经过层层选拔，最终有两人获得机会，姑且称之为A教授和B教授。A和B之间接下来的事，是一个有关智猪博弈的演绎。

会计学教授的工资是5000元/月，而经济学教授的工资是3500元/月。

A、B 两教授具有相同的学历背景———会计学硕士。同时又都有经济学的教学经验，A 教授的会计学教学经验优于 B 教授。

依一般人的想法，知识就是金钱，知识越多，工资越高，A 教授理所当然地会获得会计学教授职位。这就是我们这些聪明人的天真之处，殊不知现实并非如此。

因为 B 教授了解市场行情，而且知道到了目前，不可能有新的竞争者加入。因此，在与教务主任谈判时，极力否认自己具有经济学的教学经验，甚至说如果让他去讲授经济学会误人子弟，与其这样，自己宁可不要这份工作。

而 A 教授为了证明自己的能力，一开始就和盘托出，甚至大谈特谈自己的经济学教学经验。事情到此为止，我想每个人都看出了门道，学校不可能重新招聘，而两个教授也都不可能随便丢掉到手的美差。最终的结果就是 B 教授获得了会计学的教授职位，而 A 教授只好退而求其次，教授经济学。

这不是一个臆想的故事，而是活生生的现实。这也是“智猪博弈”的表现，结果是隐而不露的 B 获得了最大的收益。

博弈论学者认为，在现实的生活中，为集体利益而做出行动者所获得的利益远远小于“躲在背后的小猪们”的最终所得。不论是国营还是民营，私企还是外企，在企业内部总会存在各种各样的小团体，每一个团体都代表了一部分人的利益，都会推选出各自的代言人。我们往往发现，被推选为代言人的总是那些胸无城府，但又总是给人以积极形象的人。而群体活动的最大受益者——小猪则永远躲在幕后。活动成功了，他们可以不伤皮毛的优先分到一杯羹；如果失败了，他们也可以发表一通与我无关，我是受害者之类的演讲，让大猪成为永远的牺牲者。

这个博弈理论告诉了你一件事：天下是有免费午餐的，只要你足够聪明，做一个聪明的小猪，让他人心甘情愿为你提供午餐。

比如股市中，散户投资者与小猪的命运有相似之处，没有能力承担炒作成本，所以就应该充分利用资金灵活、成本低和不怕被套的优势，发现并选择那些机构投资者已经或可能坐庄的股票，等着大猪们为自己服务。要想把自己修炼成真正能挣钱的人，“小猪”就要记住，保存实力比任何事情都重要。在没有确定“大猪”真的把行情给发动起来之前，决不轻举妄动。一定不要忘记，在这次博弈中，小猪最好的策略是躺着不动。

此外，很多时候，小猪跟在大猪后面就是了，不要试图冲在最前面。《孙子兵法》曰：不战而屈人之兵，乃上策也。悄悄跟在别人后面走，便是不战而屈人之兵的上策。

日本索尼公司在不久前曾向外界公布了一个秘密：过去，索尼在研发上投入很大，但往往只开花不结果，往往是花了九牛二虎之力将新产品推出之后，别的公司却已经掌握了相关技术。所以，索尼公司成了冤大头，为他人作嫁衣裳。为此，索尼公司改变了策略，紧跟市场，待别人推出新产品打开市场后，索尼马上研究其不足，通过进一步的技术创新，开发并迅速推出其第二代产品，在性能、价格、设计等方面都优于对方的第一代，结果取得了“青出于蓝而胜于蓝”的技术创新和市场竞争效果。

在某种新产品刚上市，其性能和功用还不为人所熟识的情况下，如果进行新产品生产的不仅是一家小企业，还有其他生产能力和销售能力更强的企业。那么，小企业完全没有必要做出头鸟，自己去投入大量广告做产品宣传，只要采用跟随战略即可。

占有更多资源的人，必须要承担更多的义务，这在当前的国际合作中是很常见的现象，谁先去踩这个踏板，就会造福全体，但多劳却并不一定多得。小猪没有那么多的实力可以消耗，所以最好不要做这个领跑者。

任何行业中，在前面领跑的，受到的阻力总是最大，而跟随其后者要省力很多。大雁迁徙的时候，经常会变换队形，一会儿排成“人”字，一会儿排成“一”字，其中的一个原因的就是它们要更换头雁。头雁在最前面领飞，遇到的阻力最大，消耗的体力也最多，因而雁群中强壮有力的个体就要轮流做头雁。如果让一只大雁一直做头雁，再强壮的大雁也不能承受如此巨大的体力消耗。

在智猪博弈里，利用他人的努力来为自己谋求利益的智者是最大的受益人，因为他不必付出什么劳动就能获得自己想要的东西。因此，关键就在于如何让对手心甘情愿地按照自己的期望去行动。

◎找准值得跟随的“大猪”

【在自己是“小猪”的时候，要找准值得跟随的“大猪”，这样才能借力发展自己。】

对于故事中的小猪来说，躺着不动是无奈的选择。因为小猪的力量小，所以就要找到大猪，让大猪的实力给自己服务，增加自己的竞争力。

现实生活中，只要你头脑灵活，善于思考与行动，就能借助外在的力量，为己所用。方法有二：一是树上开花，二是借鸡生蛋。总的原则都是“借力”为我所用。

《三十六计》中的第二十九计《树上开花》描述到：“借局布势，力小势大。鸿渐于陆，其羽可用为仪也。”意为借助某种局面（或手段）布成有利的阵势，兵力弱小但可使阵势显出强大的样子。此计运用此理，是说弱小的部队通过凭借某种因素，改变外部形态之后，自己阵容显得充实强大了，就像鸿雁长了羽毛丰满的翅膀一样。

无人不知张飞是一员猛将，而他也有谋略。刘备起兵之初，与曹操交战，多次失利。刘表死后，刘备在荆州，势孤力弱。这时，曹操领兵南下，直达宛城，刘备慌忙率荆州军民退守江陵。由于老百姓跟着撤退的人太多，所以撤退的速度非常慢。曹兵追到当阳，与刘备的部队打了一仗，刘备败退，他的妻子和儿子都在乱军中被冲散了。刘备只得狼狈败退，令张飞断后，阻截追兵。张飞只有二三十个骑兵，怎敌得过曹操的大队人马？那张飞临危不惧，临阵不慌，顿时心生一计。他命令所率的二三十名骑兵都到树林子里去，砍下树枝，绑在马后，然后骑马在林中飞跑打转。张飞一人骑着黑马，横着丈八长矛，威风凛凛地站在长坂坡的桥上。追兵赶到，见张飞独自骑马横矛站在桥中，好生奇怪，又看见桥东树林里尘土飞扬。追击的曹兵马上停止前进，以为树林之中定有伏兵。张飞只带二三十名骑兵，阻止住了追击的曹兵，让刘备和荆州军民顺利撤退，靠的就是这“树上开花”计。

张飞给人的感觉就是一个粗人，他却能想出迷惑敌人的招数，其实他的方法并没有什么神奇的，只不过就是借助了地形让别人以为自己很强大而已。

当自己是“小猪”时，就要学会借力。

20世纪50年代末，美国的佛雷化妆品公司基本独占了黑人化妆品市场。虽然有很多的化妆品公司与其竞争，但是它的霸主地位始终无法撼动。

这时，公司有一名推销员自立门户了，他就是乔治·约翰逊，他还邀请了三个同伴一起创业。最开始大家对他的实力很是怀疑，因为在与佛雷的竞争中败下来的大公司已经不计其数了，这样的小公司根本没有竞争力。但是乔治的想法不一样，他觉得他们不是要和佛雷竞争，而是要从佛雷分到一杯羹，所以从某种意义上来说，佛雷越发达，对自己也就越有利，只要借助佛雷的力量就可以了。

果然，约翰逊说到做到，当自己的产品生产出来之后，他的广告词让大家很是惊讶，当然这是他经过深思熟虑的，那就是：黑人兄弟姐妹们，当你用过佛雷公司的化妆品之后，再擦上约翰逊的粉质膏，你会有意想不到的结果！

从这则广告你就可以看得出来，很是奇特的，它不像一般的广告词一样，总是抬高自己贬低别人，而这则广告表面上是在推销佛雷的产品，但其实是在推销自己的产品，这就是借助别人已有的声誉，自己什么都不干的策略。

当然功夫不负有心人，让佛雷这只大猪替自己开拓市场的方法很灵验，他们把自己的新产品和佛雷的名字摆在一起，消费者们很自然地就接受了约翰逊的粉质膏。走出第一步之后，约翰逊又开始推出一系列的新产品，这时候的消费者已经接受了他的东西，随之而来的事情就变得不是那么难办了。

经过几年的努力，他们居然打败了佛雷，成为了黑人化妆品市场的新霸主。

这就是一个借助已有产品的声誉打出自己品牌的例子，小猪在最开始力量不足的时候，借助大猪壮大自己的实力，扩大自己的市场占有率。

上面的小猪至少还有自己的品牌和一定的实力，如果是只一无所有的“小猪”，又该怎么办呢？这时候可以学会借鸡生蛋。

现任分众集团 CEO 的江南春的创业之路就是借鸡生蛋的最好例子。生性好强的江南春不甘心一辈子为别人打工，看老板的脸色过日子。因此，1994 年 2 月，在读大学三年级的江南春就开始了自主创业之路。同年 7 月，江南春自筹资金，注册创办永怡传播公司，并出任永怡传播公司的总经理。

可是，几乎作为中国最早的一代大学生创业者，1994 年时江南春何以获得百万余元的注册资金？事实上，凭借江南春当年的资金实力，他还不足以成立一家属于自己的广告传媒公司，于是只可能“借鸡生蛋”，靠别人的钱帮助自己注册成立公司。而也就是 1994 年的同一时候，港资永怡集团老板为了整合旗下公司品牌，出资 100 万让江南春组建永怡传播公司。这是一家以创意为主的广告代理公司。只不过，江南春仅仅只是拥有公司管理权，永怡传播公司不得不依附于当时的永怡集团，严格意义上说，在法律制度上江南春没有“所有权”。从“管理权”到“所有权”转变的这个过程，江南春又巧妙地使用了“借鸡生蛋”策略。

公司成立之后，自己不是法人代表，但是为了能尽快将公司收归己有，他必须拼命赚钱，通过“还款”或者“购买股份”的方式让永怡传播公司改姓“江”。

于是，成为“江总”的大三学生江南春马不停蹄地为了自己的企业四处打拼。然而，大学阶段即出尽风头的江南春，面临一年后的毕业，却“感觉到了压力”。为了逃离或是挑战压力，江南春与一位志同道合的朋友合作，成立了东广广告公司。这个公司的运作成功，在相当大的程度上体现了两个年轻人的远见。当时无锡正在大张旗鼓地进行市政建设，受到上海南京路灯火通明的启发，他们凭借“让无锡亮起来”的策划方案拿下了无锡的灯光工程。

“以上海市的‘灯光改造工程’游说无锡市政府在商业繁华地点建立灯箱广告，成本只有百万元，而收益却是六七百万。当然，城市形象也是实实在在地改变了。”江南春说。事实上，这500个灯箱的工程他们没有投入一分钱。因为前期的制作费用是无锡市财政局作为市政工程给贷的款，所以江南春没有投入一分钱，就一鼓作气在无锡做了500个灯箱广告。借你的钱，然后做你需要的产品，产品做好之后，你再用我要求的价格买回去。我来的时候带着创意和能力，走的时候口袋里装满了钱。

这就是“借鸡生蛋”策略的巧妙运用，也凭借着这样的不懈努力与干劲所挣得的这一笔笔的业务让江南春拥有了第一个50万，从而真正意义上拥有了永怡公司的管理权和所有权。同时也让江南春创造了白手起家，空手套“永怡”的商业奇迹。

对于白手起家的创业“小猪”来说，可以通过自己的智慧和策略，直接或间接地使用别人的资金，如通过向银行借贷或与他人合作等方式，来弥补自己资金方面的不足，走出困难的局面，从而开创出自己的一番事业。

◎设立公正合理的机制

【不管你是大猪，还是小猪，你的周围总会充满了各种各样的大猪、小猪，心里盘算着如何让自己获取最大的收益。开动脑筋，让自己更聪明一点，事半功倍地达到想要的结果。】

在智猪博弈里，小猪是最大的受益者，因为它不必付出任何劳动就能获得食物。但是，实际生活中，作为一个有理性的人，谁都不愿意甘冒风险而为他人带来好处。如果是这种情况，智猪博弈便无法形成。“各家自扫门前雪，莫管他人瓦上霜”，其结局必然是整体利益受到损害。

在智猪博弈的模型中，要摆脱大家都无法生存的困境，就要让双方的期望值不同，然后由一方做出现象上的让步。实际上，让步的这一方，只是在表面上看起来是谦让，而不是无原则无目的的让步，绝不像孔融让梨那样是出自道德心，而是出自自己理性的盘算和对期望值的估计，然后才采取看似让步的举动。这样一来，别人看来你是让步了。因为表面上是如此的，而你在不违背自己意愿的基础上，打破了困境，实现了自己的期望。这看似愚蠢，实则智慧至极。

而对于管理者来说，就要多思考一下了。在这场博弈中，小猪之所以不干活，原因何在？因为，小猪踩踏板将一无所获，不踩踏板反而能吃上食物。对小猪而言，无论大猪是否踩动踏板，不踩踏板总是好的选择。反观大猪，已明知小猪是不会去踩动踏板的，自己亲自去踩踏板总比不踩强吧，所以只好亲力亲为了。

这种“小猪躺着大猪跑”的现象是由于故事中的游戏规则所导致的。规则的核心指标是：每次落下的事物数量和踏板与投食口之间的距离。

作为一个组织或者一个企业的管理者，为了整体利益，你必须重新设置游戏模式，改变核心指标，猪圈里可能就不会出现同样的“小猪躺着大猪跑”的景象了？试试看：

改变方案一：减量方案。投食仅是原来的一半分量。结果是小猪大猪都不去踩踏板了。小猪去踩，大猪将会把食物吃完；大猪去踩，小猪将也会把食物吃完。谁去踩踏板，就意味着为对方贡献食物，所以谁也不会有踩踏板的动力了。

如果目的是想让猪们去多踩踏板，这个游戏规则的设计显然是失败的。

改变方案二：增量方案。投食为原来的一倍分量。结果是小猪、大猪都会去踩踏板。谁想吃，谁就会去踩踏板。反正对方不会一次把食物吃完。小猪和大猪相当于生活在物质相对丰富的社会，所以竞争意识不会很强。

对于游戏规则的设计者来说，这个规则的成本相当高（每次提供双份的食物）；而且因为竞争不强烈，想让猪们去多踩踏板的效果并不好。

改变方案三：减量加移位方案。投食仅原来的一半分量，但同时将投食口移到踏板附近。结果呢，小猪和大猪都在拼命地抢着踩踏板。等待者不得食，而多劳者多得。每次的收获刚好消费完。

对于游戏设计者，这是一个最好的方案。成本不高，但收获最大。

原版的“智猪博弈”故事给了竞争中的弱者（小猪）以等待为最佳策略的启发。但是对于社会而言，因为小猪未能参与竞争，小猪搭便车时的社会资源配置的并不是最佳状态。为使资源最有效配置，规则的设计者是不愿看见有人搭便车的，政府如此，公司的老板也是如此。而能否完全杜绝“搭便车”现象，就要看游戏规则的核心指标设置是否合适了。

比如，公司的激励制度设计，奖励力度太大，又是持股，又是期权，公司职员个个都成了百万富翁，成本高不说，员工的积极性并不一定很高。这相当于“智猪博弈”增量方案所描述的情形。但是如果奖励力度不大，而且见者有份（不劳动的“小猪”也有），一度十分努力的大猪也不会有动力了——就像“智猪博弈”减量方案中所描述的情形。最好的激励机制设计就像改变方案三——减量加移位的办法，奖励并非人人有份，而是直接针对个人（如业务按比例提成），既节约了成本（对公司而言），又消除了“搭便车”现象，能实现有效的激励。

有两个矿区老板，一个老板很是大方，给自己的工人的工资比哪儿的都要高。而另外一个老板就不是这么想的，他觉得矿区是自己开发出来的，工人只给一些基本的工资就可以了，其他的都应该归自己所得。

两个矿区的人就这样生活着，前一个矿区的工人得到了除生活费以外的更多工资，他们除了自己的基本生活外，还能够做一些其他的消费，扩大自己的生活范围。逐渐地，这边的工人都活得很滋润，工人的后代都该上学的上学，平时大家该怎么娱乐就怎么娱乐。而这个矿区的老板又开始在附近的地方开办了很多的消费场所，赚取了更多的钱，发给工人的工资更多，大家干事也更卖力。良性循环进行着，矿区也在完善，安全措施之类的都做得很好。渐渐地，这个地方就成为了一个繁华的小城镇。

而另外一个地方却是另外一番景象，这个老板本来想要最大化地榨取工人，可是渐渐发现工人的劳动生产率很低下，怎么惩罚都没有用，大家好像都联合反对。慢慢地，这里越来越荒凉，矿里面还老是出事，医药费花掉了不少，他自己就不明白这究竟是怎么回事。其实很简单，就是分配出了问题，当你多劳了也得不到更多的时候就没有了积极性。

所以，作为一个管理者就要注意，如果不给“大猪”更多的收益，你的团体中就会出现越来越多的“小猪”，一定要激励“大猪”，让大小猪之间的收益达到某种平衡，这样才能给自己的团队带来更多的利益。

激励机制是现代企业管理中常用的手段，也是非常有效的手段，这种机制可以更有效地调动大家的积极性，更全身心地投入自己的工作中去，把失误降低到最低。当然，这种考核机制在实行过程中一定要做到公平，赏罚要分明，这样才可以达到预期的效果。

要平衡大小猪的收益，就是要设立公正合理的考核机制、激励机制，建立完备科学的薪酬体系。要想达到这个日标，必须至少遵循以下几个原则：

认可性原则。如果设计出来的机制和体系不能为员工所认可和接受，那么无论其技术方面做得多么出色也是没有任何成效的。因此要让员工明白现行的薪酬决策是怎样做出的，工资结构为什么要设计成某种形式，企业为什么要对工资结构做出某种调整，为什么这种决策是最适合本企业的等等。可以采用让员工参与到薪酬决策中来以及运用有效的方式与员工进行沟通等方法来使员工认可和赞同薪酬体系。

公平性。是指企业员工对薪酬分配的公平感，也就是对薪酬发放是否公正的认识与判断，是设计薪酬制度和进行薪酬管理时首要考虑的因素。公平的赏罚是取得员工的信任、争取员工支持并为企业作出更大贡献的基础，一般来说，合理的薪酬应满足以下三个条件：1. 外部公平性。同一行业同一地区或同等规模的不同企业中类似职务的薪酬应基本相同，因为，此类职务对员工的知识、技能与经验要求相似，付出的脑力和体力也相似，薪酬水平也应大致相同。2. 内部公平性。即同一企业不同职务的员工所获得的薪酬应正比于其各自对企业作出的贡献，只要比值一致便是公平。3. 自身公平性。即同一企业中占据相同职位的员工，其所获得的薪酬应与其贡献成正比，同样，不同企业中职位相近的员工，其薪酬水平也应基本相同。

竞争性。竞争性是指在社会上和人才市场中，企业的薪酬标准要有吸引力，才足以战胜竞争对手，招到所需人才并留住人才。要有竞争力，就必须为他们提供高于同行业其他企业的薪酬水平。

激励性。激励性是指要在内部各类、各级职务的薪酬水准上，适当拉开差距，真正体现薪酬的激励效果，为每个员工提供公平均等的机会，提倡和鼓励竞争，让富有聪明才智和诚实肯干者在竞争中脱颖而出并获得高报酬，激励员工为追求本企业效益最大化作贡献，反对平均主义分配。

至少遵循以上四个原则，才能设计出一个对内具有公平性，对外具有竞争力的赏罚机制。小猪有吃的，保证不会饿死，大猪有更多吃的，这样才能让你的团队得到更好的发展。

◎证券市场中的博弈策略

【金融证券市场是一个群体博弈的场所，其真实情况非常复杂。在证券交易中，其结果不仅依赖于单个参与者自身的策略和市场条件，也依赖其他人的选择及策略。】

在“智猪博弈”的情景中，大猪是占据优势的，但是，由于小猪别无选择，使得大猪为了自己能吃到食物，不得不辛勤忙碌，反而让小猪搭了便车，而且比大猪还得意。这个博弈中的关键要素是猪圈的设计，即踩踏板的成本。

证券投资中也是有这种情形的。例如，当庄家在底位买入大量股票后，已经付出了相当多的资金和时间成本，如果不等价格上升就撤退，就只有接受亏损。

所以，基于和大猪一样的贪吃本能，只要大势不是太糟糕，庄家一般都会抬高股价，以求实现手中股票的增值。这时的中小散户，就可以对该股追加资金，当一只聪明的“小猪”，而让“大猪”庄家力抬股价。当然，这种股票的发现并不容易，所以当“小猪”所需要的条件，就是发现有这种情况存在的猪圈，并冲进去。这样，你就成为一只聪明的“小猪”。

从散户与庄家的策略选择上看，这种博弈结果是有参考价值的。例如，对股票的操作是需要成本的，事先、事中和事后的信息处理，都需要金钱与时间成本的投入，如行业分析、企业调研、财务分析等。一旦已经付出，机构投资者是不太甘心就此放弃的。而中小散户，不太可能事先支付这些高额成本，更没有资金控盘操作，因此只能采取小猪的等待策略。等到庄家动手为自己觅食而主动出击时，散户就可以坐享其成了。

股市中，散户投资者与小猪的命运有相似之处，没有能力承担炒作成本，所以就应该充分利用资金灵活、成本低和不怕被套的优势，发现并选择那些机构投资者已经或可能坐庄的股票，等着大猪们为自己服务。

由此看到，散户和机构的博弈中，散户并不是总没有优势的，关键是找到有大猪的那个食槽，并等到对自己有利的游戏规则形成时再进入。

遗憾的是，在股市中，很多作为“小猪”的散户不知道要采取等待策略。更不知道让“大猪”们去表现，在“大猪”们拉动股票价格后从中获取利润，才是“小猪”们的最佳选择。

作为“小猪”，还要学会特立独行。行动前，不用也不需要从其他“小猪”那里得到肯定；行动时，认同且跟随你的“小猪”越多，则你出错的可能也就越大。简单地说，就是不要从众，而是跟随“大猪”。

当然股市中的金融机构要比模型中的大猪聪明得多，并且不守游戏规则，他们不会甘心为小猪们踩踏板。事实上，他们往往会选择破坏这个博弈的规矩，甚至重新建立新规则。比如他们可以把踏板放在食槽旁边，或者可以遥控，这样小猪们就失去了搭便车的机会。例如，金融机构和上市公司串通，散布虚假的利空消息，这就类似于踩踏板前骗小猪离开食槽，好让自己饱餐一顿。

当然金融市场中的很多“大猪”也并不聪明，他们的表现欲过强，太喜欢主动创造市场反应，而不只是对市场作出反应。短期来看，他们可以很容易地左右市场，操纵价格，做胆大妄为的造市者。这些“大猪”们并不知道自己要小心谨慎、如履薄冰，他们不知道自己的力量不如想象中的那样强大到可以无敌于天下。自然而然地，每一年都会有一些高估自己的“大猪”倒下，幸存的“大猪”在经过优胜劣汰之后会变得更加强壮。不过，无论是多么强壮的“大猪”，只要过于自信、高估自己控制市场的能力，总会倒下。

俗话说“家家有本难念的经”，在股市中，“大猪”有“大猪”的难处，“小猪”有“小猪”的难处。尽管“大猪”“小猪”只要了解自身处境，采取相应的策略就会成功，然而理性是有限的，确定的成功总是很难获得。

第二章　猎鹿博弈：善于合作，才有力量

◎猎鹿博弈的释义

【如果你不想不留痕迹地被消灭，就不要一个人去战斗。】

猎鹿博弈又称猎鹿模型（Stag Hunt Model）、猎人的帕累托效率，源自启蒙思想家卢梭的著作《论人类不平等的起源和基础》中的一个故事。

某一天猎人A和B共同狩猎的时候，看到一头梅花鹿。这时，博弈出现了，只有这两个人齐心协力，都去猎鹿时，才会得到那只鹿。如果猎鹿的时候一只兔子突然在两人身边经过，有一个人转而抓兔子，这人会得到兔子，但鹿就跑掉了。两人得到一只鹿的效用远比分别得到一只兔子大。

因此我们可以看到一共有四种方案供选择，每一行都代表一种博弈的结果。具体说来：

X，X

X，0

0，X

1，1

1. 第一行表示，猎人A和B都抓兔子，结果是猎人A和B都能吃饱4天；

2. 第二行，猎人A抓兔子，猎人B打梅花鹿，结果是猎人A可以吃饱4天，B则一无所获；

3. 第三行，猎人 A 打梅花鹿，猎人 B 抓兔子，结果是猎人 A 一无所获，猎人 B 可以吃饱 4 天；

4. 第四行，猎人 A 和 B 合作抓捕梅花鹿，结果是两人平分猎物，都可以吃饱 10 天。

（1）如果双方都选择了猎鹿，效用为 1，（猎鹿，猎鹿）具有帕累托最优（Pareto Optimality），为深入合作的最佳结果；

（2）如果双方都选择了猎兔，即双方没有合作，（猎兔，猎兔）称为风险上策（Risk dominant）均衡。

（3）如果一人选择了猎鹿，而对方选择了猎兔，即对方没有诚信，背叛了原来的协议，则选择猎鹿者将一无所获，选择猎兔者将保证得到一定效用 X（$0<X<1$）。

我们可以看到，在这个博弈中，根据纳什的均衡原理，应用博弈论中的“严格劣势删除法”，可以得到两个比较好的结果，那就是：要么分别打兔子，每人吃饱 4 天；要么合作，每人吃饱 10 天。

当然人心是不一定的，最终会采取哪一种策略就不是纳什均衡能决定的了，比较［1，1］和［X，X］两个纳什均衡，明显的事实是，两人一起去猎梅花鹿比各自去打兔子可以让每个人多吃 6 天。按照经济学的说法，合作猎鹿的纳什均衡，比分头打兔子的纳什均衡，具有帕累托优势。与［X，X］相比，［1，1］不仅有整体福利改进，而且每个人都得到福利改进。

博弈论中的“猎鹿模型”告诉我们：两个猎人自己单独行动的话是最不利的。我们不要单独战斗，一个人的力量不足以完成所有的事情。不管是与他人合作，还是与他人竞争，最后的结果都比自己单打独斗要好。

术业有专攻，在这个不崇尚个人英雄主义的时代，你不可能独自成功。试着跟别人合作，你的困扰对别人来说可能只是举手之劳。反之亦然。合作可以帮助我们大家一起创造奇迹。

1904 年夏天，美国即将举行世界博览会，有一个制作糕点的小商贩把自己的糕点工具搬到了会展地点路易斯安那州。庆幸的是，他被政府允许在会场的外面出售他的薄饼。

他的薄饼生意实在糟糕，而和他相邻的一位卖冰淇淋的商贩的生意却好得不得了，一会儿工夫就售出了许多冰淇淋，很快他把带来的用来装冰淇淋的小碟子用完了。

心胸宽广的糕饼商贩见状，就把自己的薄饼卷成锥形，让它来盛放冰淇淋。卖冰淇淋的商贩见这个方法可行，便要了大量的薄饼，大量的锥形冰淇淋便进入顾客们的手中。但令他们意料不到的是，这种锥形的冰淇淋被顾客们一致看好，而且被评为“世界博览会的真正明星”。

从此，这种锥形冰淇淋大行其道，这就是现在的蛋卷冰淇淋。它的发明被人们称为“神来之笔”，两个小商贩简单的合作竟然为世界创造了如此美味的经典。我们是不是也应当反思一下，自己是否也曾错过了很多只要合作就可以创造奇迹的机会呢？

每个人的能力和时间都是有限的，凡事自己来、完全不靠别人帮助的人是走不了多远的。一根筷子容易被折断，一棵独木也构不成森林。兄弟一心，其力断金。只有学会与他人合作，才能将自己的力量放大千百倍，就像杠杆一样，撬动磐石。

维勒和李比希都是19世纪德国杰出化学家。他们两人的性格迥异，李比希激烈，爽朗，风风火火，像一团烈火；维勒平和，沉稳，文文静静，像一盆冷水。但两个人感情很好，亲密无间。他们密切配合，致力于科学研究。共同对无机化学、有机化学作出了贡献，同是有机化学的创始者。

李比希在自传中写道：“我的最好运气，就是有位志同道合的朋友。多年来我和这位朋友真诚合作，毫无隔阂……手携手地向前，这一位行动时，那一位已经准备好。”

由于两人的真诚合作，因此，才创造出科学研究上的辉煌。

合作道理再简单不过，连鸟类都知道。鸟类迁徙的时候，总是成群地南飞。据说，借着“V”字队形，整个鸟群比每只鸟单飞时，至少增加了71%的飞升能力。它们拥有共同目标和集体感，它们凭借着彼此的帮助共同前行，它们在一起可以更快、更容易地到达他们想去的地方。

俗话说："双拳难敌四手"、"三个臭皮匠，顶个诸葛亮。"只有运用合力，善于合作，才有强大的力量，把蛋糕做大，把事业做大、做强。这就迫切要求我们每个人都应具有合作能力。虽然每个人都有独立意志，都有自己的想法，很容易出现"劲不往一处使"的现象，但为了共同的利益，大家都要精诚合作，才能达到共同的目标。

◎合作是明智的选择

【一只手拥抱不了成功，借助他人的力量，把他人的力量变成自己的左膀右臂，助你完成要进行的事业才是成功者的决定。合作是聪明人最明智的选择。】

一个小男孩在他的玩具沙箱里玩耍。沙箱里有他的一些玩具小汽车、敞篷货车、塑料水桶和一把亮闪闪的塑料铲子。在松软的沙堆上修筑"公路"和"隧道"时，他在沙箱的中部发现一块巨大的岩石。

小家伙开始挖掘岩石周围的沙子，企图把它从泥沙中弄出去。他是个很小的小男孩，而对他来说岩石却相当巨大。手脚并用，似乎没有费太大的力气，岩石便被他连推带滚地弄到了沙箱的边缘。不过，这时他才发现，他无法把岩石向上滚动、翻过沙箱边框。

小男孩下定决心，手推、肩挤、左摇右晃，一次又一次地向岩石发起冲击，可是，每当他刚刚觉得取得了一些进展的时候，岩石便滑脱了，重新掉进沙箱。

小男孩只得使出吃奶的力气猛推猛挤。但是，他得到的唯一回报便是岩石再次滚落回来，砸伤了他的手指。

最后，他伤心地哭了起来。这整个过程，男孩的父亲在起居室的窗户里看得一清二楚。当泪珠滚过孩子的脸庞时，父亲来到了跟前。

父亲的话温和而坚定："儿子，你为什么不用上所有的力量呢？"

垂头丧气的小男孩抽泣道："我已经用尽全力了，爸爸，我已经尽力了！我用尽了我所有的力量！"

"不对，儿子，"父亲亲切地纠正道，"你并没有用尽你所有的力量。你没有请求我的帮助。"

父亲弯下腰，抱起岩石，将岩石搬出了沙箱。

大家的能力各异，擅长的方面也互不相同。一些你解决不了的问题，对别人而言或许就是轻而易举的事情；同样，别人解决不了的事情对你来说也许很容易。他们，也是你的资源和力量，不要忘记了这份宝贵的资源，你们可以共同把事情做好。

米歇尔是一位青年演员，刚刚在电视上崭露头角。他英俊潇洒，很有天赋，演技也很好，开始时扮演小配角，现在已成为主要角色。从职业上看，他需要有人为他包装和宣传，以扩大名声。因此，他需要一个公共关系公司为他在各种报纸杂志上刊登他的照片和有关他的文章，增加他的知名度。

不过，要建立这样的公司，米歇尔拿不出那么多钱来聘用高级雇员以及其他开销等。偶然的一次机会，他遇上了莉莎。

莉莎在纽约有一家公关公司，但当时，一些比较出名的演员、歌手、夜总会的表演者不愿意同她合作，她的生意主要是靠一些小买卖和零售商店。俩人一拍即合，联合干了起来。莉莎成了米歇尔的代理人。

他们的合作达到了最佳境界，米歇尔是一名英俊的演员，并正在时下的电视剧中出现，莉莎便让一些较有影响的报纸和杂志把眼睛盯在他身上。这样一来，她自己也变得出名了，并很快为一些有名望的人提供了社交娱乐服务，他们付给她很高的报酬。而米歇尔，不仅不必为提高自己的知名度花大笔的钱，而且随着名声的增长，也使自己在业务活动中处于一种更有利的地位。

米歇尔需要求助于莉莎，获得为自己做宣传的费用；莉莎为了在她的业务中吸引名人，需要米歇尔作为自己的代理人。通过合作，他们互相满足了对方的需要。这个原则，你同样可运用于日常工作中。

你的能力需要证明，别人也是如此。大家一起合作，便能让彼此的能力都得到发挥，何乐而不为呢？

某公司要招聘，报名的人很多，经过层层考试，最后只剩下三个人竞争这个职位。

为了测验谁最适合担任这个角色，公司出了一道怪题：请三名竞争者到果园里摘水果。

三名竞争者一名身手敏捷，一名个子高大，还有一名个子矮小。看来，前面两个最有可能成功，但正好相反，最后获胜的竟然是那个矮个子。这到底是为什么？

原来，这次考试是经过精心设计的，竞争者要摘的水果都在很高的位置，很多都在树梢。个子高的人，尽管一伸手就能摘到一些果子，但是毕竟有限；身手敏捷的人，尽管可以爬到树上去，但是树梢的那部分，他就够不着了；而个子矮小的人，毫无优势可言。

这位小个子的应聘者意识到这次招聘非同寻常，也许个个都是考官，也许处处都是考场，所以在刚进门时，他就很热情地和果园的守护老头打了招呼。他很谦虚地请教老头他是怎样摘这些树梢上的水果的，老头回答说是有梯子。于是，他向老头提出借梯子，老头十分爽快地答应了。有了梯子，摘起水果来自然不在话下。结果，他摘得比谁都多。因此，他赢得了最后的胜利，获得了职位。

读完这个故事，你是否看出来了主考官在考什么？

没有人是万能的。在这个分工细致的社会，你很难独自成功。很多人之所以觉得生活中充满了棘手的问题，是由于他只倚重自己的才华和能力，而不懂得去获取别人的帮助。这样往往让你自己事倍功半。有了别人的帮助，你才能更快地达成目标。

据说，学会寻求帮助是21世纪必须具备的人生素养。凡事亲力亲为是一种不好的习惯，这样只会让你筋疲力尽，却事倍功半。

每个人都做自己擅长的事情，才能让时间更合理地被利用。学会把一些事情交给别人去干，才能更好地发挥你的专长。你要知道，哪些事情是你需要亲自去做的，哪些事情是可以让别人帮你做的，你可以让哪些人帮你做哪些事。一定要记得，不要无谓地浪费你的时间和精力，有些事情让别人做更合适。

◎一加一大于二

【合作是人类不可或缺的生存方式，在社会分工越来越细的情况下，尤其如此。只要你想生存，你就离不开合作——各种各样的合作。只是合作的形式与合作的效率不同，如此而已。】

在合作中，如何获取双赢才是你要考虑的。这就要求你把自己的优势变成团体的优势，每个人都尽力为团队作出更大的贡献，团队才能得到更好的发展。如果只惦记自己的利益，害怕别人和自己一样进步，那么不但你不能再进步，往往你自己原来的那点优势也保不住。

一个偶然的机会，有一位农民从外地换回了一种小麦良种，种植后产量大增。面对丰收的粮食，这个农民喜出望外，但马上又变得忧心忡忡。因为他害怕别人知道并且也种上这种良种，那么他的那份骄傲和优势就会荡然无存。于是，他开始想方设法保密，哪怕是对自己的邻居也是如此。

然而好景不长，到了第三年，他就发现，他的良种不良了，到后来甚至连原来的种子也不如了，产量锐减、病虫害增加，他因此蒙受了很大的损失。而他的邻居也对这个现象莫名其妙，想不出什么办法来帮忙。这个农民捧着自己的良种百思不得其解，一气之下，跑到省城去请教农科院的专家。专家听他讲完自己的经历，告诉他：良种田的周围都是普通的麦田，通过花粉的相互传播，良种发生了变异，品质必然下降。

《礼记》早就说过“独学而无友，则孤陋而寡闻”。分享工作中的失败与成功的体验，把个人独立思考的成果转化为大家共有的成果，在分享中，可以同时以群体智慧来解决个别的问题、以群体智慧来探讨工作学习生活上遇到的困难和问题，这样又培养了人与人之间相互协作的精神，促进了大家共同的学习和进步。

因此，学会与团队伙伴分享自己的优势，会为自己打开更广阔的天地，这样你才能不断解除身上的枷锁，不断地充实自我，不断地去取得更大的进步。

越国人甲父史和公石师各有所长。甲父史善于计谋，但处事不果断；公石师处事果断，却缺少心计，常犯疏忽大意的错误。因为这两个人交情很好，所以他们经常取长补短，合谋共事。他们虽然是两个人，但好像有一颗心。这两个人无论一起去干什么，总是心想事成。

后来，他们在一些小事上发生了冲突，吵完架后就分了手。当他们各行其是的时候，都在自己的事业中屡获败绩。

一个叫密须奋的人对此感到十分痛心。他哭着规劝两人说：

你们听说过海里的水母没有？它没有眼睛，靠虾来带路，而虾则分享着水母的食物。这二者互相依存、缺一不可。

恐怕你们还没有见过双方不能分开的另一个典型例子，那就是西域的二头鸟。这种鸟有两个头共长在一个身子上，但是彼此妒忌、互不相容。两个鸟头饥饿起来互相啄咬，其中一个睡着了，另一个就往它嘴里塞毒草。如果睡梦中的鸟头咽下了毒草，两个鸟头就会一起死去。他们谁也不能从分裂中得到好处。

下面我再举一个人类的例子。北方有一种肩并肩长在一起的“比肩人”。他们轮流着吃喝、交替着看东西，死一个则全死，同样是二者不可分离。现在你们两人与这种“比肩人”非常相似。你们和“比肩人”的区别仅仅在于，“比肩人”是通过形体，而你们是通过事业联系在一起的。既然你们独自处世时连连失败，为什么还不和好呢？

甲父史和公石师听了密须奋的劝解，对视着会意地说：“要不是密须奋这番道理讲得好，我们还会单枪匹马受更多的挫折！”于是，两人言归于好，重新在一起合作共事。

这则寓言通过密须奋讲的故事以及甲父史和公石师的经验、教训告诉大家，生物界中个体的能力是非常有限的。在争生存、求发展的斗争中，只有坚持团结合作、取长补短，才能赢得一个又一个胜利。

在与别人的合作中，充分发挥自己的潜能，不仅可以给整个团队带来收益，也会使自身的价值得到证明。

每个人的能力和资源都是有限的，但是如果团队中的每个人都拿出自己的优势和大家分享，把各自的长处都叠加起来，那么这支团队的力量就是难以想象的，这就是1+1>2的道理。

◎提升合作能力

【一根筷子易折，但是一束筷子却可以发挥顽强的抵抗力量。合作出金，如果找到合适的人，那么就一起创造非凡的事业吧。】

也许你已经明白了合作的重要性，你也很想愉快地与别人合作。可是，如何才能获得良好的合作能力呢?

首先不要有“凡事自己来”的想法。每个人的能力和时间都是有限的，凡事自己来、完全不靠别人帮助的人是走不了多远的。凡事坚持独立完成虽然会让你有成就感，但你可能要为此付出双倍甚至更多的时间和精力，而且有时还存在风险。

史蒂夫·鲍尔默曾说：“有人告诉我他一周工作90小时，我对他说，你完全错了，写下20项每周至少让你忙碌90小时的工作，仔细审视后，你将会发现其中至少有10项工作是没有意义的，或是可以请人代劳的。”

他曾给微软经理这样一条忠告：“不要什么事都做。你的任务是计划、组织、控制、指挥。”关于史蒂夫·鲍尔默的授权艺术，微软公司前全球副总裁李开复博士曾这样评价道：“史蒂夫·鲍尔默，微软的首席执行官，是近年来对我影响最深的人。几年前的鲍尔默就像个果断的老板，凡事喜欢一手抓，而且，总是在最前台鼓舞士气。做了首席执行官后，他放权给公司七大部门的负责人，不再做每件大事的最后决定人，加快七个部门负责人的成长。他不再做一个最有煽动力的拉拉队员，而是一个幕后的教练。他把自己对竞争对手的研究转换成对人才的研究。鲍尔默的行为对我很有启发。在我对任何要求回答‘我做不到’之前，我总会想到鲍尔默可以做到，我为什么不试试？他这个榜样帮助了我的成长。”

对于决策者如此，对于普通人来说这种想法同样不可取。成功之路漫长遥远，单靠个人的努力是不够的，要想快速达到成功的彼岸，就要学会与人合作，学会借力做事。当一个人刚开始创业的时候，不可能马上组织一个大的公司或是大的团体，面对恶劣的自然环境和激烈的市场竞争，一个人的力量总是渺小的，世界上确实有许多一个人干不成的事儿。你可能有技术而没有好的项目，你也可能有好的项目而没有资金，你还可能懂经营会管理而没有资金、技术和项目，总之，一个人干不成的事就要与别人合作干。因此，对于创业者来说，学会与人合作就显得特别重要。

其次要学会分享。《礼记》早就说过“独学而无友，则孤陋而寡闻”。分享失败与成功的体验，把个人独立思考的成果转化为大家共有的成果，在分享中，可以同时以群体智慧来解决个别的问题、以群体智慧来探讨工作学习生活上遇到的困难和问题，这样就培养了人与人之间相互协作的精神，促进了大家共同的学习和进步。

公元前450年，古希腊历史学家希罗多德来到埃及。在奥博斯城的鳄鱼神庙，他发现大理石水池中的鳄鱼，在饱食后常张着大嘴，听凭一种灰色的小鸟在那里啄食剔牙。这位历史学家感到非常惊讶，他在自己的著作中写道：“所有的鸟兽都避开凶残的鳄鱼，只有这种小鸟却能同鳄鱼友好相处，鳄鱼从不伤害这种小鸟，因为它需要小鸟的帮助。鳄鱼离水上岸后，张开大嘴，让这种小鸟飞到它的嘴里去吃水蛭等小动物，这使鳄鱼感到很舒服。”

这种灰色的小鸟叫“燕千鸟”，又称“鳄鱼鸟”或“牙签鸟”，它在鳄鱼的“血盆大口”中寻觅水蛭、苍蝇和食物残屑；有时候，燕千鸟干脆在鳄鱼栖居地居住，好像在为鳄鱼站岗放哨，一有风吹草动，他们便一哄而散，使鳄鱼猛醒过来，做好准备。

在鳄鱼身上，这种小鸟的价值得到了最大限度发挥。否则，它只是一种到处觅食的小鸟而已，不可能得到人类的关注。而鳄鱼，在为小鸟提供食物的同时，也使得自己的口腔得到了清洁。这是一种双赢的局面。

然后，要有容人之心，不计较个人得失，为了整体的利益，愉快地接纳别人。

唐玄宗时，郭子仪和李光弼曾同是朔方节度使安思顺的属下部将。两人之间有矛盾，平时互不讲话。后来安禄山叛乱，郭子仪升任朔方节度使，统兵抵御。李光弼就成了郭子仪的部将。皇帝命令郭子仪率部出征，李光弼担心郭子仪会利用手中权力寻机报复。李光弼硬着头皮对郭子仪说："我过去得罪您，是我的不是，今后不管如何处置我，我无怨言，只希望高抬贵手放过我妻儿……"没等李光弼说完，郭子仪紧紧抱住李光弼，满眼流泪地说："国家危急，百姓遭殃，正需要我们同心协力，眼下正需要你这样人才，此时，怎能计较个人恩怨？"从此，郭、李同心，将帅协力，在平息安史之乱中，战功卓著。

第四个原则，团队中每个人都会有分工，大家都要服从安排，不要抱怨。

有个美国老太，她找了几个中国孩子，让他们做一个游戏，她把几个拴着细线小球放进一个瓶子里，瓶口很小，一次只能容纳一个小球通过。她说："这是一个火灾现场，每个人只有逃出瓶子才能活下去。"她让每个孩子拿一根细线，游戏开始了，只见几个孩子从小到大，依次把小球取出来了。老太很惊讶，她在许多国家做过这个实验，但是没有一个成功过，那些孩子无一例外地都争先恐后地把细线拼命往上拉，最后导致一堆小球堵在瓶口……

你看，一个团队的活动就是这样，分到的责任是什么就要认真去完成，有一个乱了，那么整体就会出现问题，所以我们一定既要重视分工的作用，又要尽职尽责地完成自己的任务。

最后，是一个重要的原则：大家要同心协力，劲往一处使。

两个猎人看见一只大雁飞过，于是决定把大雁射下来。一个人举起弓准备射并且说道："射下来煮着吃很不错。"这时候另一个人听了很是不满意了，说："怎么能煮着吃呢，大雁当然是炒着吃好吃啊。"

于是两人开始大吵起来，等到两人最后达成协议，一半煮着吃一半炒着吃的时候，再一看，大雁早就飞走了。

我们常常就是这样在浪费我们的时间，也在错过好机会，只因为团队的不和，大家的心不能往一个地方想，还不愿意妥协，最终导致机会白白地溜走，甚至让自己的对手抓住了良好的机会，给自己以致命的打击，虽然这是自己并不想要的。

合作是成功的基石。人与人之间，团队与团队之间，国家与国家之间，只有合作才会有发展，只有好的合作才会有更好的发展。因为没有人能独自成功，所以你一定要提升自己的合作能力。

第三章 斗鸡博弈：如何成为赢家

◎斗鸡博弈的释义

【生活永远给予勇者以最丰厚的奖赏，如果你是一只斗志昂扬的斗鸡，那么请鼓起勇气，让自己成为沙场上的常胜将军！】

博弈论中有三大模型：一个为“囚徒困境”；一个为“智猪模型”；另一个就是“斗鸡模型”了。所谓斗鸡模型，是这样的：

在斗鸡场上有两只好战的公鸡发生遭遇战，公鸡有两个行动选择：一是退下来，一是进攻。

如果一方退下来，而对方没有退下来，对方获得胜利，这只公鸡则很丢面子；如果对方也退下来双方则打个平手；如果自己没退下来，而对方退下来，自己则胜利，对方则失败；如果两只公鸡都前进，那么则两败俱伤。因此，对每只公鸡来说，最好的结果是，对方退下来，而自己不退。

从量化的角度来看，不妨假设两只公鸡均选择“前进”，结果是两败俱伤，两者的收益是 -2 个单位，也就是损失为 2 个单位；如果一方“前进”，另外一方“后退”，前进的公鸡获得 1 个单位的收益，赢得了面子，而后退的公鸡获得 -1 的收益或损失 1 个单位，输掉了面子，但没有两者均“前进”受到的损失大；两者均“后退”，两者均输掉了面子获得 -1 的收益或 1 个单位的损失。当然这些数字只是相对的值。

如果博弈有唯一的均衡点，那么这个博弈是可预测的，即这个均衡点就是一事先知道的唯一的博弈结果。但是如果一博弈有两个或两个以上的均衡点，则无法预测出一个结果来。斗鸡博弈则有两个均衡：一方进另一方退。因此，我们无法预测斗鸡博弈的结果，即不能知道谁进谁退，谁输谁赢。

虽然我们无法预测谁输谁赢，但到最后的关键时刻，必有一方要退下来，除非真正抱定鱼死网破的决心。

斗鸡博弈在生活中比比皆是，不胜枚举。一般说来，如果博弈参与者一方是性格鲁莽、不顾后果的人，而另一方相比而言拥有足够的理性，那么，这位“鲁莽者”极可能是博弈的胜出者。

比如在商业领域，价格战是竞争的常见手段，如果价格战初见端倪时，最简单的办法就是树立鲁莽、粗暴的形象，以实际行动来威胁对手：“我们对任何的降价行动都将奉陪到底，如果你要降价，那么就让大家都没好日子过！”20 世纪 70 年代，美国通用食品公司就采取这种手段赢得了与宝洁公司之间争夺速溶咖啡市场份额的斗争。

当时美国通用食品公司的 Maxwell House 咖啡占据了东部 43% 的市场，宝洁公司 Folger 咖啡的销售额则在西部领先。1971 年，宝洁公司企图扩大在东部市场的份额，于是在俄亥俄州大打广告。而对宝洁公司的做法，通用食品公司立即做出反应，一方面增加了在俄亥俄地区的广告投入，另一方面大幅度降价。Maxwell House 咖啡的价格甚至低过了成本。宝洁公司见状，只好放弃在该地区的努力。后来，在两家公司共同占领市场的中西部城市扬斯敦，宝洁公司又增加广告并降价，试图将通用食品公司逼出该地区。通用食品公司又毫不迟疑地采取了报复措施，直接以其行动向宝洁传递了这样一个信号：要打价格战、广告战，本公司奉陪到底。通过几个回合的争斗，通用公司的“粗暴的报复者”形象得以成功树立，所有的企业都明白，谁要跟通用公司争夺市场，通用公司就将跟谁同归于尽。在以后的岁月里，再没有其公司企图通过价格战与广告战与通用公司争夺市场。

在这里，通用食品公司所采取的“自杀式报复”其实跟斗鸡博弈中的选择“前进”是完全类似的。它通过冒险采取这种策略，最终成功地使对手感到畏惧且退避三舍。这种情形很符合我们在日常生活中时常听到的一句话："软的怕硬的，硬的怕横的，横的怕愣的，愣的怕不要命的。"这也是我们通常所说的"狭路相逢勇者胜"的哲学，它在人们的日常生活中同样适用。

此外，"敌进我退、敌退我进"，"打得赢就打、打不赢就跑"……在势不均力不敌的情况下，暂时的退让也是一种策略：敌退我不进，会坐失良机；敌进我不退，硬拼也不明智。打得赢不打，是不能敢于胜利的怯懦；而打不赢还不跑，革命的本钱都会赔进去了。归根到底，博弈双方的行为都是取决于对方的行为，"纳什均衡"究竟表现为谁进攻、谁撤退？具体地说，选择进攻还是后退，选择妥协还是强硬，是要根据自己的实力和当时的实际情况来判断的。怎样做对自己有利就怎样去做，这才是原则。

◎如何调整进退

【获取主动权，勇敢前进一步，将对手打出去。】

前面我们已经提到，在博弈中，纳什均衡点如果有两个或两个以上，结果就难以预料。这对每个博弈方都是麻烦事，因为后果难料，行动也往往进退两难。一个小例子就是两个骑自行车的人相向而行，很容易"碰头"——因为不知道对方会不会躲、往哪边躲，自己也不知该如何反应，于是撞到一起。

自行车相撞一般不会造成什么大麻烦，可是如果换成汽车，就可能出现伤亡。所以，应该有一个强制性的规定，来告诉人们该怎么做。

开车的时候你应该走哪一边？假如别人都靠右行驶，你也会留在右边。套用"假如我认为他认为"的框架进行分析，假如每个人都认为其他人认为每个人都会靠右行驶，那么每个人都会靠右行驶，而他们的预计也全都确切无误。靠右行驶将成为一个均衡。

当然，靠左行驶也是一个均衡，正如在英国、澳大利亚和日本出现的情况。这个博弈有两个均衡。均衡的概念没有告诉我们哪一个更好或者哪一个应该更好。假如一个博弈具有多个均衡，所有参与者必须就应选择哪一个达成共识，否则就会导致困惑。

海上航行也要面临同样的问题，尽管大海辽阔，但是航线却是比较固定的，因此船只交会的机会很多，这些船只属于不同的国家，如何调节谁进谁退的问题呢？

一艘军舰在夜航中，舰长发现前方航线上出现了灯光。舰长马上呼叫："对面船只，右转30度。"

对方回答："请对面船只左转30度。"

"我是美国海军上校，右转30度。"

"我是加拿大海军二等兵，请左转30度。"

舰长生气了："听着，我是'列克星顿'号战列舰舰长，这是美国海军最强大的武装力量，右转30度！"

"我是灯塔管理员，请左转30度。"

即使你官阶、舰船再大，灯塔也不会给你让路。那么，如果是两条船相遇，又如何决定呢？

谁先让不能等待临时谈判，也不是由官阶说了算。海上避碰也有像许多国家规定车辆在马路上靠右走那样不容谈判的规矩。人们规定，迎面交会的船舶，各向右偏一点儿，问题就解决了。十字交叉交会的船舶，则规定能看见对方左舷的那艘船要让，慢下来或者偏右一点儿都可以。这就从制度上规定了避让的方式。

这十字交叉交会时如何避免碰撞的规矩，就是上述博弈的两个纳什均衡中的一个。究竟哪一个纳什均衡真正发生，现在就看两船航行的相互位置。如果甲看见乙的左舷，甲要让乙原速直走；如果乙看见甲的左舷，乙要让甲原速直走。

上面的例子是通过规定解决了问题，不过，若是遇到电话打到一半突然断了的事，你该怎么办？

假如你正在和女友通话，电话断了，而话还没说完。这时有两个选择，马上打给对方，或等待对方打来。注意：如果你打过去，她就应该等在电话旁，好把自家电话的线路空出来，如果她也在打给你，你们只能听到忙音；另一方面，假如你等待对方打电话，而她也在等待，那么你们的聊天就没有机会继续下去。

一方的最佳策略取决于另一方会采取什么行动。这里又有两个均衡：一个是你打电话而她在一边等，另一个则是恰好相反。

一个解决方案是，原来打电话的一方再次负责打电话，而原来接电话的一方则继续等待电话铃响。这么做的好处是原来打电话的一方知道另一方的电话号码，反过来却未必是这样。

另一种可能性是，假如一方可以免费打电话，而另一方不可以（比如你是在办公室而她用的是住宅电话），那么，解决方案是拥有免费电话的一方应该负责第二次打电话。还有一种比较通常的解决方法是，由较热切的一方来打电话，如一个煲电话粥成瘾的家庭主妇对谈话的热情很高，而她的同伴就未必这样，这种情况下通常是她打过去。再如恋爱中的男女遇到这种情况，通常也是由主动追求者打电话。

假如不考虑以上因素，那么打这个电话又得用到这种“混合策略”了：设想双方都投硬币决定自己是不是应该给对方打电话，根据前面给出的条件，两人这种随机行动的组合成为第三个均衡。

假如我打算给你打电话，我有一半机会可以打通（因为这时你恰巧在等我打电话），还有一半机会发现电话占线；假如我等你打电话，那么，我同样会有一半机会接到你的电话，因为你有一半机会主动给我打电话。

每一个回合双方完全不知道对方将会采取什么行动，他们的做法实际上对彼此都最理想。因为我们只有一半机会重新开始被打断的电话聊天，我们知道我们（平均来说）要尝试两次才能成功接通。

需要再次强调的是：均衡不一定是博弈的最优结果。在“囚徒困境”中，唯一的均衡是一起招认，站在群体的角度，这是最坏的结果。均衡只是博弈的最“稳定”结果，或者说是最可能出现的结果。

◎让自己变得强壮

【善于营造声势，不用真刀实枪的战斗，就可以不战而屈人之兵。】

设想一下斗鸡场上有两只公鸡，其中一只雄赳赳、气昂昂，摆出一副久经沙场、无所畏惧的样子，如果另一只公鸡在气焰上短了一筹，自然就被对手的声势给震慑住了，节节败退，这就是斗鸡博弈告诉我们的道理：不必针锋相对，大可采用“威慑战略”，做一些虚张声势的表面功夫，让对手自己软下去，这才是斗争的最高境界。

某马戏团表演，驯兽师与老虎关在同一只铁笼中演出。突然停电了，黑暗中，老虎的视线不受影响，显得格外的虎视眈眈，而驯兽师却什么也看不见，形势暗含凶险。驯兽师突然意识到，老虎并不知道人看不见它，于是他镇定自若的挥舞道具，像平时一样表现出降伏猛兽的勇气。这时老虎在他的指挥下，仍然是一只温驯的“猫”。

有时候，你的对手也不是那么好惹的，万一他是一个“不蒸馒头争口气”的呆子，那么你怎么营造声势都没有用。他不吃这一套，还是会琢磨着怎么拼个鱼死网破，这时候你不妨主动进攻，给他一点颜色看看，让他知道你的厉害不是纸面上的、也不是口头上的，他自然就乖乖地后退了。

一个面带菜色、衣着简朴的小伙子乘坐长途汽车，因为带的杂物太多，被司机训斥后蜷缩在车尾角落里。

车行半路，忽然冒出来一伙歹徒持械抢劫，原来他们混在旅客堆里，逃避了司机的注意。这时候，司机已经被凶狠的歹徒用刀顶住脖子，眼见一场面对全体乘客的抢劫就要发生。那个小伙子突然站了起来，大叫一声：“给我住手！”然后写了一张纸条递了过去。几个歹徒读罢字条，互相对视片刻，竟然迅速下车逃跑了。

一场风波化险为夷，大家诧异地问小伙子：“你是警察？”

“不是。”

“你是军人?”

“也不是。”

“那你怎么这么厉害?”

“老实说，我今天正好带着借来的大笔钱，被他们抢走的话，我只有死路一条，所以只得铤而走险了。我在纸条上写的是：快滚蛋！我是一个持枪在逃犯，惹火了我就杀了你们。”

“横的怕不要命的”，“威慑战略”在某些时候还真管用。你给别人的威慑不一定代表你真会那么去做，只是给别人一种震慑力或假象，在生活中采用一些假的威慑，或许可以解决一些难题。恰如在斗鸡博弈中，有一只公鸡气势汹汹地向前迈一步，意味着“小样，你胆子还真不小，等我给你点颜色看看！”这样对手就被吓住，由此退让下去。

在日常生活中，我们不仅要会使用“威慑战略”，同时也要能识破对方的“虚张声势”。当父亲威慑顽皮的孩子，“你再吵，我就把你从窗口扔下去”，这种大而不当的威慑就不用相信。威慑在什么时候才是可信的?答案是：“只有当事人不施行这种威慑时，就会遭受更大的损失。”

警察奉命拦截一支游行队伍，群众情绪激动，警察严阵以待，冲突一触即发。若群众表现出不可遏制的愤怒，有拼死冲破封锁线的勇气，警察最好识相让开，否则会被愤怒的群众踩扁。但若警察排成铜墙铁壁，并威慑“我们死也不会放你们过去”。真是这样的话，群众也还是作鸟兽散算了。那么如何判断警察的威慑是真的呢？如果警察接到了上级的命令“不成功便成仁”的话，那么不要怀疑，他们将不惜代价地要挡住游行队伍了。

要让自己的威慑更加有效，需要做出断绝后路的行为，表达出你孤注一掷的决心，对方才会有所忌惮。

从科学的角度上来说，斗鸡博弈对人的作用，和达尔文生物进化论的观点相一致：在自然界中，到处都存在着一种竞争的法则，在这种竞争法则的作用下，这个世界才显得生机勃勃。如果一个物种失去了竞争，这一物种就会失去活力，死气沉沉而陷入灭种的边缘。如果一只斗鸡永远都不战斗，那么它只会变成一只普通的公鸡，整日在沙地上溜达觅食。所以，如果要成为一只战无不胜的常胜将军，你必须学会让你的对手成为你前进的动力，让你变得越来越强壮。

◎适当付出一点代价

【以退为进，以达到目的为胜利。】

有一次，世界著名滑稽演员胡珀在表演时说："我住的旅馆，房间又小又矮，连老鼠都是驼背的。"旅馆老板知道后十分生气，认为胡珀诋毁了旅馆的声誉，要控告他。

胡珀决定用一种奇特的办法，既要坚持自己的看法，又可避免不必要的麻烦。于是他在电视台发表了一个声明，向对方表示歉意："我曾经说过，我住的旅馆房间里的老鼠都是驼背的，这句话说错了。我现在郑重更正：那里的老鼠没有一只是驼背的。"

"连那里的老鼠都是驼背的"，意在说明旅馆小且矮；"那里的老鼠没有一只是驼背的"，虽然否定了旅馆的小和矮，但还是肯定了旅馆里有老鼠，而且很多。胡珀的道歉，明是更正，实是批评旅馆的卫生情况，不但坚持了以前的所有看法，讽刺程度更深刻有力。

兵法中有一招是"以退为进"，作战如治水一样，须避开强敌的风头，就如疏导水流；对弱敌进攻其弱点，就如筑堤堵流。"退"是策略，"进"才是目的，这种策略在生活中运用很广。

与人有分歧时，先退一步承认对方说得对，而后抓住机遇驳斥对方不对，这种说话的方法就是以退为进。

晋朝时，一位名叫许允的读书人娶了阮家女。行过大礼之后，进入洞房，许允发现新娘貌丑，立即转身，想夺门而出。没想到新娘早有准备，所以许允刚一转身，就被她一把抓住。

许允被拉住后，没好气地问道："女子应有四种德行，你具备几种？"

新娘从容地回答道："孝顺父母，尊重丈夫，是其一；说话和气，是其二；能织丝纺麻是其三；貌美，是其四。前三条我都能做到，我所缺少的只是貌美罢了。"说完便反问道："然而读书人应有许多好品德，你又具备几条呢？"

许允自傲而轻率地回答："都具备！"新娘听后，直言不讳道："各种品德中，应把以德取人放在第一位，可你却注重美色，重貌轻德，怎能说都具备了呢？"许允听罢，顿觉惭愧。从此，夫妻互敬互爱，白头偕老。

新娘先承认自己是丑，而后反戈一击，击中对方要害，因为重貌不重德，是封建社会的大忌，所以许允被说服了。

古人深谙此道，再来看一则故事：

汉代公孙弘年轻时家贫，后来贵为丞相，但生活依然十分俭朴，吃饭只有一个荤菜，睡觉只盖普通棉被。就因为这样，大臣汲黯向汉武帝奏了一本，批评公孙弘位列三公，有相当可观的俸禄，却只盖普通棉被，实质上是使诈，以沽名钓誉，目的是为了骗取俭朴清廉的美名。

汉武帝便问公孙弘："汲黯所说的都是事实吗？"公孙弘回答道："汲黯说得一点没错。满朝大臣中，他与我交情最好，也最了解我。今天他当着众人的面指责我，正是切中了我的要害。我位列三公而只盖棉被，生活水准和普通百姓一样，确实是故意装得清廉以沽名钓誉。如果不是汲黯忠心耿耿，陛下怎么会听到对我的这种批评呢？"汉武帝听了公孙弘的这一番话，反倒觉得他为人谦让，就更加尊重他了。

公孙弘面对汲黯的指责和汉武帝的询问，一句也不辩解，并全都承认，这是何等的智慧——汲黯指责他"使诈以沽名钓誉"，无论他如何辩解，旁观者都已先入为主地认为他也许在继续"使诈"。公孙弘深知这个指责的分量，采取了十分高明的一招，不作任何辩解，承认自己沽名钓誉。这其实表明自己至少"现在没有使诈"。由于"现在没有使诈"被指责者及旁观者都认可了，也就减轻了罪名的分量。

公孙弘的高明之处，还在于对指责自己的人大加赞扬，认为他是"忠心耿耿"。这样一来，便给皇帝及同僚们这样的印象：公孙弘确实是"宰相肚里能撑船”。既然众人有了这样的心态，那么公孙弘就用不着去辩解沽名钓誉了，因为这不是什么政治野心，对皇帝构不成威胁，对同僚构不成伤害，只是个人对清名的一种癖好，无伤大雅。

不辩自明，是一种极好的公关技巧。以退为进，更是一种大智慧。生意人也往往利用以退为进的法则，取得丰厚的利润。

日本人松本清创造了“牺牲商法”，他将当年售价为200日元的膏药以80日元的低价卖出。膏药卖得越多，亏损就越大，但整个药店的经营却有了很大起色。因为，买膏药的顾客大都还要买其他药品，而其他药品却是不让利的。松本清的做法使消费者对药店产生了一种信赖感，于是药店的生意越来越红火。

“牺牲商法”以抓住顾客贪小便宜的心理来“套牢”顾客，通过部分商品的低价赔本销售来扩大企业的知名度，从而达到招徕顾客、留住回头客的经营目的。他们未赚先“赔”，未盈先“亏”，适当地付出了一点代价，牺牲了一点利益，取得消费者的信任后，经营效果自然会更好。

第四章 囚徒困境：博弈全输，合作双赢

◎囚徒困境的释义

【如果你能够在做出决策之前与相关方取得最直接的联系，那么一定要选择双赢的策略，这才是长期合作的战略家眼光。】

我们先来看一个历史上最经典的有趣个例：“囚徒困境”。

1950年，由就职于兰德公司的梅里尔·弗勒德（Merrill Flood）和梅尔文·德雷希尔（Melvin Dresher）拟定出相关困境的理论，后来由顾问艾伯特·塔克（Albert Tucker）以囚徒方式阐述，并命名为“囚徒困境”。

经典的囚徒困境如下：警方逮捕甲、乙两名嫌疑犯，但没有足够证据指控二人有罪。于是警方分开囚禁嫌疑犯，分别和二人见面，并向双方提供以下相同的选择：

若一人认罪并作证指控对方（相关术语称“背叛”对方），而对方保持沉默，此人将即时获释，沉默者将判监10年。

若二人都保持沉默（相关术语称互相“合作”），则二人同样判监半年。

若二人都互相检举（相关术语称互相“背叛”），则二人同样判监2年。

用表格概述如下：

甲认罪乙沉默	乙服刑 10 年，甲即时获释（反之亦然）
甲乙都沉默	二人同服刑半年
甲乙互相检举	二人同服刑 2 年

如同博弈论的其他例证，囚徒困境假定每个参与者（即“囚徒”）都是利己的，即都寻求最大自身利益，而不关心另一参与者的利益。参与者某一策略所得利益，如果在任何情况下都比其他策略要低的话，此策略称为“严格劣势”，理性的参与者绝不会选择。另外，没有任何其他力量干预个人决策，参与者可完全按照自己意愿选择策略。

囚徒到底应该选择哪一项策略，才能将自己个人的刑期缩至最短？两名囚徒由于隔绝监禁，并不知道对方选择；而即使他们能交谈，还是未必能够尽信对方不会反口。就个人的理性选择而言，检举背叛对方所得刑期，总比沉默要来得低。试设想困境中两名理性囚徒会如何作出选择：

若对方沉默，背叛会让我获释，所以会选择背叛；

若对方背叛指控我，我也要指控对方才能得到较低的刑期，所以也是会选择背叛。

二人面对的情况一样，所以二人的理性思考都会得出相同的结论——选择背叛。背叛是两种策略之中的支配性策略。因此，这场博弈中唯一可能达到的纳什均衡，就是双方参与者都背叛对方，结果二人同样服刑 2 年。

这场博弈的纳什均衡，显然不是顾及团体利益的帕累托最优解决方案。以全体利益而言，如果两个参与者都合作保持沉默，两人都只会被判刑半年，总体利益更高，结果也比两人背叛对方、判刑 2 年的情况较佳。但根据以上假设，二人均为理性的个人，且只追求自己个人利益。均衡状况会是两个囚徒都选择背叛，结果二人判决均比合作为高，总体利益较合作为低。这就是“困境”所在。例子漂亮地证明了：非零和博弈中，帕累托最优和纳什均衡是相冲突的。

帕累托最优是指资源分配的一种理想状态，即假定固有的一群人和可分配的资源，从一种分配状态到另一种状态的变化中，在没有使任何人境况变坏的前提下，也不可能再使某些人的处境变好。换句话说，就是不可能再改善某些人的境况，而不使任何其他人受损。

对于多人参与、非零和的博弈问题，在纳什之前，无人知道如何求解，或者说怎样找到类似于最小最大解那样的“平衡”。而找不到解，下面的研究当然无法进行，更谈不上指导实践了。纳什对博弈论的巨大贡献，正在于他天才地提出了“纳什均衡”的基本概念，为更加普遍广泛的博弈问题找到了解。纳什均衡的基本思想是，在这个解集中所有参与者的策略都是对其他参与者所用策略的最佳对策，没有人能够通过单单改变自己的策略提高收益。以前面的囚徒困境为例，如果嫌疑甲相信嫌疑乙招供，那么他的最佳策略是招供，而如果嫌疑乙相信嫌疑甲招供，那么他的最佳策略仍是招供。这就是一个纳什均衡，它是“自确定”的。在囚徒困境中，只存在一个纳什均衡。但若将条件改变一下，在许多其他的具体问题中，纳什均衡可能不止一个。纳什巧妙地运用数学技巧，证明了如下纳什定理：对于任何一个 n 人参与，非合作博弈（零和或非零和），如果每个参与者都只有有限的 条策略，那么一定存在至少一个纳什均衡解集。像许多科学上最杰出的思想一样，这一概念以极简洁明了的方式解决了悬而未解的难题。看似简单，似乎属于那种“本来我也能想到”的东西，然而那时除了纳什，一代宗师诺伊曼也没有想到。纳什均衡的提出，对博弈论的发展产生了革命性的影响，纳什均衡的概念已成为现代博弈论的基石和中心（虽然在少数博弈理论家中此点仍有争议）。

纳什的好友，普林斯顿大学经济学教授迪克西特曾说：“如果每次有人说起或写下纳什均衡这几个字，纳什都能拿到一块钱的话，那么他现在会是个大富翁了！”

◎囚徒困境无所不在

【囚徒困境是对生活的简单抽象，不管如何，你一定要做一个掌握主动权的强悍的“囚徒”，让自己成为事情的主宰，这样才不会被对手出卖。】

现实中，无论是人类社会或大自然都可以找到类似囚徒困境的例子，将结果划成同样的支付矩阵。社会科学中的经济学、政治学和社会学，以及自然科学的动物行动学、进化生物学等学科，都可以用囚徒困境分析，模拟生物面对无止境的囚徒困境博弈。囚徒困境可以广为使用，说明这种博弈的重要性。

以最常见的小事为例。为人父母的大多遇到过这样的类似情形：

“爸爸（妈妈），我要买一个MP4，索尼新出的那款！”

“多少钱？”

“一千八百多。”

“这么贵?！你不是有一个MP3吗？”

“那个已经太旧了，也落伍了。同学们都有，我也要！”

以上是14岁的初二学生萌萌放学回到家里和家长的对话。对此，也许有人会指责萌萌不懂事、爱慕虚荣、喜欢攀比、不体念父母赚钱养家的艰辛，但这只是表面现象。目前学生穿的校服是学校统一制作的，单从衣服上看，学生无法分出三六九等，不知道谁的父母更有钱、谁在家更受宠。那么比什么？比学习好当然太“老土”，于是比鞋子、比手机、比MP4——这和我们成年人之间相互攀比谁家的房子大、车子好等并没有多少区别。

邻居大刘的儿子今年上高二，让他哭笑不得的是，儿子早上上学时穿的是两只一模一样的鞋，晚上回到家里，却一只脚穿耐克另一只脚穿阿迪达斯！不懂？这是时尚！据这位品学兼优的高中生说，你要穿个稍微次点的鞋，还没人和你换着穿呢！所以大刘现在的困境是，他如果要孩子不和人攀比，那就无疑是把孩子推到另一个体系：大多数同学之外的体系。这是家长的无奈，也是社会的无奈。

以上就是囚徒困境在现实生活中的生动写照。同学间的攀比，其结果是对大家都不好；但是别的同学都有了，你也得有，否则你就是同学中的“另类”，你就会遭多数同学的白眼。

国家之间军备竞赛的例子与此类似，同样可以用囚徒困境来描述。展开军备竞赛的两国都可以声称有两种选择：增加军备（背叛）、或是达成削减武器协议（合作）。两国都无法肯定对方会遵守协议，因此两国最终会倾向增加军备。似乎自相矛盾的是，虽然增加军备会是两国的“理性”行为，但结果却显得“非理性”（例如会对经济造成损害等）。比如冷战时期的美国与苏联。

商业领域，囚徒困境在商业领域也不鲜见，比如价格战、广告战等。让我们看下面一例：

2007 年夏，中国食品行业普遍刮起了涨价风。6 月 21 日，光明、蒙牛、伊利、三鹿等 14 家国内外乳品企业聚集南京签署“乳品企业自律南京宣言”。约定取消特价、降价销售等促销方式，这被认为是一种变相的联合涨价。7 月 26 日，统一、康师傅、日清、今麦郎、华龙等方便面生产企业宣布集体涨价，幅度为 20% 至 40%。对于联合涨价，厂商们给出的统一理由是：遏制低价竞争，维护行业长远发展。

但是结果怎样呢？

不到两个月，在超市的货架上，方便面“涨价联盟”成员之一某品牌的葱爆羊肉方便面就搞起了促销活动：买两包方便面即可获赠一副扑克牌；而有的超市中，某著名品牌方便面则是买五连包送一个酱罐；还有的方便面企业展开了“买五送一”的活动。

再看牛奶，“买一箱伊利纯牛奶送 3 袋 250 毫升牛奶”、“光明利乐枕原价 20 元，现价 18 元”、“原价 × ×元特浓纯牛奶现仅售 × ×元”“蒙牛买一箱送一袋”……乳制品业的知名品牌无一例外，全部参加了促销活动。而且超市的促销广告牌上标明促销活动时间为7月24日至8月10日，是在乳制品业“涨价联盟”形成之后。

为什么这些当初如此高调、如此信誓旦旦的价格联盟是这样的不堪一击？博弈论中的“囚徒困境”能给出令人信服的解释。

假设乳制品市场有两个寡头同时面临着降价与不降价的选择，如果双方都不降价，则双方都保持原来的销售利润，增加的赢利为0；如果双方都降价，则各增—50个单位；如果甲厂降价而乙厂不降价，那么甲通过降价扩大了市场份额，赢利增加100个单位，而乙因为坚持不降价而失去了市场，赢利增加—100个单位；反之，如果乙降价而甲不降价，而乙赢利增加100个单位，而甲赢利增加—100个单位。那么从双方最好的结果来看，就是双方都不降价（相当于“囚徒困境”中的两个人都不招）。但如同囚徒困境一样，只有降价才是每个企业的优势策略：如果对方不降价，我最好降价（我不降价得0，降价得100）；如果对方降价，我更得降价（我不降价得—100，降价得—50）。

显然，从参与竞争各方最好的结果来看，就是都不降价。而在现实中，几乎所有的公司都不可避免地陷入了价格战的囚徒困境中。

◎让对手也陷入困境

【人是会自私和自利的，如果你能够很好地利用这一点，便可以变不利为有利，让自己走出困境。】

当你处于绝对劣势时，只有借助其他人的帮助才能扭转局面，而其他人又不愿意出手相助，你有办法“迫使”那个人与你站在同一条船上吗？博弈论中，的确有一种给对方设置囚徒困境，从而“逼迫”对手与自己达成合作的方法。

东汉时期，班超受命率领使节团出使西域，联合西域各国共同抗击匈奴。到了鄯善国，起初几天鄯善王对班超一行都很友好，可是过了几天，他的态度突然冷淡起来。班超从送酒的仆人口中得知，原来是匈奴的使者也到了鄯善。由于鄯善一直很惧怕匈奴，所以这时的局势对于班超很不利，很有可能鄯善王会把他们抓起来献给匈奴使者。于是，班超当即作出决断，冒险率人乘夜杀了匈奴使者，然后拿着匈奴使者的头去见鄯善王，说："匈奴使者已经被我杀了，匈奴一定会怪罪你。从今以后，只要你一心一意跟着汉朝抵抗匈奴，匈奴自然不敢来侵犯你们。"鄯善王见此情形，也只得与汉朝合作、与匈奴决裂了。在这个故事里，班超巧妙布局，把鄯善王陷入了一种没有其他退路的困境之中，从而只能选择与汉朝合作，与匈奴断交。

班超杀了匈奴使者之后，鄯善王面临以下几种情景：

第一种情景是非合作，即把班超一行杀了，或是献给匈奴人，这样一来，跟汉朝彻底决裂，并继续受匈奴的残酷压迫。

第二种情景是按兵不动，既不合作也不敌对。但由于匈奴使者死在他的地盘上，匈奴人肯定会记恨在心，日后定有一场浩劫，而且汉朝也会对他心存不满，两头不讨好。

第三种情景就是和班超代表的大汉王朝合作，一同抵制匈奴，这样，成功的把握还大一些。

我们可以看到，只有第三种情形才是对鄯善王最有利的，所以鄯善王不得不选择与班超合作的策略。而班超正是因为看穿了这一点，巧妙地转换了自己的劣势处境，并对把自身的困境与鄯善王的困境"绑"在了一起，迫使鄯善王做出了帮助自己解围的理性选择。

班超为鄯善王设置困境的做法，在现实生活中对我们多有启发。比如：

李四借了张三钱一万元钱，张三讨要，而李四无力归还。假如这时李四对张三说："我现在有一笔稳赚不赔的生意，但是缺少本钱，只要五千元就够了。如果你能再借给我五千元作为本钱，我赚了钱就把这次借的五千及上次借的一万一起还给你。否则那一万元钱我现在没法归还，只能等以后有钱时再还你了。”如果张三经过考察确认李四所说属实，那么作为一个理性经济人，为了收回他以前借出去的一万元钱，张三很有可能会做出再借五千元钱给李四的选择。

另外，在现代商业中，这种情形也不少见。如图书出版行业，发行商往往不能及时给出版商结算书款，即使书卖出去了也不肯结算。只有当出版商在发行商那里有了一定的“账底”之后，发行商才陆续给出版商结算“账底”以外的书款。著名出版家张静庐先生在其著作《在出版界二十年》中，叙述了他在20世纪初做出版时所遭遇的这种困境：如果此时出版商不再与发行商合作，那么以前的账底就成了“千年不还，万年不赖”的长期烂账，出版商永远也别想再要回来。在这里，发行商就成功地给出版商制造了一个迫使其合作的“囚徒困境”。

总而言之，在孤立无援的时候，不要一味悲观失望，而是要想办法把你的对手绑在自己的船上，让对手和你陷入同样的困境。此时，他为了保全自己的利益，就会无奈地做出与你合作的选择。

◎摆脱困境的例子

【人类的自私，使他们陷入“囚徒困境”难以自拔。社会生活和商业竞争中的许多逻辑都与这一困境密切相关。】

我们知道，一旦陷入“囚徒困境”，其中任何一方都无法独善其身，即使双方都有合作意愿，也很难达成合作。那么，有什么办法可以使我们逃脱“困境”？稍后将详细讨论这个问题，这里只说一个外力干预打破困境的例子，它具有一些悖谬甚至滑稽的色彩。

1971年，在“禁烟运动”的声势下，美国国会通过了禁止在电视上做烟草广告的法律。令许多人奇怪的是，这一回财大气粗的烟草公司反应相当平静，并没有动用其庞大的社会资源和影响力阻止这个法律的通过。而且，后来的统计资料表明：尽管烟草广告因受到限制而减少，可是烟草公司的利润却提高了。

你是否知道烟草公司为什么不反对、甚至可能还欢迎这项法律？因为这个禁令使他们从“囚徒困境”中解放了出来。

烟草行业同样竞争激烈，为了争夺市场，各大烟草公司都必须大做广告。为此，它们每年都要花费巨额广告费用，这无疑降低了它们的利润水平。也就是说，如果烟草公司都不做广告，它们的利润要更高。可是，如果其中一家公司不做广告，它的市场份额就会被其他公司抢走。这正是一个囚徒困境：你合作，对方不合作，你就吃亏了。在这种情况下，做广告就是优势策略。那么，烟草公司能否达成都不做广告的协议呢？不能，因为谁遵守协议，就很可能被对手耍弄。

现在好了，烟草公司做不到的，国家为它做了：法律起到了协议的作用，而政府承担了监督的成本。借用过去的一句话说，是“起到了阶级敌人想起而起不到的作用”，烟草公司又何乐不为呢？

也许有人会说：广告不但有竞争的作用，也有开拓市场的作用，在这方面，烟草公司不是也有损失吗？当然如此。但是注意这个法律是有限的，被禁止的只是电视广告，而不包括其他媒体；而且只禁止在美国做电视广告，而不包括其他国家。

事实上，对于已经比较成熟的市场，像香烟这样的商品，广告的开拓作用是有限的。现在，美国烟草公司已经把开拓的目标放在了广大的国外市场。

◎走出囚徒困境的常见法则

【即使是在不知情的情况下，要相信你的朋友和战友，只有信任才能让同一利益战线上的人不被击垮。】

我们已经知道，囚徒困境是每个人都在根据自己的利益做出决策，但结果是谁也得不到好处，也就是每个人在自利心理的驱使下，导致的结果是所有的人利益“同归于尽”。那么，能否打破囚徒困境，使处于囚徒困境中的人彼此协调自己的行动，从而使双方的利益都达到最大化呢？答案是肯定的，以下就是走出囚徒困境常见的法则。

1. 施以报复：让背叛行为不敢发生

假如每一个拒供的囚徒都可以在刑满释放后对供认的囚徒实施报复（比如杀他全家），那么每个囚徒就可能因担心未来的报复而选择拒供，使得“拒供，拒供”成为均衡的结果。合作达成了。

在“囚徒困境”经典事例模型中，假设两个嫌疑犯都是黑手党成员，反而可以走出这个困境。电影与文学作品中描述的黑手党，都会对与警方合作、出卖同伙的行为进行严惩（一般情况下是处死）。为了避免被处死，两个犯人应该拒绝与警方合作，这样他们就可以只坐半年的牢（而不是双双招认，结果大家都坐二年的牢）。

司法实践中我们的确可以看到有很多犯罪团伙的成员，被捕后拒绝坦白。这在很大程度上与惩罚机制有关。因为在一些犯罪团伙、黑社会中，如果出卖“兄弟”，将永远无法在江湖立足，并且其家人也将受到黑社会的追杀。正由于这种报复与惩罚机制的存在，使得囚徒间彼此合作，从而打破了“囚徒困境”的局面。这与更为普遍的职业道德约束、战场纪律等如出一辙。

美国作家威廉·庞德斯通（William Poundstone）在他的著作中，以实例说明了囚徒困境的这一解决方案。在新西兰，报亭既无管理员也不上锁，买报纸的人自行放下钱后拿走报纸。当然某些人可能取走报纸却不付钱（背叛），但由于大家认识到如果每个人都偷窃报纸（共同背叛）会造成以后不方便的有害结果，这种情形很少发生。这例子特别之处是新西兰人并没有被任何其他因素影响而能脱离囚徒困境。并没有任何人特别去注意报亭，人们守规则是为了避免共同背叛带来的恶果。这种避免囚徒困境的大家共同的推理或想法被称为“异想（magical thinking）”。

2. 契约合作：建立相互信任的关系

在囚徒困境中，假如每个人都彼此相信对方不会招供，那么合作拒供的结果也可以出现。因此，合作的关键是相互的信任，也就是说，如果能够达成一种信任关系，那么也就可以达成合作。

如何达成相互信任的关系呢？一个很有效率的方案是：签订一份对双方都有约束力的且对背约者进行严厉惩罚的契约。比如在商业领域，即使是未曾有过合作关系的人，也能通过订立合同而相互信任，进而达成合作。因为合同中会带有违约条款，谁不遵守合同，谁就将承担对自身极为不利的法律后果（如支付违约金、赔偿损失等）。

当然，签订合同与诚实信用地去履行合同是两回事，也就是说，并非签了合同就能使双方建立相互信任进而达成合作，但比起没有合同来，签订合同显然更有利于打破（背叛，背叛）这一囚徒困境。

3. 忠诚文化：打造“嗷嗷叫”的团队

电视剧《亮剑》受到很多观众的喜爱。尤其是独立团的战士们在战斗中不怕牺牲、争先恐后地“嗷嗷叫着往前冲”给人留下了深刻的印象。

我们知道，在一场战斗中，冲到最前面总是最危险的，相对落后就意味着相对安全，而且你不能因为某个士兵相对落后就说他胆小怕死或者临阵脱逃，因此军法是用不上的。根据囚徒困境，如果士兵有足够的理性，那么是没有人愿意冲在最前面的，因为每个人都会等着他人冲锋陷阵。

那么，李云龙的独立团战士为什么还要“嗷嗷叫着往前冲”呢？政委赵刚的一席话道出了其中的秘密：“一支部队，也是有气质有性格的。而这种气质和性格，是与首任的军事主官有关。他的性格强悍，这支部队就强悍，就嗷嗷叫。这支部队就有了灵魂。从此以后，这支部队不管换了多少茬人，它的灵魂仍在。”

这就是一个军队的忠诚文化，对国家的忠诚、对军人职责的忠诚、对战友的忠诚。有了这样的文化，战士们在冲锋时自然是争先恐后，囚徒困境的问题也不复存在。而没有这种文化的军队，在战斗中则往往一触即溃。

忠诚文化对于企业也同样适用。本来“大锅饭”中的偷懒行为是难以破解的囚徒困境，可是一旦植入企业文化，则情形就会大大改观。经济学家莱宾斯坦就曾建议培育合作的企业文化，以此来克服团队生产中的囚徒困境。

4. 长期关系和重复博弈

我们都知道，吸烟可以满足一时的快感，但却会导致日后的健康问题。对于只顾眼前而不管将来的人来说，吸烟将是他的最佳选择。同样的道理，在囚徒困境中，如果人们只顾眼前而不将来，则背叛是最好的选择。尤其是博弈只是一次的情况下，背叛简直就成了不二的选择。

可事实上，有的博弈是重复的。比如商业合作，往往不仅限于一次。如果你这次选择了背叛，虽然就这一次博弈，你占到了便宜，但你失去了以后合作的机会，从长远看则是吃了亏。因此，一个理性的人为了从合作中持续不断地获得利益（而不是“一锤子买卖”），则必然会选择忠诚而非背叛。也就是说，对于理性经济人而言，他会为了长远的将来利益而牺牲眼前的利益。事实上，重复博弈（建立长期合作关系）正是破解囚徒困境的又一个良策。有关重复博弈的更详细论述，我们将放在下一章中专门去讲。

第五章　纳什均衡：非合作博弈均衡

◎纳什均衡的释义

【1950年，还是一名研究生的纳什写了一篇论文，题为《n人博弈的均衡问题》，该文只有短短一页纸，可就这短短一页纸成了博弈论的经典文献。在这篇论文中，纳什给出了博弈均衡的定义，即纳什均衡。】

春节是中国人正宗的“过年”，除夕夜全家人围在一起守岁，是每个人都向往的场景。但就是这样一个其乐融融的“年”，却让很多才结婚的小夫妻犯难，甚至为了去谁家过年发生争吵。孝敬父母是每一个儿女都应该做的，由于很多人常年在外，一年到头春节就成了唯一的机会。结婚之前，一个人来去无牵挂，春节回家那也是不用考虑的问题，但结婚之后，小夫妻就不得不面临着“春节的选择”了。

扬扬与薇薇是一对“80”后小夫妻，二人都是独生子女，对父母都非常孝顺。扬扬希望回东北老家与自己的父母一起过春节，而薇薇则希望回四川老家与自己的父母一起过春节。在无数次争执之后，他们也考虑过“各回各家、各找各妈”的办法。但问题的关键在于，小两口很恩爱，分开各自回家过春节，是他们最不愿意见到的情形。这样一来，他们就将面临一场温情笼罩下的“博弈”。

假设二人回扬扬家过春节，则扬扬的满意度为10，而薇薇的满意度只有5；如果回薇薇家过春节，则扬扬的满意度为5，而薇薇的满意度为10；如果双方意见不一致，坚持各回各家，或者一赌气索性谁家也不去，则他们谁都过不好这个春节，满意度各自为0，甚至为负数。当然从常理推断，基本上不存在薇薇去东北的扬扬家过年、而扬扬去四川的薇薇家过年的可能性。

在这个博弈中，完全看不到哪一方有严格的优势策略——回东北过年不是扬扬的优势策略，因为如果薇薇坚持回四川，他选回东北的满意度只能为0，而选跟薇薇一起回四川的满意度却还可以是5。也就是说，对扬扬而言，不存在“无论薇薇是选择回东北还是回四川过年，我选回东北（或回四川）过年总是最好的策略”这一情况。同样的道理，薇薇也没有绝对的优势策略。在这个博弈中，扬扬只能看薇薇回四川过年的态度有多坚决，然后再据此选择自己的策略；薇薇也是如此。

由此引出了博弈论中最重要的概念——纳什均衡。纳什均衡是这样的一种博弈状态：对博弈参与人来说，给定对手选定的一个策略，则“我”选择的某个策略一定比选其他的策略好。即各方的行动就是针对对方行动而确定的最佳对策。一旦知道对方在做什么，就没人愿意改变自己的做法。博弈论学者把这么一个结果称为“均衡”。这个概念是由普林斯顿大学数学家约翰·纳什（也就是电影《美丽心灵》的主人公）提出的，因此被称为“纳什均衡”。

纳什均衡是博弈分析中的重要概念。1950年，还是一名研究生的纳什写了一篇论文，题为《n人博弈的均衡问题》，该文只有短短一页纸，可就这短短一页纸成了博弈论的经典文献。在这篇论文中，纳什给出了博弈均衡的定义，即纳什均衡。

那么，什么是纳什均衡呢？简单说就是，在一策略组合中，所有的参与者面临这样的一种情况：当其他人不改变策略时，他此时的策略是最好的。也就是说，此时如果他改变策略，他的支付将会降低。在纳什均衡点上，每一个理性的参与者都不会有单独改变策略的冲动。

在囚徒困境中存在唯一的纳什均衡点，即两个囚犯均选择“招认”，这是唯一稳定的结果。

有些博弈的纳什均衡点不止一个。如在上述夫妻博弈中有两个纳什均衡点：（东北，东北）、（四川，四川），即双方回东北过年，或者双方回四川过年的选择都就是博弈中的纳什均衡状态。因为对双方而言，单独改变策略没有好处。比如说两人约定一起回东北过年，则扬扬的满意度为10而薇薇的满意度为5，此时如果薇薇单独改变主意自己回四川了，变成自己和扬扬各得0，对谁都没有好处；相反如果两人约定一起回四川过年，则薇薇的满意度为10，而扬扬的满意度为5，如果此时扬扬单独改变主意自己回东北过年，也变成自己与薇薇各得0，同样对谁都没有好处。所以，两人一起去东北过年或者一起回四川过年，才是稳定的博弈对局，也能取得一方绝对满意、另一方相对满意而非双方都不满意的结局。

通过上述分析我们可以发现，在这个博弈中，最佳的选择是：如果扬扬坚持回东北过年，那么薇薇最好也跟着回东北过年；如果薇薇坚持回四川过年，那么扬扬最好也跟着回四川过年。

在有两个或两个以上纳什均衡点的博弈中，其最后结果难以预测。在“夫妻博弈”中，我们无法知道，最后结果是一同回东北还是一起去四川。

这种情形是符合现实生活的：当夫妻双方一方坚持己见的时候，另一方常常会迁就一些，做出让步。这个博弈结构的显著特点是，博弈有两组策略选择（不像“囚徒困境”博弈每人只有一个最优策略），博弈双方各自会偏爱一个策略，比如扬扬偏爱双方都回东北过年，而薇薇偏爱双方回四川过年。不过他们之间也存在共同利益，因为任选（东北，东北）与（四川，四川）中的一组策略，他们都可以得到一方基本满意，一方非常满意的结果，而不是两个人都不满意。

纳什均衡给我们的一个启示就是现实生活中经常存在这样一种情况：当你的利益与他人的利益（尤其是与你关系亲密的人）发生冲突时，你要学会设法对其进行协调。如果现实不允许你最大限度地满足自己的利益，那么退而求其次，总让双方什么都得不到要强得多。而且你在这次博弈中所失的，可能会在下次博弈中获得补偿。我们假设最终，薇薇同意和扬扬一起去东北过年，那么做丈夫的难免觉得对妻子有亏欠，从而决定明年春节去薇薇的老家四川过年。

通俗地说，纳什均衡含义就是：给定你的策略，我的策略是最好的策略；给定我的策略，你的策略也是你最好的策略。即双方在对方给定的策略下不愿意调整自己的策略。纳什均衡是博弈论中的重要概念，同时也是经济学的重要概念。诺贝尔经济学奖获得者萨缪尔森有一句幽默的话：你可以将一只鹦鹉训练成经济学家，因为它所需要学习的只有两个词：供给与需求。博弈论专家坎多瑞引申说：要成为现代经济学家，这只鹦鹉必须再多学一个词，这个词就是“纳什均衡”。由此可见纳什均衡在现代经济学中的重要性。纳什均衡不仅对经济学意义重大，对其他社会科学意义也同样重大。

◎均衡是博弈的结果

【所谓博弈均衡，它是一稳定的博弈结果。均衡是博弈的一种结果，但不是说博弈的结果都能成为均衡。博弈的均衡是稳定的，因而是可以预测的。】

纳什的想法成为我们指导同时行动博弈的最后一个法则的基础。这个法则如下：走完寻找优势策略和剔除劣势策略的捷径之后，下一步就是寻找这个博弈的均衡。

为什么一个博弈的参与者非得达到这么一个结局呢？我们可以说出好几个理由。没有一个理由本身有足够的说服力，不过，只要把几个理由结合起来，就能形成一个有力的答案。

首先，存在避免循环推理的必要，因为循环推理帮不上忙。均衡在没完没了的“我知道他知道我知道……”的循环里是稳定不变的，这使参与者对其他人的行动的估计能保持连贯性。各方正确预计别人的行动，并且确定自己的最佳对策。

均衡策略的第二个好处出现在零和博弈中。在这种博弈里，参与者的利益严格相悖。你的对手不能通过引诱你采取一个均衡策略而得到任何好处。你已经充分考虑到他们对你正在做的事情会有什么样的最佳对策。

第三个理由是，均衡方法注重实效。要想知道梨子的滋味，就要吃一吃。我们将会利用均衡方法讨论许多博弈。希望读者来检验它对博弈结果的预测以及这种思维方式产生的行为指导方针。相信这么做会使我们的分析更有意思，比抽象地讨论均衡方法的优点更有意义。

需要注意的是，当我们说博弈的结果是均衡，并不一定是对参与者最有利的结果，更不意味着是对整个社会作为一个整体而言最有利的结果。有利或者不利的评价永远属于另外一个问题，答案视各个案例的具体情况而各有不同。

在经济学中，均衡意即相关量处于稳定值。在供求关系中，某一商品市场如果在某一价格下，想以此价格买此商品的人均能买到，而想卖的人均能将商品卖出去，此时我们就说，该商品的供求达到了均衡。此时的价格可称之为均衡价格，产量称之为均衡产量。均衡分析是经济学中的重要分析。

那么什么是博弈论的均衡呢？所谓博弈均衡，它是一种稳定的博弈结果。均衡是博弈的一种结果，但不是说博弈的结果都能成为均衡。博弈的均衡是稳定的，因而是可以预测的。

纳什均衡是一种最常见的均衡。它的含义是：在对方策略确定的情况下，每个参与者的策略都是最好的，此时没有人愿意先改变自己的策略。

在上面的"买—卖"的博弈中，可以解释为什么在现实中讨价还价后买卖能做成的原因，因为这对双方来说都是最优选择。同时在"买—卖"博弈中，其均衡对双方来说是全局最优的。

◎混合策略均衡点

【没有把真正的问题找出来就盲目采取行动，是最愚蠢的做法。能够找出问题，已经可以说是把问题解决一半了。】

是不是所有的博弈均存在纳什均衡点呢？不一定存在纯策略的纳什均衡点——所谓纯策略是指参与者在他的策略空间中选取唯一确定的策略。但至少存在一个混合策略均衡点——所谓混合策略是指参与者采取的不是唯一的策略，而是其策略空间上的概率分布。这就是纳什于1950年证明了的纳什定理。我们下面将在“警察与小偷”的博弈中给出混合策略的说明。

在西部片里，我们常能看到这样的故事：某个小镇上只有一名警察，他要负责整个镇的治安。现在我们假定，小镇的一头有一家酒馆，另一头有一家银行。再假定该地有一个小偷，要实施偷盗。因为分身乏术，警察一次只能在一个地方巡逻；而小偷也只能去一个地方。假定银行需要保护的财产价格为2万元，酒馆的财产价格为1万元。若警察在某地进行巡逻，而小偷也选择了去该地，就会被警察抓住；若警察没有巡逻的地方而小偷去了，则小偷偷盗成功。警察怎么巡逻才能使效果最好？

一个明显的做法是，警察对银行进行巡逻，这样，警察可以保住2万元的财产不被偷窃。可是如此，假如小偷去了酒馆，偷窃一定成功。这种做法是警察的最好做法吗？有没有对这种策略改进的措施？

这个博弈没有纯策略纳什均衡点，而有混合策略均衡点。这个混合策略均衡点下的策略选择是每个参与者的最优（混合）策略选择。

对于这个例子，对于警察的一个最好的做法是，警察抽签决定去银行还是酒馆。因为银行的价值是酒馆的两倍，所以用两个签代表银行，比如如果抽到1、2号签去银行，抽到3号签去酒馆。这样警察有2/3的机会去银行进行巡逻，1/3的机会去酒馆。而小偷的最优选择是：以同样抽签的办法决定去银行还是去酒馆偷盗，只是抽到1、2号签去酒馆，抽到3号签去银行，那么，小偷有1/3的机会去银行，2/3的机会去酒馆。

警察与小偷之间的博弈，如同小孩子之间玩“剪刀石头布”的游戏，在这样一个游戏中，不存在纯策略均衡，对每个小孩来说，自己采取出“剪刀”、“布”还是“石头”的策略应当是随机的，不能让对方知道自己的策略，哪怕是“倾向性”的策略。如果对方知道你出其中一个策略的“可能性”大，那么你在游戏中输的可能性就大。因此，每个小孩的最优混合策略是采取每个策略的可能性是1/3。在这样的博弈中，每个小孩各取三个策略的1/3是纳什均衡。由此可见：纯策略是参与者一次性选取的，并且坚持他选取的策略；而混合策略是参与者在各种备选策略中采取随机方式选取的。在博弈中，参与者可以改变他的策略，而使得他的策略选取满足一定的概率。当博弈是零和博弈时，即一方所得是另外一方的所失时，此时只有混合策略均衡。对于任何一方来说，此时不可能有纯策略的占优策略。

◎建立强硬形象

【从博弈学的角度分析，我们可以得出吉姆和德拉的选择并非理性的结论。】

经济学认为，恰恰是每个人的自利行为，促进了社会的发展。比如居民希望生活得更好一些，企业希望利润再高一些，这些都是天经地义的事情，也是理所当然的理性行为。但在伦理上，很多人怀疑这种只希望自己好的自利行为，他们更倾向于“我为人人，无私奉献”的理念，认为这样我们的社会才能得以发展。现实真是如此吗？

以美国作家欧·亨利的著名短篇小说《麦琪的礼物》为例：吉姆和德拉是贫穷且彼此深爱对方的小两口。吉姆有一只祖传的金表，但是穷得没有表链；而德拉有一头令所有女子嫉妒的秀发，但一直没有钱去买她心仪已久的一套梳子。圣诞节的前一天，住在公寓里的贫穷的德拉想给丈夫吉姆一个惊喜，可是她只有1.87美元，她知道这点钱根本不够买什么好的礼物，于是她把引以为自豪的褐色瀑布似的秀发剪下来，卖了，换来了20美元。找遍了各家商店，德拉花去21美元，终于买到一条朴素的白金表链，打算作为送给吉姆的圣诞礼物，用来配上他的那块金表。而与此同时呢，吉姆也想给老婆一个惊喜，他同样卖掉了引以为自豪的祖传金表，买了德拉羡慕、渴望已久的全套漂亮的梳子作圣诞礼物。

可结果却是，德拉暂时不需要梳子了，因为她卖了秀发为吉姆买回了表链；而吉姆再也不需要表链了，因为他卖了金表为德拉买了梳子。

这与上文提到的夫妻博弈中的非理性结局何其相似——如果不是为了陪薇薇，扬扬不会去四川过年；如果不是为了陪扬扬，薇薇也不会去东北过年。假如二人事先未经过协调而为了给对方一个惊喜，春节的时候薇薇买了两张去东北车票而扬扬买了两张去四川的车票，那么出现的情形与《麦琪的礼物》中的结局将是一模一样了！

当然，从爱情的角度来看，每个读者都会为这两个真心相爱的人所感动。就像欧·亨利在作品的结尾写道："在一切馈赠礼品的人当中，那两个人是最聪明的。在一切馈赠又接收礼品的人当中，像他们两个这样的人也是最聪明的。无论在任何地方，他们都是最聪明的人。"但是从博弈学的角度分析，我们却可以得出他们的选择并非理性的结论。如果把这件事视为一场博弈，假设小两口往常过着平淡而心心相印的生活，各得1；如果吉姆把表卖了给德拉买梳子，吉姆得2，德拉得3；如果德拉剪去一头秀发换回表链给吉姆，德拉得2，吉姆得3。但是吉姆卖表买梳和德拉剪发换链同时发生，那么他们一定都非常非常伤心，伤心做了永远难以弥补的蠢事，各得-2。从这个博弈的结果中我们可以看到，吉姆与德拉所选择的"为对方考虑"的策略，恰恰出现了令双方都伤心的结局，而可以设想，假设他们中的任何一个人稍微地"自私"一点儿，那么出现的结局反而会皆大欢喜。

在日常生活中，人们馈赠礼物也开始讲究要给受礼人惊喜。比如妈妈要过生日了，孝顺的女儿想在妈妈生日那天送给妈妈一个惊喜，于是想破了脑袋买了一个礼物，而这个礼物可能在妈妈看来是又贵又不实用的。

《麦琪的礼物》恰恰告诉我们，惊喜是奢侈品，如果你还不富裕，你很可能享受不起。可供对比的是，在一些发达国家，人们在发送请函的时候，往往会注明希望收到什么礼物，这样，就避免了送礼物的人为了带给接受礼物的人“惊喜”而导致礼物无用的情况。而这正是自利的行为带给双方效益最大化的启示。

◎强硬形象带来的现实好处

【作为管理者，如果树立起“铁腕上司”的形象，就可能从中获得好处。一个粗暴的、不近人情的上司往往令员工更为畏惧，而不敢与其针锋相对。】

在生活中我们经常会看到这样一种情况：当一个任性的孩子的某个要求不能被满足时，其“杀手锏”往往是大哭大闹。此时父母如果对孩子的哭闹采取强硬态度，不予理睬，通常情况下孩子一会儿自己也就“偃旗息鼓”，该干什么干什么去了。如果父母此时采取软弱态度对孩子“妥协”，而孩子发现这招奏效，以后再有要求不被满足的时候，还会使出哭闹的策略，而父母只能一再地“妥协”下去。我们可以看到，在这个博弈中的纳什均衡是（强硬，妥协）和（妥协，强硬）。即如果父母强硬，则孩子妥协；如果孩子强硬，则父母妥协。在这种情况下，如果父母树立起强硬的形象，他就可以在对孩子的管教中获得好处：孩子见到自己哭闹的招数无法奏效，自然也就无法以此胁迫父母满足其不合理要求。

这就是纳什均衡给我们的另一个启示：从现实利益出发来考虑，在博弈中，建立强硬形象或取得强势地位对自身是有好处的。比如一个单位里上下级间的博弈。我们姑且把对待下属非常强硬的上级称为“铁腕上司”，把对待上级毫不买账的下属称为“鹰派下属”，那么当一个铁腕上司与一个鹰派下属面对某件具体的事件发生冲突时，什么样的状况才能达到一种博弈的均衡呢？

假设铁腕上司与鹰派下属面对问题各自都可以选择对彼此的强硬态度和屈从态度，通过上节中提到的纳什均衡原理我们不难发现，这个博弈中的纳什均衡是（强硬，屈从）和（屈从，强硬）。即如果上司强硬，则下属应屈从；如果下属强硬，上司最好屈从。这与我们通常所看到的单位中的状况是一样的，如果上司态度坚决，下属只好委曲求全；如果下属完全不买账，上司只好做出一些让步。

战国时赵武灵王推行“胡服骑射”的过程很恰当地说明了这一问题：赵武灵王欲提高赵国军队的战斗力，决定取胡人之长补中原之短，提出“着胡服，习骑射”的主张。可是没想到“胡服骑射”这样的强兵良策还没有下达，就遭到许多顽固贵族的反对。他们说，我们华夏子孙文明开化，怎么能向野蛮落后的蛮夷之族学习，简直滑天下之大稽。后来赵武灵王正式发布“胡服骑射”的政令，号令全国着胡服，习骑射，并带头穿着胡服去会见群臣，他还亲自训练将士，让他们穿着胡人的衣服，骑马射箭，转战疆场，并结合围猎活动进行实战演习。一直持反对意见的赵国公子成等人见无力阻挠，就在四下散布谣言说：“赵武灵王平时就看我们不顺眼，现在故意这样做是为了羞辱我们。”赵武灵王听到后，立即召集群臣，当着他们的面用箭将城门楼上的枕木射穿，并严厉地说：“有谁胆敢再说阻挠变法的话，我的箭就射穿他的胸膛！”公子成等人见赵武灵王推行胡服骑射的态度如此坚决，从此以后也就不敢胡说八道了。

这个博弈告诉我们，作为管理者，如果自己树立起“铁腕上司”的形象，就可能从中获得好处。一个粗暴的、不近人情的上司往往令员工更为畏惧，而不敢与其针锋相对，那么均衡的结果很可能是自己强硬而下属屈从。

而反过来说，作为一个下属，如果你素有鹰派下属形象，那么上司可能也会让你三分。但需要注意的是，“鹰派下属”的形象应该是凭真才实学以及出色的工作业绩“挣”来的。如果本事不大，脾气不小，一味无聊地强硬到底，那么上司往往不会选择屈从于你，而是也会选择强硬，最终的结果只能是你被迫出局。

第六章 重复博弈：由于重复导致合作

◎何谓重复博弈的释义

【在现实中，只要竞争时期足够长，竞争的双方都预期未来还要进行很多次博弈，那么，竞争的结构就可能近似于无限次重复博弈，使得双方在竞争中出现相互合作的局面。】

顾名思义，重复博弈是指同样结构的博弈重复许多次。它是一种特殊的博弈，在博弈中，相同结构的博弈重复多次，甚至无限次。其中，每次博弈称为“阶段博弈”。在每个阶段博弈中，参与人可能同时行动，也可能不同时行动。因为其他参与人过去行动的历史是可以观测的，因此在重复博弈中，每个参与人可以使自己在每个阶段选择的策略依赖于其他参与人过去的行为。

在重复博弈中，每次博弈的条件、规则和内容都是相同的，但由于有一个长期利益的存在，因此各博弈方在当前阶段的博弈中要考虑到不能引起其他博弈方在后面阶段的对抗、报复或恶性竞争，即不能像在一次性静态博弈中那样，毫不顾及其他博弈方的利益。当博弈只进行一次时，每个参与人都只关心一次性的支付；如果博弈是重复多次的，参与人可能会为了长远利益而牺牲眼前的利益，从而选择不同的均衡策略。有时，一方做出一种合作的姿态，可能使其他博弈方在今后阶段采取合作的态度，从而实现共同的长期利益。因此，重复博弈的次数会影响到博弈均衡的结果。

根据重复博弈的重复次数，可以将其分为有限次重复博弈和无限次重复博弈。

影响重复博弈均衡结果的主要因素是博弈重复的次数和信息的完备性。在重复博弈中，参与人存在着短期利益和长远利益的均衡，有可能为了长远利益牺牲短期利益而选择不同的均衡策略。重复博弈的这个结果，为现实中的许多合作行为和社会规范提供了解释。信息的完备性之所以影响均衡结果，是因为如果每一个参与人的特征不为其他参与人所知时，该参与人就很有可能积极建立一个好声誉，以换取长远利益。

我们往往发现，不同品牌的相同商品的价格往往相差无几，例如百事可乐和可口可乐。下面用一个关于产品定价的例子分析重复博弈。

以两个同样生产茶饮料的厂商 A 和 B 的定价决策为例，在一次性博弈中，厂商 A 和厂商 B 都存在上策，上策均衡是双方都定低价，以保证卖出更多的商品。

而在现实生活中，由于这个博弈可以重复无数次，那么，厂商 A 和 B 为了长期利益，往往进行试探性出价。在第一次博弈时，厂商 A 出高价以寻求竞争对手的合作，一旦厂商 B 为了短期利益采取不合作行为，那么就会建立厂商 B 是不可信任的信念，在下一次的博弈中都采取不合作的低价行为，使对局人的长期利益受损。

可见，如果厂商 B 在第一次博弈中采取不合作策略，那它当时得到的高收益会在以后博弈中因厂商 A 的报复性策略而抵消，甚至在重复博弈若干次后出现损失。

假如厂商 A 开始制定高价策略，厂商 B 也定高价，那两者都能获利；但是，如果厂商 B 接着制定的却是低价，那在第一次博弈中，它必然会获得高收益，但是随后，厂商 A 必然会用相同的低价行为而使其受损。这种策略被称为“以牙还牙”策略，这种策略使 A 在初始选择合作，如果 B 合作，那么 A 也会一直合作下去；若 B 在某一次博弈中选择不合作，那么 A 在以后博弈中都采取不合作策略。“以牙还牙”策略意味着任何一个参与人的一次性不合作将会引起永远的不合作。这样，所有参与人为了长期利益，大都会在无限次重复的非合作博弈中选择合作。

而在有限次重复博弈中，假定重复有限的N次，这意味着所有参与人都能预测到最后一次（第N次）的收益。在第N次博弈中，各参与人都知道对方的“以牙还牙”，但是他也知道如果在这次博弈中自己选择低价的上策，将使自己受益而其他参与人受损，且也不会留给对方报复的机会(博弈到第N次结束)。所有参与人都明白这一点，因此在最后一次博弈中将都采取低价策略，这与一次博弈的上策均衡结果相同。

在现实中，市场竞争者很难弄清重复博弈的结构。由于厂商难以预期自己在什么时候会结束经营，也不清楚与对手的竞争何时是第N次博弈。因此，只要竞争时期足够长，竞争的双方都预期未来还要进行很多次博弈，那么，竞争的结构就可能近似于无限次重复博弈，使得厂商在竞争中出现相互合作的局面。

◎博弈越多，了解越多

【无论是试玉、辨材还是识人，都不能根据一时一事的现象下结论，而要从或长或短的时间和历史上来衡量。】

重复博弈可以减少信息的不对称性，从而带来博弈双方间的一种均衡。我国有一句俗语正反映了重复博弈的这种作用——即“日久见人心”，它是指日子长了，就可以看出一个人的为人怎样。其出处为宋朝的陈元靓所写的《事林广记》卷九：“路遥知马力，日久见人心。”为什么日久就会见人心呢？这是因为，日子长了，人们间的博弈的次数多了，掌握着关于对方的为人等方面的越来越多的信息，就会对对方逐渐了解和熟悉起来。

曾经有这样一个故事：有一个人，刚搬进新买的房子，就对院子全面整顿，杂草杂树一律清除，改种自己新买的花卉。某日，原房主回访，进门大吃一惊地问，那株名贵的牡丹哪里去了？这个人才发现，他居然把牡丹当草割掉了。后来他又买了一栋房子，虽然院子更是杂乱，他吸取了原来的教训一直按兵不动。果然，冬天以为是杂树的植物，春天里开出了繁花；春天以为是野草的，夏天花团锦簇；半年都没有动静的小树，秋天居然红了叶。直到暮秋，他才认清哪些是无用的植物而大力铲除，并使所有珍贵的草木得以保存。虽为珍木，却不可能终年开花结果，花朵等待花期，红叶需逢秋霜，花园里良莠不齐，若凭一时一季之见，难免不会摧折秀木。

人非草木，也非动物，人不仅仅需要机会，还会主观地掩饰自己的本来面目。刚刚调到新的工作单位，人们通常会有积极地表现，希望给领导和同事留下良好的第一印象，日子一久，就难免会懒散懈怠；家里有重要的客人拜访，主妇会把房间打扫得一尘不染，但是客人离开后很快就恢复平日的杂乱；初坠爱河的情侣，都在彼此面前展现最好的一面，等结婚多年以后，都会以真实的状态生活；良辰美景，花前月下，山盟海誓能不能经得起漫长的岁月？两肋插刀，赴汤蹈火，兄弟义气是否经得起利益的诱惑？

世事如棋，人心难知，广泛存在的信息不对称使我们时时刻刻需要面对他人欺骗和自身失误的风险。唐朝诗人白居易有一首著名的七律诗："赠君一法决狐疑，不用钻龟与祝蓍。试玉要烧三日满，辨材须待七年期。周公恐惧流言日，王莽谦恭未篡时。向使当初身便死，一生真伪复谁知？"据《淮南子·淑真》，钟山之玉用炉炭烧三天而色泽不变；而《史记·司马相如传》语，豫章二木，小时不易辨识，生至七年，乃可分别。周公摄政辅佐幼年周成王时，曾被流言所伤，就躲了起来；王莽夺权之前，及其谦恭退让以收揽人心。由此，无论是试玉、辨材还是识人，都不能根据一时一事的现象下结论，而要从或长或短的时间和历史上来衡量。因此，随着时间的增加，交往的深入，观察的全面，我们会获得事物和人更多的信息，从而改善信息不对称的局面，方便我们得出比较贴近真实的结论。

◎重复博弈会出现合作均衡

【重复博弈中的无名氏定理说明，对于相同的个体进行无限次重复博弈，如果参与人具有足够的耐心，则互利的合作均衡可以作为子博弈均衡出现。】

如果相同的参与人重复地进行上文中提到的囚徒博弈，那么，每个参与人都将面对新的可选择策略。如果一方在某局博弈中弃信，那么另一方就可以在下一局中选择背信。因此，弃信者必然会因他的“不良”行为而“受到惩罚”。这样的话，在一个重复博弈中，每个参与人都有机会树立合作的声誉，从而鼓励其他人也这样做。这种策略可行与否，要取决于这种博弈是有限次重复博弈还是无限次重复博弈。

在有限次重复博弈中，由于每个人都会知道博弈的次数，是不会走出囚徒困境的。因为此时最后一局就相当于一次博弈的情况，参与人会选择背信以获得最佳的收益。由于可以预期最后一局博弈中大家不可能实行合作，那么在倒数第2局也不会实行合作，那么以此类推，可以得出，参与人会在每一局都选择背信。这是因为，参与人之所以要合作，是因为他们希望合作会引致将来的进一步合作，如果根本不存在将来博弈的可能性，没有人愿意采取合作的战略。

而在无限次博弈中，一方就会有办法影响另一方的行为：如果这次他拒绝合作，那么下一次，你也可以拒绝合作。只要双方都充分关心将来的收益，将来不合作的威胁就足以使他们采取有效率的策略。所以重复博弈会自发地形成博弈主体间的信用机制，出现合作均衡。

重复博弈中的无名氏定理说明，对于相同的个体进行无限次重复博弈，如果参与人具有足够的耐心，则互利的合作均衡可以作为子博弈均衡出现。也就是说，只要交易具有长期性，且交易双方对未来收益的预期足够高，则双方将从长远利益出发维持相互的合作。交易反复进行则容易建立信用关系，因为合作的长期利益远远大于失信获取的短期利益。信用是在重复博弈中，当事人谋求长期利益最大化的手段。若博弈重复发生，则人们会更倾向于相互信任。

理性行为并不导致社会最优结果，如果交易只进行一次，那么市场中便会出现大量互相欺骗的行为，诚信不可能产生。但当交易扩展到无数次之后，合作解便得以出现。只要博弈时间足够长，由于对未来收益的预期，自利的个人，会自愿选择诚信而不愿意去进行欺诈，从而诚信和作为道德的合作机制能得以产生。

在明代的贵州，乡村的市集并不像现在这样的便利。而是每个月只交易数次，比如王阳明被流放的地方叫“龙峰”，这个地方便选择传统十二生肖中的“龙日”进行交易，每个月只交易 2 ~ 3 次。但是，由于市场范围很小，交易只进行少数农产品，从事商人这种职业的人也极少。不仅所有村庄的人都认识这些商人，而且这些商人都是子承父业，交易可以被看成世代相传的无限次博弈。由于每个博弈者都考虑到未来的收益而不愿意进行欺诈性的行为以损害未来的收益，从而无限次博弈的合作便会出现，这就解释了传统社会中，作为价值伦理的诚信和儒家教义的重合性，因为诚信是好的，而且是符合博弈者利益的。如果时间不足够长，合作共谋便不成立，比如末世危机时所表现出来的短期行为。

◎诚信是如何产生的

【人们之间重复的长期博弈，会使人们作出符合全体利益的行为决策，道德就是人们在长期博弈中积累起来的经验内化为各自的行为规范，具有明显的功利主义，只要一个社会的游戏规则不变，人们总会形成道德共识。】

亚当·斯密指出，人是先靠互通有无、互助合作来维系生存的，人类是靠利己心来满足需求的。商品交换是人们互相之间的满足，为了自己的需要而去满足他人的需要。他说："在所有的国家当中，荷兰这个商业化的国家其守信程度最高。英格兰要比荷兰差一些，但是比苏格兰要好得多——原因可归结为自私——这种自私在英格兰人中和荷兰人中都是一样的。交易者因为害怕失去信誉，因而会很小心地遵守每一项承诺。当一个人一天交易20次的话，他就不大可能欺骗别人，因为那样会使他失去更多。当人们之间的交易很少的时候，我们发现人们就有可能进行欺骗，因为通过欺骗得到的东西比他们由此受到的损害要多。"

1596年，荷兰的一个船长带着17名水手，被冰封的海面困在了北极圈的一个地方。经过8个月漫长的冬季，8个人死去了。但荷兰商人却做了一件令人难以想象的事情，他们丝毫未动别人委托给他们运输的货物，这些货物中就有可以挽救他们生命的衣物和药品。冰冻时节结束后，幸存的商人终于把货物几乎完好无损地带回荷兰，送到委托人手中。

荷兰人有充分的理由权变，他们可以先打开托运箱，把能吃的东西吃了，等到了目的地，可以加倍偿还托运者。任何人都会理解这种人道的做法，但是，荷兰人没有这样做，他们把商业信用看得比自己的生命更重要。他们用生命作代价，守住信用，创造了传之后世的经商法则。在当时，荷兰本来只是个100多万人口的小国，却因为商誉卓著，而成为海运贸易的强国，福荫世世代代的荷兰人。

萨缪尔森曾经说过，"只要能在竞争的市场蒙混过去，商人便会把沙子掺进食糖里去"。商业信用思想和观念不是国民性的问题，而是是否存在商业贸易的自然结果。商品生产和商品交换行为不仅使人们之间的自由与平等产生，还给人们带来诚信重诺、守时践约的习俗。可见，社会只要存在着分工与协作的关系，只要存在着交换与交易的行为，那么就存在持续的重复博弈，就需要依靠必要的信用为交往的各方提供某些确定性和某种安全感，使交往活动达到双方预期的结果，保证社会交往的连续性。

在现代社会中，俱乐部制度及商会制度的发明，也在更大程度上增加了交易频率。由于俱乐部成员相对比较固定，从而在内部有更多的交易频率，而人们会对会员的历史和知名度有所评价。当成员违反交易规则或违约时，除了法律和其他外部途径之外，可能会受到被驱逐出俱乐部的威胁。行会内部甚至会将其终生除名，所以行会及商会的自律制度，更有利促进诚信制度的建立。这应用在银行业上，便是法律界和银行界人士经常呼吁的个人信用制度。建立个人信用制度，在博弈论上的解释，便是使一次囚徒困境成为无限次从而获得合作解，因为个人一次违反信用，可能会损害其终生收益，从而，诚信更可能建立。

◎强化双方的信用关系

【重复博弈的次数越多，获得的相关新信息就越多，新信息可以作为补充信息，来修正原来的先验信息，进一步弱化信息不对称的状态。】

即使在重复博弈中，如果博弈者欺诈的信息没有得到公开传递，那么，博弈便无法诱导出诚信的合作解。可是信息的传递需要成本，很多时候交易者都面临着信息不对称的情况。在小范围内的乡土社会或者小半径范围内的交易比如俱乐部以内，欺诈性的行为很快会被传播，以至于其他成员不会与之发生交易。诚信有建立的基石并且很容易维持，但是在一个大规模的范围中，信息的传递机制便可能由于需要高昂的成本而难以运行。假设某家企业的失信行为不能被所有潜在的市场参与者及时发现，比如这家企业这次欠了某银行贷款不还而其他银行不知道，下次欠了另一银行贷款而其他银行也不知道，那么这家企业就会不断地拖欠下去，就没有必要讲信用。因此，如何增加信息的透明度是促进和维持诚信的疑难杂症，那么可以说重复博弈本身便是一剂良方。

2005 年度诺贝尔经济学奖获得者托马斯·谢林仔细考察了博弈者相互之间的信息沟通程度与博弈结果的相应关系，探讨“协同博弈”（co－ordination games）形成的条件。谢林要求人们注意“在对手间默契合作”的重要性，他讨论了这些自我约束措施的特点，以及在策略冲突中沟通（经常是以默契的方式）的作用。

例如第一次世界大战中，前线战士们自发产生“自己活，也让他人活”的原则。当时前线战壕里的军队约束自己不开枪杀人，只要对方也这么做。使这个原则能够实行的原因是，双方军队都已陷入困境数月，这给了他们相互适应和相互了解的机会。重复博弈使得博弈双方都更大程度上了解了对方的信息，使得更多的私人信息变为博弈双方的公共信息。

以人际间信用关系的发展为例，在重复博弈过程中，在博弈的初期，博弈双方的信用关系通常是以利益得失的权衡为基础的，博弈策略选择的过程是其所带来的收益和成本比较的过程，这时的信用关系可以说是一种“策略信用”。随着博弈次数的不断增加，掌握的对方的信息越来越多，对对方行为有了更多的预测依据，交易的不确定性和交易风险不断降低，这时双方的信用关系是一种“信息信用”。博弈继续进行下去，双方的信用关系将得到进一步强化和发展，产生衍生的信用关系，如“转移信用”，由于对某人非常信任，那么他对第三人的评价就成了是否信任第三人的依据。可见，博弈的过程不仅是参与人行动的过程，而且是参与人不断修正信念的过程。重复博弈的次数越多，获得的相关新信息就越多，新信息可以作为补充信息，来修正原来的先验信息，进一步弱化信息不对称的状态。重复博弈使得博弈参与者的决策过程融合进了信息传递过程，使博弈参与者的决策和行动建立在信息传递的基础上，从而突出了信息传递在博弈中的作用和地位，使信息传递过程在博弈中与参与者的行动过程、决策过程交织在一起，有利于博弈主体形成长远预期。

这种重复博弈和信息完全的互相促进就好像日久见人心的过程，人们之间持续的接触带来了更多信息的揭示，而这些信息的揭示能够帮助彼此后续的接触，逐渐形成完整的认识。

◎预期影响行为

【如果未来相对于现在是足够重要的话，双方的合作是稳定的。因为每个对局者可以用隐含的报复来威胁对方，如果相互之间的接触能持续足够长，使得这种威胁能够奏效的话。】

对未来的预期，是影响我们行为的重要因素。一种是预期收益：我这样做，将来有什么好处；一种是预期风险：这样做可能面临的问题。这些将影响个人的策略，如学生读书，为了将来考上好学校取得文凭，获得更高的地位和收入。如果文凭一钱不值，就会影响学生的热情，也影响与他人、社会的关系。

地摊、车站、旅游点，这些人群流动性大的地方，不但商品和服务质量最差，而且假货横行，因为在商家和顾客之间“没有明天”——一个旅客不大可能因为你的饭菜可口而再次光临，一锤子买卖，不赚白不赚。

在公共汽车上，两个陌生人会为一个座位争吵，可如果他们认识，就会相互谦让。在相互社会联系紧密的人际关系中，人们普遍比较注意礼节、道德，因为都需要这个环境。

道德、法律、权力利益的划分，都与“还要见面”有关。从消极的层面看，我们互不侵犯，是为了避免没完没了、两败俱伤的循环报应。例子：两个原始人见面，一个拿着兽皮，一个拿着野果，他们都想把对方的东西据为己有。如果他们的见面是偶然的，可能相互抢劫；可是如果他们都生活在附近，考虑到对方家族的报复，抢劫的风险就大了。所以他们不去打对方的主意——所有权就这样产生了。如果他们确实想得到对方的东西，他们可以选择合作——以物易物，交易就这样产生了。

两个相邻的国家，如果相互敌对，是一件非常不幸的事。它们不可能“搬家”，又不可能消灭对方（这是现代国际关系准则所不允许的），这个死结就可能缠绕他们许多年。

长期敌对对双方来说，都是损失巨大；不但随时有爆发战争的危险，经济建设也受到拖累。谁也不可能把钱花在朝不保夕的危险地区，一来风险太大；二来，如果在边界有许多建设，也更容易被对方讹诈——那无异于是把人质交给对方。两国关系改善，互信增加，边境军事力量大大减弱，可以说是一个双赢。从这个意义上说，“面向未来”不仅仅是一句外交辞令。

第七章 博傻理论：不做最后一个傻子

◎博傻理论的释义

【只要自己不是最大的笨蛋，那么自己就一定是赢家，只是赢多赢少的问题。如果再没有一个愿意出更高价格的更大笨蛋来做你的“下家”，那么你就成了最大的笨蛋了！】

著名的经济学家凯恩斯，为了能够专注地从事学术研究，免受金钱的困扰，曾出外讲课以赚取课时费，但课时费的收入毕竟是有限的。于是他在1919年8月，借了几千英镑去做远期外汇这种投机生意。

仅仅4个月的时间，凯恩斯净赚1万多英镑，这相当于他讲课10年的收入。但3个月之后，凯恩斯把赚到的利润和借来的本金输了个精光。7个月后，凯恩斯又涉足棉花期货交易，又大获成功。

凯恩斯把期货品种几乎做了个遍，而且还涉足于股票。到1937年他因病而“金盆洗手”的时候，已经积攒起一生享用不完的巨额财富。

与一般赌徒不同，作为经济学家的凯恩斯在这场投机的生意中，除了赚取可观的利润之外，最大也是最有益的收获是发现了“笨蛋理论”，也有人将其称为“博傻理论”。凯恩斯曾举过这样一个例子来说明这一理论：

从100张照片中选出你认为最漂亮的脸，选中的有奖。但确定哪一张脸是最漂亮的脸是要由大家投票来决定的。

试想，如果是你，你会怎样投票呢？此时，因为有大家的参与，所以你的正确策略并不是选自己认为的最漂亮的那张脸，而是猜多数人会选谁就投谁一票，哪怕丑得不堪入目。在这里，你的行为是建立在对大众心理猜测的基础上而并非是你的真实想法。

凯恩斯说，专业投资大约可以比作报纸举办的比赛，这些比赛由读者从 100 张照片中选出 6 张最漂亮的面孔，谁的答案最接近全体读者作为一个整体得出的平均答案，谁就能获奖；因此，每个参加者必须挑选的并非他自己认为最漂亮的面孔，而是他认为最能吸引其他参加者注意力的面孔，这些其他参加者也正以同样的方式考虑这个问题。现在要选的不是根据个人最佳判断确定的真正最漂亮的面孔，甚至也不是一般人的意见认为的真正最漂亮的面孔。我们必须作出第三种选择，即运用我们的智慧预计一般人的意见，认为一般人的意见应该是什么……这与谁是最漂亮的女人无关，你关心的是怎样预测其他人认为谁最漂亮，又或是其他人认为其他人认为谁最漂亮……

人们都会跟随别人的选择、猜测别人的选择，进而依据这些信息来做出自己的判断，而不是依据自己的理性推断。这就是博傻理论产生的根源，敢于博傻的人，都是在利用人们内心中存在的“从众心理”，找到更大的笨蛋，那么你就是胜者。

最简单的例子莫过于股票市场，股指越高的时候，人们越敢进入，也是这个道理。人们之所以完全不管某个东西的真实价值，而愿意花高价购买，是因为他们预期有一个“更大的笨蛋”，会花更高的价格，从他们那儿把它买走。比如说，你不知道某个股票的真实价值，但为什么你会花 20 块钱去买一股呢？因为你预期当你抛出时会有人花更高的价钱来买它。

博傻理论所要揭示的就是投机行为背后的动机，投机行为的关键是判断“有没有比自己更大的笨蛋”，只要自己不是最大的笨蛋，那么自己就一定是赢家，只是赢多赢少的问题。如果再没有一个愿意出更高价格的更大笨蛋来做你的“下家”，那么你就成了最大的笨蛋。可以这样说，任何一个投机者信奉的无非是“最大的笨蛋”理论。

这一理论的直接恶果，就是促成了投机的氛围，使得人们偏离理性的行为决策范畴，成为跟风、投机的大笨蛋，最终都损失惨重。人们绝难想到世界经济发展史上第一起重大投机狂潮，是由一种小小的植物引发的。这一投机事件因最终使得荷兰由一个强盛的殖民帝国走向衰落而被载入了史册，它也是迄今为止证券交易中极为罕见的一例。经济学上的特有的名词“郁金香现象”便由此而出。

郁金香是一种百合科多年生草本植物，原产于小亚细亚，在当地极为普通。一般仅长出三四枚粉白色的广披针形叶子，根部长有鳞状球茎。每逢初春乍暖还寒时，郁金香就含苞待放，花开呈杯状，非常漂亮。郁金香品种很多，其中黑色花很少见，也最珍贵。郁金香的花瓣上，多有条纹或斑点，容易受病毒的侵袭。

17 世纪的荷兰社会是培育投机者的温床。人们的赌博和投机欲望是如此的强烈，美丽迷人而又稀有的郁金香竟成为他们猎取的对象。机敏的投机商开始大量囤积郁金香球茎以待价格上涨。在舆论鼓吹之下，人们对郁金香的倾慕之情愈来愈浓，最后对其表现出一种病态的倾慕与热忱，以致拥有和种植这种花卉逐渐成为享有极高声誉的象征。人们开始竞相效仿疯狂地抢购郁金香球茎。起初，球茎商人只是大量囤积以期价格上涨抛出，随着投机行为的发展，一大批投机者趁机大炒郁金香。一时间，郁金香迅速膨胀为虚幻的价值符号，令千万人为之疯狂。

郁金香在培植过程中常受到一种“花叶病”的非致命病毒的侵袭。病毒使郁金香花瓣产生了一些色彩对比非常鲜明的彩色条或“火焰”，荷兰人极其珍视这些被称之为“稀奇古怪”的受感染的球茎。

“花叶病”促使人们更疯狂的投机。不久，公众一致的鉴别标准就成为：“一个球茎越古怪其价格就越高！”郁金香球茎的价格开始猛涨，价格越高，购买者越多。欧洲各国的投机商纷纷拥集荷兰，加入了这一投机狂潮。

1636 年，以往表面上看起来不值一钱的郁金香，竟然达到了与一辆马车、几匹马等值的地步。就连长在地里肉眼看不见的球茎都几经转手交易。

1637 年，一种叫 Switser 的郁金香球茎价格在一个月里上涨了 485%！一年时间里，郁金香总涨幅高达 5900%！

所有的投机狂热行为有着一样的规律，价格的上扬促使众多的投机者介入，长时间的居高不下又促使众多的投机者谨慎从事。此时，任何风吹草动都可能导致整个市场的崩溃。一时间，郁金香成了烫手山芋，无人再敢接手。郁金香球茎的价格宛如断崖上滑落的枯枝，一泻千里，暴跌不止。荷兰政府发出声明，认为郁金香球茎价格无理由下跌，让市民停止抛售，并试图以合同价格的 10% 来了结所有的合同，但这些努力毫无用处。一星期后，郁金香几乎一文不值，其售价不过是一只普通洋葱的售价。千万人为之悲泣。一夜之间多少人成为不名分文的穷光蛋，富有的商人变成了乞丐，一些大贵族也陷入无法挽救的破产境地。

暴涨必有暴跌，客观经济规律的作用是任何人都无法阻挡的。下跌狂潮刚过，市民们怨声载道，极力搜寻替罪羊，却极力回避全国上下群体无理智的投机这一事实。他们把原因归结为政府调控手段不力，恳请政府将球茎的价格恢复到暴跌以前的水平，这显然是自欺欺人。

人们紧接着把求援之手伸向法院。恐慌之中，那些原已签订合同要以高价购买的商人全部拒绝履行承诺，只有法律才能督促他们依照合同办事。然而，法律除了能干预某些具体的经济行为外，它是决不能凌驾于经济规律之上的。法官无可奈何地声称，郁金香投机狂潮实为一次全国性的赌博活动，其行为不受法律保护。

人们彻底绝望了！从前那些因一夜乍富喜极而泣之人，而如今又在为突然降临的一贫如洗仰天悲哭了。宛如一场噩梦，醒来之时，用手拼命掐自己的脸蛋才发觉现实就在梦中。身心疲乏的荷兰人每天用呆滞的目光盯着手里的郁金香球茎，反省着梦里的一切……

世界投机狂潮的始作俑者为自己的狂热付出的代价太大了，荷兰经济的繁荣仅昙花一现，从此走向衰落。郁金香球茎大恐慌给荷兰造成了严重的影响，使之陷入了长期的经济大萧条。17 世纪后半期，荷兰在欧洲的地位受到英国有力的挑战，欧洲繁荣的中心随即移向英吉利海峡彼岸。“郁金香现象”也成了经济活动特别是股票市场上投机造成股价暴涨暴跌的代名词，永远载入世界经济发展史。

◎理性博傻能够赢利

【任何事情显现出泡沫化的倾向时，一定要尽早离开，否则将损失惨重!】

路易斯安那州有两位农夫，他们的名字分别为皮埃与沙颂。

有一天，皮埃来到沙颂的农场，并赞美沙颂的马说：“这真是一匹漂亮的马，我一定要买下它。”

沙颂回答道：“皮埃，我不能卖它，我已经拥有这匹马很多年了，而且我很喜欢它。”

“我愿意付出10块钱的代价买下它!”皮埃说道。

沙颂说：“好吧，我同意。”

于是他们签下一纸合约。大约一个星期之后，沙颂来到皮埃的农场对他说:“皮埃，我一定要拿回我的马，我实在太想念它了。”

皮埃说道：“可是我不能这么做，因为我已经花了5块钱买了一部拖车。”

“我愿意付20块钱买下这匹马和拖车。”沙颂说。皮埃默默地盘算着：15块的投资一个星期赚了5块，折合年收益率超过1700%！所以，他说：“就这么办。”

于是，皮埃与沙颂不断地交易这匹马、拖车与其他的附属配件。最后，他们终于没有足够的现金来交易了。所以，他们便去找当地的银行。银行家首先查明他们的信用状况，以及这匹马的价格演变历史，于是放款给他们两个人，而马匹的价格在每轮的交易中也就不断地上涨。每当完成一次交易，银行家可以回收全部的放款与利息，而皮埃与沙颂的现金流量也呈几何级数地增加。

这种情况持续进行，直到数年以后，皮埃以1500美元的价格买下马匹。然后，有一个东部佬（哈佛大学的MBA商学硕士）听说这匹神奇的马，并（根据统计历史价格）做了一些精密的计算，而来到路易斯安那州，以2700美元的价格向皮埃买下这匹马。

沙颂听到这个消息以后非常生气，他来到皮埃的农场大声责怪道："皮埃！你这个笨蛋！你怎么能以2700美元的价格卖掉马匹呢！我们的生活都靠着这匹马啊！"

开始时皮埃和沙颂手头现金各100美元，马在沙颂的手中。

第一轮交易，皮埃的10美元到了沙颂的手中，马到了皮埃的手中。

皮埃有90美元和马，沙颂有110美元。

第二轮交易，沙颂的15美元到了皮埃的手中，马到了沙颂的手中。

皮埃有105美元，沙颂有95美元和马。

第三轮交易，皮埃的20美元到了沙颂的手中，马到了皮埃的手中。

皮埃有85美元和马，沙颂有115美元。

第四轮交易，沙颂的30美元到了皮埃的手中，马到了沙颂的手中。

皮埃有115美元，沙颂有85美元和马。

第五轮交易，皮埃的50美元到了沙颂的手中，马到了皮埃的手中。

皮埃有65美元和马，沙颂有135美元。

第六轮交易，沙颂的70美元到了皮埃的手中，马到了沙颂的手中。

皮埃有135美元，沙颂有65美元和马。

第七轮交易，皮埃的100美元到了沙颂的手中，马到了皮埃的手中。

皮埃有35美元和马，沙颂有165美元。

第八轮交易，沙颂的150美元到了皮埃的手中，马到了沙颂的手中。

皮埃有185美元，沙颂有15美元和马。

第九轮交易，马的价格涨到了200美元，皮埃的185美元不够了。

于是寻求贷款。双方各贷款100美元以买马，皮埃的现金增加为285美元。沙颂则增加为115美元。

第九轮交易，皮埃付出200美元买下马，沙颂拥有315美元，皮埃拥有85美元和马。

第十轮交易，沙颂付出250美元买下马，皮埃拥有335美元，并还清贷款和利息105美元，剩下230美元现金，而沙颂则拥有65美元和马。

……

于是交易可以不断地进行下去，直到马没有了为止。奇怪的是，当第十轮交易时，皮埃还掉银行的钱时，他拥有的钱是230美元，比他们两人当初的本金加在一起还要多，很明显，是拥有了另一方的贷款。但是如果对方继续贷款进行交易，那么两个人的钱就会越滚越多，同时银行不断可以从中获利，他们将成为银行的优质客户，于是银行将不断放大贷款规模。

在经济学中，这个故事的含义是：人们试图通过信用扩张降低利率时，便造成繁荣与衰退的循环。根据凯恩斯学派的说法，生产的驱动力量（换言之，人类经济成就的驱动力量）是总需求—消费的欲望，这是以可支配所得的金额来衡量。凯恩斯认为，政府仅需要谨慎地提高每个人的货币所得，便可以刺激总需求。这种情况下，企业界会提高生产，消费者会增加支出，而国家的财富（以GDP来衡量）便会积累。

但是我们不需要过多考虑经济学的理论问题，只需要关注我们身边的经济现象。这个故事可以告诉我们的是：正是由于双方的不断买卖，让马的价格可以一路上涨，彼此都可以不断从中获益。这是由于通过各种渠道进入其中交易的货币不断增加而造成的。

由此，你想到了什么？对，就是股市。

由于每次交易都能有优厚的回报，刺激了越来越多的人愿意投钱进去炒股票。这样下去有可能产生一种良性循环，因为随着参加交易的人不断获利，消费也大幅扩大，将刺激经济繁荣，而经济繁荣又反过来推高股市，从而使股价一路上升。

但是不要忘记了刚才我们说过的那句话："人们试图通过信用扩张降低利率时，便造成繁荣与衰退的循环。"上面故事里，由于有人最终高价买走了马，结束了这次交易，所以最终交易双方和银行都得到了赢利，但是如果马在交易中死了会怎么样？一切的交易会终止，最后拥有马的一方必然在交易中出现巨额的亏损，而亏损肯定是由银行来承担。

股市中也一样，当股票价格不断在交易中被拉高，终究会有一天由于价格完全脱离价值，或者企业本身的问题而崩盘，即使没有以上问题，但货币供应是有限的，最后随着股价不断提高而难以为继。到时候由于交易中的资金量已经越滚越大，崩盘中引起的亏损也是不可想象的，而且首先亏的是散户，他们最晚察觉到崩盘。其次是股票型的基金，结果亏的还是散户的钱。

“投资要用大脑，而不用腺体”是巴菲特的名言。大脑要做的是判断企业经营前景和大众心理趋向，而腺体只会让人按照本能去做事。巴菲特也不是百分百地拒绝市场炒作，只不过在没有找到更好的鞋之前，决不会脱去脚上现有的鞋。所以说，对于博傻现象，完全放弃并非是最合理的理性，在自己可以掌控的水平上，适当保持一定程度的理性博傻，可以作为非理性市场中的一种投资策略。

从大众心理角度分析股市，博傻理论已经广为人知。股票市场上的一些投资者根本就不在乎股票的理论价格和内在价值，他们购入股票的原因，只是因为他们相信将来会有更傻的人以更高的价格从他们手中接过烫手山芋。支持博傻的基础，是投资大众对未来判断的不一致和判断的不同步。对于任何部分或总体消息，总有人过于乐观估计，也总有人趋向悲观，有人过早采取行动，而也有人行动迟缓，这些判断的差异导致整体行为出现差异，并激发市场自身的激励系统，导致博傻现象的出现。这一点，在中国股市表现得也相当明显。

对于博傻行为，也可以分成两种：一类是感性博傻；一类是理性博傻。前者，在行动时并不知道自己已经进入一场博傻游戏，也不清楚游戏的规则和必然结局；而后者，则清楚地知道博傻及相关规则，只是相信当前状况下还有更多更傻的投资者即将介入，因此才投入少量资金赌一把。

理性博傻能够赢利的前提是，有更多的傻子来接棒，这就是对大众心理的判断。当投资大众普遍感觉到当前价位已经偏高，需要撤离观望时，市场的真正高点也就真的来了。要博傻，不要最傻，这话说起来简单，但做起来不容易，因为到底还有没有更多更傻的人是并不容易判断的。一不留神，理性博傻者就容易成为最傻者，谁要他加入了傻瓜的候选队伍呢？所以，要参与博傻，必须对市场的大众心理有比较充分的研究和分析，并控制好自己的心理状态。

◎别把博傻看做投机

【没有人比你更傻，如果你存在侥幸心理，那么最笨的就是你！】

博傻理论本身就是经济学家凯恩斯在其投机行为中总结出来的，所以博傻与投机的关系密不可分。有些人常常把投机与博傻混为一谈。其实，投机与博傻完全有着质的区别，完全是两种不同的交易水平，可以说一种代表着交易技巧的高超，而另一种则代表着交易技巧的拙劣。

投机，这个名词并不是个贬义词，在基金的理财观念中，投资这个名词被用得最多，但是，市场周转率最大的机构投资者中，恰恰有一向标榜理性投资的基金。

投机资金，必定是市场最为敏锐的资金，这类资金介入市场热点及时，有些甚至是发动酝酿一个热点的幕后推手。而且这类资金基本上不恋战，能够迅速兑现筹码，对止损也控制得相当好。而博傻资金，通常是市场最为后知后觉的资金，在热点出现和热点爆发期时，往往是观望观望再观望，不敢出手，当热点行将结束时，终于忍耐不住勇敢杀入，接了最后一棒，这就是笨蛋的博傻。

投资时间越长的老手，越会远离博傻。要套住一个新股民，非常容易。然而要套住一个老股民，特别是经过真正大小“多空战役”数十上百次的老股民，那真是难如登天。投机资金，赚的也就是不断新入市的新手们的钱。在千点附近，大多数人都远离市场的时候，这时候留在市场中的，都是真正的股市精锐，大家都削尖脑袋赚别人的钱，可是却没有赢家。为什么？因为没有人博傻！

所以千万别把博傻看做是投机。没有市场经验的人，除了大牛市和运气之外，还不具备投机的水平。而博傻后，是否能够及时止损更为关键，股市交易，认识错误并及时改正错误非常重要。

对于我们大多数普通人来说，我们要投资理财。投机和博傻，不是不可以，只是只有足够聪明的人才能够全身而退。首先，你是否清楚这三者的区别？

从理论上，做投资是最安全的，风险也最小。投机呢？风险相对较大，但是要控制风险，也就把不可预计的风险控制在自己可以承受范围内。博傻呢？也就不知道自己在做什么。

投资就意味着你必须有很高的宏观和微观分析，投资是最轻松的，但是也是最难做到的。投资者还要懂很多东西，必须是比较理性的。事实上，真正的投资者很少。

简单点，可以这么说：投资是一样东西值1元钱，我要在0.7元买入，等到高估时候，也就是在2元卖出。投机呢，只要这东西会涨到4元，我不管他值1元还是2元，我2.5元都会买进，只要会涨到4元。博傻呢？博傻就是不知道这个东西值多少钱，也不知道自己买入获利多少可以卖出，涨了还想涨，跌了也不知道具体价值，等到跌到忍无可忍时候割肉出局。或者说，博傻者是冒损失30%风险去获得10%的利润。

当价值投资的阵营从100%降到30%的过程，就是价值投资到价格投机的过程。博傻只是价格投机的延续或疯狂。当价值投资的阵营从30%降到10%的过程，就是价格投机走向博傻的癫狂。任何时期都有优秀的企业产生，股票市场总有价值投资的地盘。但是任何时期都有企业破产的可能，大多数企业不能满足股票市场的欲望。每一个渴望在投资、投机，或者博傻行为中获利的人都要明白。

博傻当然可以给人带来财富，在各个领域都不乏依靠博傻理论投机致富的生动例子：

有一个上海人叫姚奇伟，在金银币收藏中混迹10余年，收藏既是他的业余爱好也是他的一种投资手段。刚入收藏界时，他也跟风炒作，亏损很大，后来姚奇伟通过花钱买教训，渐渐地开始“博傻”，从而获利颇丰。

1998年金银币市场大缩水，当时的98版熊猫金币受其连累销量极差，投资者都回避它。但是姚奇伟隐约觉察到以年销量为实际发行量的发行方式使其自然成为量少品种，在熊猫系列中产生瓶颈作用，果然一年后，98版熊猫金币开始升值。姚奇伟凭着逆向思维，敏锐地发掘了这匹黑马，攫取了第一桶金。

靠逆向思维去“博傻”，也曾帮姚奇伟避免了一次损失。

2003年，开光佛指舍利金币由于大量的宣传和市场的热炒氛围，半个月内就翻了两番，跟风炒作者很多，姚奇伟也购进了30万元的金币。但是很快就察觉到该金币并没有沉淀，绝大多数都是炒作筹码，当中小投资者越来越多地跟进时，姚奇伟果断地全部平仓。不少同行都对他的动作迷惑不解，说他傻，但姚奇伟坚定信心，自嘲就是去“博傻”，两个月后，开光佛指舍利金币大幅下跌，姚奇伟最终避免了损失。

当金银币市况不太好时，不少投资者又开始大量抛售手中的藏品，但是姚奇伟却又开始逆向操作了，他全仓吃进不少金银币。因为他判断油价肯定会推动金价上涨，而距金价越近的金币上涨空间也越大，况且下半年礼品消费趋旺，焉有不升的道理？姚奇伟的这一操作手法，又让他短线获利翻番。

总结自己的收藏历程，姚奇伟感叹地说：“这年头谁都不傻，敢于去博傻的人才是真正的赢家！”

但是，你可以看到，他的行为并非是真正的博傻，而是利用博傻理论的投机行为，因为他对自己做的事情了解，而非盲目。要想和他一样在投机中获益，首先要有敏锐的眼光，理智的头脑，否则根本难以保证能够全身而退，一不小心就成了最后的傻瓜。如果没有足够的把握，还是谨慎一些。

“股神”巴菲特说：“成功投资的第一条要诀是不要亏钱，第二条是别忘了第一条。”但市场投机炒作之风盛行，很多人早将“股神”的忠告抛到了九霄云外，看着低价的ST股天天涨停，谁还管公司亏不亏损、是否有退市风险，只要上冲涨停就敢买进。以赌徒心理妄想博取暴利，最终总会落得巨亏的下场。

不错，市场很多时候都不能用常理去推测，人心狂热的时候，什么理智都会被抛到脑后，单凭理智有很多时候可能会失去时机赚不到钱，但是一旦市场到了大家都去博傻之时却是行情最危险之机。投资者丧失了理智，只靠冲动与本能做买卖，并且毫无节制、毫无分析地进入市场，甚而透支博傻，一旦市场崩溃，这些博傻的投机者就是第一批被淘汰出局的人，是损失最惨重的市场牺牲品。

市场不会永远上升，当沉醉于获利，赚钱越来越多，做着股价日日上升的美梦时，保持一点冷静理智。要知道，即使有时错失机会也胜过一次意外而永远不能翻本之恨。所以大家对一些已经升得毫无节制的股市或者股价飙升的个股，都要保持冷静和理智。

大家都在买股票，买股票到底在赚什么钱呢？赚的就是最大笨蛋的钱，当你认为某只股票有增长潜力的时候，在合适的价格买入，等到它真正长起来，再全盘卖出，其中的差价就是你的投机所得。在低潮中买入，在高潮出卖出，才是稳赚不赔的方法。但是要想稳赚不赔是有条件的，你要有本事选择具有无限潜力的行业，并成功把握住该股票的低价时期，大量买入，长期持有，等待出现最大的笨蛋时卖出。

资本市场上，永远都不会没有投机行为，永远都会有最大的笨蛋。如果你不想成为那个最后的傻子，就要学习博傻理论，结合它去投资投机，但不要随便跟人去博傻。

◎不盲目从众

【成功的投资人早已告诫过我们：在股市中，不是比谁赚得快，而是看谁活得久。】

自己不加判断地跟着别人走，有两种结果，分别有两个模型可以说明，一是“羊群效应”，一是“博傻理论”，下面来看：

有一群羊，当其中的几只羊要么口渴，要么饥饿，要么受外部某种条件刺激（遇到凶猛野兽等）向某个方向（水源、草源、自认为安全的地方）行进时，另外的大部分羊都会无目的的和那几只羊一起行动（尽管不是所有的羊都口渴、饥饿、受威胁）。结果有两个：要么他们得到了水、草、安全，要么他们什么也没有得到。

一些聪明的人看到某种物品开始上涨，甚至涨得有些离谱时，估计（其实就是赌，也就是博）还会上涨因而去追高买进，当有了一定的获利空间后把它抛出，而另一些人胆子更大，在更高的价位接盘，当你为他捏一把汗时，价格真的还向上涨，结果，他也获利了，紧接着，胆子更大的人（也就是比前边几个更傻的人）又冲了上去，等待他的是两种结果，要么他也获利了（证明他不是最傻的，这样的话，游戏还得继续，必须决出最傻的人），要么这个物品在他接手时开始下跌，他成了最大傻瓜。

如果结果是第一种倒还好，大不了是做一回笨蛋，损失时间和精力。但如果结果是第二种可就不太妙了，如果输了的话会很惨。

许多人想要做投资，但是由于对基金和股票一窍不通，又没有时间去打理，所以总是抱着想省时、省事还想“捞”一把的心态，看到身边的人在买什么，就“跟风”把钱全部投进去。其实我们都知道，看到其他人赚钱，想捞一把就完全照搬别人的这种心态，本身就是不正确的。我们都很清楚，看到其他人做生意赚钱，自己如果贸然进入做同样生意的话最有可能出现什么样的结果。做投资，也是同样的道理，盲目的从众心态绝对不可取。你必须根据自身的情况制订出适合自己风险偏好的理财计划。

事实上，从众投资并不意味着一定带来亏损，但盲目从众一定会使人失去方向，无论你是专业投资人士，还是普通的个人投资者。

市场定价有一个颠扑不破的规则，它更多地取决于供求关系，以及人们对所购买物品的价值判断。比如一斤白醋平常价钱为2元，2003年发生“非典”大家开始哄买的时候，广东白醋的价钱就上升到50元，一旦事件过后，白醋的价钱不仅落回到原来的价钱，有些囤积居奇的商店还降了价。

股票市场也毫无例外的一致，供求关系与股价波动的不确定性放大了人们投资的风险，所有的人都期望1元买入，50元卖出，“羊群效应”就在这个价格区间开始上演了。股票从1元钱涨到10元钱，人们也许忧虑迟疑，一旦涨到20元钱，大家开始疯狂地进入，直到股价飚升到50元。2001年网络泡沫的破灭，人们清醒地看到：在狂热的市场气氛下，获利的是领头羊，多数狂热的追随者都是牺牲者，因为后来的追随者绝大多数都不知道股票的真实价值。

从众投资的风险同样也来自业内分析师的推荐，我们有时候也注意到一只很有价值的股票被发现的时候，市场并不给它充分的价格，这个时候只有一两位分析师推荐，股价也并不大幅上涨，一旦越来越多的分析师认识到它的价值并开始推荐的时候，股价开始大幅上升了，并在一定阶段开始飙升，这个时候所有的分析师开始推荐了，所有的投资者开始关注这个股票，在这个时候投资这些股票，我们通常发现它的超额收益其实比较有限。这就是市场的定价，所有的人都开始关注与投资的股票，就很难从市场的供求关系中获得超额收益。

当然，并非所有的上涨股票我们都不可以投资，也并非我们不可以从众投资，问题是我们要投资我们所熟悉的股票，我们所要知道的是我们所要投资股票的价值底线。巴菲特一直强调，投资自己熟悉的股票，不要追逐市场的热点。事实上，巴菲特也留了一手，他自己熟悉纺织行业，但他却很少介入。牛市来了，人们都知道赚钱的机会来了，但是我们需要清醒地认识到，中国的股市有着自身的制度缺陷，并非投资任何股票都能够给自己赚钱。在眼花缭乱的股票上涨中，我们需要更多的是关注我们所投资股票的质量。

“羊群效应”曾经在股市中酿过千万悲剧，但是这种悲剧在市场中永远不会结束。在任何市场条件下，无论我们投资的是热点还不是热点，我们需要清醒的是：不做盲目的从众投资。

不仅仅是投资理财需要如此。做任何事情，都要有自己的立场，不要盲目从众。

有一个笑话十分有趣，说的是一位石油大亨到天堂去参加会议。他兴冲冲跑进会议室，却发现会场座无虚席，早已没有了自己的座位。于是，他灵机一动，喊了一句“伙计们，听说了吗？刚才他们在地狱里发现了石油！”

此话一出，天堂里的石油大亨们生怕落后一步被别人夺走了利润，于是纷纷向地狱跑去。人们蜂拥而出，顿时天堂里就空了下来。石油大亨刚想找个椅子坐下来歇歇，忽然听到外面的人在议论地狱里的石油多么丰富、开采成本多么小等等。这位大亨心里纳闷，莫非地狱里真的发现石油了？于是他也急匆匆地向地狱跑去，天堂里又空无一人了。

人们都有从众心理，形成了周围的人都在做的事情，就应该效仿的观念。在这种观念的驱使下，很多时候，还没有理清头绪，还没有搞清楚事情的真假对错，就盲目跟风，随波逐流，这样的后果往往就是赚不到便宜，甚至会酿成悲剧，更会成为别人的笑柄。从众心理，给人带来的损失是不可小视的，我们不应该成为从众的牺牲品。人要想克服这种从众心理，必须要培养自己的主见，对任何事情都要有自己的观点，即使你的观点得不到任何人的支持，也不要轻易否定自己。做事情时，要多动脑子，不要让别人的言行影响了你的决定。

盲目从众的心理，是人生的大忌。凡事多考虑一下，不要盲从，不要随声附和众人，让自己正确的决定去支配自己的行动，才能一路轻松，一路欢快，一生不后悔。

第八章　信息博弈：以信息优势占据上风

◎信息博弈的释义

【信息不对称，是一个很大的障碍。信息的不对称会造成“逆向选择”和“道德风险”，前者事前，后者事后。而如果能把信息准确快速地传递出去，就可能为自己赢得成功的机会，反之，如果传递的是错误信息，就会导致失败。所以在这个时代中，如何把握信息也是检验你是否具有人生智慧的标准之一。】

一个古董商发现一个人用珍贵的茶碟做猫食碗，于是假装对这只猫十分喜爱，要从主人手里买下。猫主人不卖，为此古董商出了大价钱。成交之后，古董商装作不在意地说：“这个碟子它已经用惯了，就一块送给我吧。”猫主人不干了：“你知道用这个碟子，我已经卖出多少只猫了？”

这就是一个“信息博弈”的例子。古董商掌握“碟子是古董”这个信息，他认为猫主人不知道，这种“信息不对称”对他有利；可他万万没想到，猫主人不但知道，而且利用了他“认为对方不知道”的错误大赚了一笔。

信息不对称造成的劣势，几乎是每个人都要面临的困境。谁都不是先知先觉，那么怎么办？首先，为了避免这样的困境，我们应该在行动之前，尽可能掌握有关信息。人类的知识、经验等，都是这样的“信息库”。古诗有云：“不识庐山真面目，只缘身在此山中。”这句诗，影射出信息博弈中的一种常见情况，就是在博弈中，往往会出现某一方所知道的信息而对方不知道的情况，这种信息就是拥有信息一方的私有信息。正是有这种私有信息的存在，才会出现信息不对称的现象，从而导致博弈双方一个占优，一个占劣。

明朝正德年间，福州府城内朱紫坊有位秀才郑堂开了家字画店，由于这个人是个附庸风雅的主儿，琴棋书画诗词歌赋都略知一二，颇有些名声在外，所以店里生意颇是兴隆。

有一天，有位叫龚智远的拿来一幅传世之作《韩熙载夜宴图》押当，郑堂大喜，当场付了800两银子，龚智远答应到期愿付1500两取当。一晃就到了取当的最后期限，仍不见龚智远拿银子过来赎画，郑堂似乎感觉到有些不大对劲，取出放大镜仔细一看，原来是幅赝品。郑堂被骗走800两银子的消息，一夜之间不胫而走，轰动全城。

两天之后，受骗了的郑堂却做出一个让人大跌眼镜的决定，他在家中摆了几十桌大宴宾客，遍请全城的士子名流和字画行家赴会。酒至半酣，郑堂从内室取出那幅假画挂在大堂中央，说道："今天请大家来，一是向大家表明，我郑堂立志字画行业，绝不会因此打退堂鼓；二是让各位同行们见识见识假画，引以为戒。"待到客人们一一看过之后，郑堂把假画投入火炉，边烧边义正词严地说道："不能留此假画在这世上再害人了!"800两银子就这样付之一炬，郑堂之气度恢弘，财大气粗再一次轰动全城。

郑堂焚画后的第二天一大早，那个本已销声匿迹了的龚智远早早来到他的字画店里，推说是有要事耽误了还取当的时间。郑堂说："无妨，只耽误了三天，但是需加三分利息。"铁算盘一打，本息共计是1524两银子。龚智远昨夜已得知自己的那幅画已经被他烧了，所以有恃无恐地要求以银兑画。郑堂验过银子之后，从内堂取出一幅画，龚智远冷笑着打开一看，不由得头晕目眩，两腿发软，当下就瘫倒在地。

原来，郑堂知道上当受骗后，觉得不应该就这样让骗子轻易得逞，自己应该想办法尽量挽回损失。他灵机一动，自己抓紧时间依照赝品又仿造了一幅画，画好后故意大宴宾客毁画（毁掉的是赝品的仿制品），故意让龚智远听到风声，从而主动送来巨金。就这样，郑堂不但没有白白损失800两银子，反倒还大赚了一笔，还让龚智远这样自作聪明的家伙哑巴吃黄连——有苦说不出。

由于博弈双方对信息的掌握通常是不对称的，获得信息优势的人会占据上风，他可以通过披露信息的方式来改变双方的资源配置情况，从而实现影响博弈的结果。郑堂正是通过披露信息，不动声色便成功地控制了局面，让骗子自投罗网。

信息传递不光是一门科学，甚至已经成为了一种博弈智慧。如何获得信息、利用信息，是决策者进行博弈决策的一个关键。如果能把信息准确快速地传递出去，就可能为自己赢得成功的机会，反之，如果传递的是错误信息，就会导致失败。

对于一个企业来说，要想生存和发展，要想在竞争中立于不败之地，就应该全面掌握与其命运攸关的有关信息。随着经济的发展，信息在企业的经营活动中更为重要，这是因为：一方面，各种新技术、新设备、新材料不断产生，同时这些新技术、新设备、新材料又被广泛应用于新产品的开发和应用上，因此，不了解这些信息，企业就不能用最新的科学技术、最先进的设备生产出最新的产品，企业就不能注入新的活力；另一方面，市场经济要求企业的生命越来越和市场连在一起，这就要求企业加强对市场的调查研究，随时了解市场行情，把握市场变化的信息，生产出适销对路的产品。只有这样，企业才能适应复杂多变的市场环境，才能生存，才能发展。谁掌握的信息更多，谁发展得也就更好。

对于个人来说，如果你是个真正聪明的消费者，在商店打折的时候，会把打折后的价格和其他商场同类商品的价格进行比较，然后再做决定。如果你能在遇到问题的时候，多问几个为什么，多思考，多收集相关信息，就不会成为傻瓜。

◎努力抢占信息高地

【这是一个信息时代。很显然，信息的作用在博弈之中非常重要。将博弈论还原到现实，人们不再完全理性，信息存在不对称，博弈就需要在抢占信息高地上做出努力。】

从知识的拥有程度来看，博弈分为完全信息博弈和不完全信息博弈。完全信息博弈指参与者对所有参与者的策略空间及策略组合下的支付有“完全的了解”，否则是不完全信息博弈。严格地讲，完全信息博弈是指参与者的策略空间及策略组合下的支付，是博弈中所有参与者的“公共知识”的博弈。对于不完全信息博弈，参与者所做的是努力使自己的期望支付或期望效用最大化。

对于我们大部分人来说，我们都处于不完全信息博弈中。因为在现实生活的绝大多数情况下，信息都是不对称的，往往会出现某一方所知道的信息而对方不知道的情况，这种情况就导致了博弈双方一个占优，一个占劣。

犹太巨富罗斯查尔德的第三子尼桑，因为重视信息，竟然仅仅在几小时之内，赚了几百万英镑。

1815年6月20日，一大早伦敦证券交易所便充满了紧张气氛。因为昨天，英国和法国进行了决定两国命运的战役——滑铁卢之战。毫无疑问，如果英国获胜，英国政府的公债将会暴涨；反之，如法军获胜，英国的公债必是一落千丈。此时，每一位投资者都明白，只要能比别人早知道哪方获胜，哪怕半小时、10分钟，甚至几分钟也可以大捞一把了。战事远在比利时首都布鲁塞尔，当时还没有无线电，没有铁路，主要靠快马传递信息。对方的主帅是赫赫有名的拿破仑，前几次的几场战斗，英国均吃了败仗，英国获胜的希望不大。大家都在看着尼桑的一举一动，他还是习惯地靠着厅里的一根柱子——大家已经把这根柱子叫做“罗斯查尔德之柱”了。

这时，尼桑面无表情地靠在“罗斯查尔德之柱”上开始卖出英国公债了。“尼桑卖了!”这条消息马上传遍了交易所，所有的人毫不犹豫地跟进，瞬间英国公债暴跌，尼桑继续抛出。公债的价格跌得不能再跌了，尼桑突然开始大量买进。“这是怎么回事，尼桑玩的什么花样?”大家纷纷交头接耳。此时，官方宣布英军大胜的捷报，交易所又是一阵大乱，公债价格又暴涨，而此时的尼桑已经悠然自得地靠在柱子上欣赏这乱哄哄的场景了。他狠狠地发了一大笔财！尼桑怎么敢这么大胆买卖？万一英军战败，他不是要大大地损失了吗？可是，谁也不知道，尼桑拥有自己的情报网！

原来，老罗斯查尔德共有5个儿子，遍布西欧的各主要国家，他们非常重视信息，认为信息和情报就是家族繁荣的命脉，所以别出心裁地建立了横跨整个欧洲的专用情报网，并不惜花大钱购置当时最快最新的设备，从有关商务信息到社会热门话题无一遗漏，而且情报的准确性和传递速度都超过英国政府的驿站和情报网。因此，人们称他是：“无所不知的罗斯查尔德”。正是因为有了这一高效率的情报通讯网，才使尼桑比英国政府抢先一步获得滑铁卢的战况。

在这个故事中，尼桑正是凭借着信息的不对称，赚了如此之多的财富，这就足以说明信息中藏有财富，关键是我们要以快速、准确的方式去获得信息，只有这样才可以让隐藏在信息中的财富为我们所得。

为了成为不完全信息博弈中占据优势的一方，我们必须注重信息、研究信息、快速获得最新消息，只有这样，我们才可以先别人一步占据优势，先别人一步将信息中的财富夺过来。

某家大型企业集团的采购部经理脾气暴躁，傲气凌人，许多想向他推销产品的业务员都碰了钉子。有一次，他到某个城市出差，准备停留一周。该城市一家办公设备生产企业的销售主管知道后，希望能与他草签一个合作意向。

销售主管先派A、B两位业务员去宾馆拜访这位经理，两个人贸然前去，都挨了一顿骂，带着失败的消息回到公司。销售主管在希望渺茫的情况下，决定让刚毕业的C去碰碰运气，只当锻炼新人。而这时，距采购经理离开的时间只剩下三天了。C并没有急于去宾馆，而是通过各种渠道详细了解采购经理的奋斗历程，弄清了他的毕业学校、处事风格、兴趣爱好以及最后三天的日程安排。

这些准备工作用了C一天的时间。到了第二天一早，C仍然不急于拜访这位经理，而是回到公司，整理了一个小时的资料，把公司产品和竞争对手的产品进行了详细的比较，并将能突出自家产品优势的地方全都列了出来，然后把采购经理最关注的耐用性、售后服务等关键点进行了非常具有诱惑力的强化。其实他已经查明，采购经理今天上午有一个简短的约会，要到十点半才回去，所以，做这些准备工作，在时间上是足够的。

C在十点一刻到了宾馆，在通向经理房间必经的电梯旁等候。十点半，采购经理回到了宾馆，直接上了电梯，C也马上跟了进去。C从经理最感兴趣的话题开始，很快就得到了去经理房间喝咖啡的邀请。后来的事就很简单了，采购经理一次就订购了这家公司一个季度的产品，并且签订了正式合同。

这个故事告诉我们，信息在处理问题的过程中，有时能发挥关键作用。所以，千万不要忽视了信息的作用。如果你能收集到比别人更多的信息，也就有了更大的胜算。

收集信息不仅是解决问题的一个步骤，而且有时能起到极为关键的作用。比如，当各种方法都尝试过，当问题成了一团乱麻，一切都僵住了。这时，最好的办法是再问问自己，原来收集的信息够全面吗？有没有被漏掉的信息？解决之道，很可能就藏在被你忽略的信息中。

收集信息的过程，同时也是开拓思路、激发创造力的过程。想激发创意灵感，其中的一个方法，就是对已经掌握的各种信息进行排列、重组、比较、联想、质疑等。千万不要轻视信息，以为信息已经足够用了，适量的信息意味着你的思路会被拓展得更宽。

收集信息不仅仅可以帮助你做出成功的决策，其实在很多时候，财富就隐藏在信息中，关键看你能不能把握它，能不能应用它做出正确的判断。

宋国有一户人家，世代以漂染丝绸为业，他家有一种祖传秘方，能调制防治手脚龟裂的药膏。有位游客听说后，出价百两银子收买这种药方。

漂丝人全家商量，认为一家人辛辛苦苦漂染丝绸一年，只不过能赚几两银子，现在一以下子可以得到上百两银子，于是一致决定把药方卖给了那位游客。

游客买下药方，来到吴国。吴国正与越国交战，时值隆冬腊月，北风刺骨，吴国水军士兵的手脚都开裂了，无法持戈作战，吴王为此很着急。这时，游客献上药方，吴王封他为将，调制药膏治愈了士兵的手脚上的龟裂，一蹴而就，打败了越军。

吴王很高兴，赐封给游客大片土地作为奖赏，并封他为侯。

同样是治龟裂的药膏，漂丝者只为一家人在冬天漂丝用，游客用于两国交战，结果得到了大片的封地。游客聪明就聪明在他利用信息的智慧，一方面，他掌握了“吴王为士兵在冬天出现手脚龟裂而担心”的信息，另一方面，他掌握了“宋国人能够调制预防手脚龟裂药膏”的信息。这个信息的利用，使他大赚了一笔。

羊皮卷上有一句很著名的话，可以用来说明财富就隐藏在信息中：“即使是风，也要嗅一嗅它的味道，然后你才能知道它的来历。”

在这个信息瞬息万变的时代，关注信息就是关注财富，任何的风吹草动都有可能包含着让我们成功的信息。而正因为存在不完全信息博弈，正因为信息的不对称性。假如你拥有了比别人更多的信息，你更具备分析、提取信息的能力，你就比别人拥有了多得多的优势和胜算。

◎财富和事业隐藏在信息中

【掌握信息是一种必不可少的人生智慧。财富和事业就隐藏在信息中，就看你能不能把握它，能不能应用它，做出正确的判断！】

任何时候，都不要只做被动接受信息的那个人，要学会主动利用信息。你可以搜寻各种信息给自己带来方便，带来灵感，也可以通过发布信息为自己带来利益。让信息为我所用，才能成为最大的赢家。

在美国，不少出版商都为推销书籍绞尽脑汁，奇招层出不穷。有一位聪明的书商给总统送了一本书，并三番五次地去征求总统的意见，忙于公务的总统不愿与他多纠缠，便回了一句："这书不错!"书商如获至宝，立即在传媒上大做广告："现有总统喜欢的一本书出售。"结果，该书一上市即被一抢而空。

后来，那位书商又有书卖不出去了，便照方抓药把书送了一本给总统。总统上过一次当后总算学乖了，奚落道："这本书实在糟透了!"不曾想他的这个回答又上了书商的"套"，书商又以总统的话大做广告："现有让总统讨厌的一本书出售。"人们出于好奇，争相抢购，该书又很快售完了。

当书商第三次将书送给总统时，总统吸取了前两次的教训，索性紧闭金口不置一词。但最终仍被书商钻了空子，这一回书商的广告词是："现有总统也难以下结论的一本书出售，欲购请从速。"结果，那本书又在极短的时间内被一抢而空。

也许你会觉得这个书商发布的信息有故意误导消费者之嫌，可是哗众取宠也好，故意曲解也好，他获得了成功不是吗？你不得不佩服他驾驭信息的能力。

某些时候，当我们觉得山穷水尽时，不妨把思考点从寻找方法回到寻找信息上来。而新的信息能帮我们打破原有的思维定式，在进一步寻找信息时，也许会发现柳暗花明的转机。

小李大学快毕业时，如愿找到一份满意的工作。为了继续完成论文，拿到毕业证书，她仍然住在学校的公寓里。按照同学告诉她的乘车路线，小李每天上班要换乘三次公共汽车，每天早出晚归，回到公寓，草草地吃过晚饭，已经没有时间写论文了。

两个星期以后，小李觉得苦不堪言。她想请假专门做论文，又怕耽误了好不容易找到的工作。然而，交通路线是不可能缩短的，这个问题怎么才能解决呢？

又是一个清晨，小李在汽车站等公交车，她漫不经心地浏览各种汽车站牌，忽然，她惊喜地发现，站牌的最下面，有一路公共汽车可以直达离她所在公司很近的一个站点。小李于是试着乘坐了那趟车，结果她发现，虽然下车后要步行五分钟的路程，但比起转乘三次车，时间还是节省了半个小时左右。

小李后悔自己怎么没有早点发现这路公交车呢？她开始分析其中的原因——原来，由于事先被同学告知了乘车路线，小李的脑子里就形成了思维定式，认为只有这一条乘车线路，使她忽视了对新信息的寻求。

从这件小事中，小李懂得了信息的重要性。以后，凡是在工作中遇到不好解决的问题，小李总是回到问题的出发点——信息上。要么把已知的信息重新整理一遍，要么去寻找是否有被自己漏掉的信息。而无一例外的，在增加信息量的过程中，小李总能找到灵感的火花，想出解决问题的办法。

现代社会是信息科技日益发达的时代，人们从事的各种工作，都要和信息打交道，甚至大部分时间是用来和信息打交道的。而信息在解决问题过程中的重要性，也日益凸显出来。拥有信息量的多少、收集信息速度的快慢、对信息有效利用的程度，都决定了一个人解决问题的水平和能力。解决问题的钥匙，往往就藏在信息中。创意丰富的人，其实也都是占有大量信息的人。

亚默尔肉类加工公司的老板菲普力·亚默尔习惯于天天看报纸，虽然生意繁忙，但他每天早上到了办公室，就会看秘书给他送来的当天各种报刊。1875 年初春的一个上午，他仍然和平时一样细心地翻阅报纸，一条不显眼的不过百字的消息把他的眼睛牢牢吸引住了：墨西哥疑有瘟疫。亚默尔顿时眼睛一亮：如果墨西哥发生了瘟疫，就会很快传到加州、德州，而加州和德州的畜牧业是北美肉类的主要供应基地，一旦这里发生瘟疫，全国的肉类供应就会立即紧张起来，肉价肯定也会飞涨。他立即派人到墨西哥去实地调查。几天后，调查人员回电报，证实了这一消息的准确性。亚默尔放下电报，立即集中大量资金收购加州和德州的肉牛和生猪，运到离加州和德州较远的东部饲养。两三个星期后，瘟疫就从墨西哥传染到联邦西部的几个州。联邦政府立即下令严禁从这几个州外运食品，北美市场一下子肉类奇缺、价格暴涨。亚默尔及时把囤积在东部的肉牛和生猪高价出售。短短三个月时间，他净赚了900万美元。

亚默尔的成功不是偶然的，而是他长期看报纸，从中获取最新信息，并善于抓住那些信息中对他公司有利的信息加以利用的结果。为了更有效地获取信息，也为了避免他个人的力量无法兼顾到所有的信息，他还专门成立了一个小组，负责为他收集相关信息，这些收集信息的人员的文化水平都很高，富有管理经验，懂得信息中哪些信息是有用的，哪些信息是无用的。他们每天把全世界几十份主要的报纸阅读一遍，并对其中重要的相关信息进行分类，然后再对这些信息做出相应的评价。而这些已经集聚了全世界信息的精华信息，最后才会被送到亚默尔手中，再由他去选择可以对公司带来财富的信息加以利用。如果他觉得某条信息有价值，就和他们共同研究这些信息。这样，他在生意经营中由于信息准确而屡屡成功。难怪有人说，解决问题能力的高低，往往取决于一个人是否擅长发现被别人忽视的信息。

只要不违反法律，你大可以好好利用信息帮你解决难题。你还可以巧妙地利用信息的不对称性，将有利于自己的信息传递到别人那里，从而让自己更顺利地实现目标。

◎小道消息值得怀疑

【90%的小道消息都是假的。只有10%是真的，但更害人，它让你得点甜头之后相信更大的假消息。】

有些人似乎对小道消息情有独钟，究竟可信与否呢？我们首先来分析一下小道消息的分类：

一种是信息本源真实，传播区域有限的小道消息。一些本属不得外泄的“内部详情”或暂不确定、暂不发布的信息，经“有关舌头”有意无意地漏将出来，再经小道传播开去。这种小道消息大多属于“内流河”，滋润的耳目有限，是小道消息中传播长度最短，传播区域最窄，失真率较低的一种，一般只在官场或其他特定场合中流传。这种小道消息比较纯粹、正统，缺乏传播快感和创意，对传播者的资质要求较高，所以其爱好者极少，受益者也很少。

另一种则是信息本源真实，但经小道儿传播，就变了面目和腔调，九曲回转，逐渐在市井间演变成流言的小道消息，俗称流言，也即“流失真实性的言论”。这类小道消息的传播区域广，传播速度快，渗透性强，失真率高。它有一个基本的传播原则是：变白为黑兮，倒上以为下。甭管是什么信息，一律是白的传成黑的，黑的传得更黑；好的传成坏的，坏的传得更坏。

宋国有个姓丁的人，家里没有水井，需要出门去打水，经常派一人在外专管打水。等到他家打了水井，他告诉别人说：“我家打水井后就像得到一个人似的。”有人听了就去传播：“丁家挖井挖到了一个人。”很快周围的人都知道了，并越传越离奇，等传到官府的耳朵里时，已经变成了“丁家挖井挖到好多死人”。

第三种小道消息是信息本源虚假，是由捕风捉影、主观臆断或者凭空杜撰而得出的信息，然后继续以讹传讹，逐渐脱胎换骨最终在市井间形成谣言的小道消息。这类小道消息传播区域最广，传播速度最快。它本来并不存在什么失真问题，因为信息源本身就是虚假的。但相对于虚假的信息源本身来说，经过一些舌头富有思想感情和审美意识的传递，要想和这个信息源保持一样是绝对不可能的，而且，其失真率一般都在 100% 以上，一般传到中段的时候，原来的主人便认不得了。

综上所述，大凡小道消息在传播过程中都难免失真，不管其本身是真是假。对于小道消息，要具体判断，其可信度的多少。跟我们的切身利益关系最大的小道消息恐怕就是股市中的传言了。大部分投资人无法分辨投资对象的优劣，因此把朋友、经纪商以及投资顾问视为其投资建议的可靠来源，殊不知这些来源可能正是导致其亏损的罪魁祸首——毕竟杰出的投资顾问与经纪商就如同杰出的医生、律师、棒球选手一样，百里挑一。

有些人总是靠耳语、谣言、故事以及一些业余人士的建议投资股票。换句话说，他们等于是把自己的血汗钱交给别人投资，而不愿意费神确定自己真正要投资的是什么。他们宁愿相信别人的耳语，也不愿相信自己的决定。

靠听股评能赚钱吗？很多人说，看电视上、报纸上的专家怎么评论市场、怎么点评股票，照着做不就行了吗？这里有两点你解决不了：一是专家未必都对。尤其是专家们对市场的预测，就没有几次是对的。而专家点评股票是有一定时间性的，专家改变观点的时候，没有告诉你，你还在相信他以前的观点，不就错了么；二是证券市场没有专家，只有赢家和输家。那么多的所谓专家，未必都有真才实学。即使是真正的专家，也不能替你做一辈子主。

当今全球排名最靠前的大富翁，一个是比尔·盖茨，一个是巴菲特，两个人是非常要好的朋友，经常打桥牌。比尔·盖茨还教巴菲特上网，给巴菲特讲了很多次关于他的企业——微软的情况，但巴菲特就是不买微软的股票。他说，我怕我养成了靠消息——哪怕是最好朋友的消息，而购买自己不了解的公司股票的坏习惯。

经常想要得到内部消息的我们，是不是应当引以为戒呢？

有一项调查发现，投资者根据小道消息或内幕消息操作的结果是：54%有赔有赚，35%输多赢少，只有11%赢多输少。看来，调查结果并不符合投资者打听小道消息或内幕消息操作的初衷；而输多赢少所占的比例高达35%，也表明投资者听小道消息赚钱不容易。

但是根据投资者的经历，一些内幕消息在营业部等公开场合传播后，52%的被调查者认为会有几个人相信并据此投资；31%的被调查者认为常常有不少人一起跟风买卖；17%的被调查者认为基本没人相信，也不会据此投资。看来，内幕消息在公开场合传播后，相信并据此投资的人不在少数。72%的被调查者认为目前市场上这种“跟风”情况还不算严重，只有一些人跟风；18%的被调查者认为很严重，“跟风”情况十分普遍。对于这种“跟风”情况和小道消息的传播，53%的被调查者心存警惕，认为不正常，这往往是庄家散布消息企图让人跟风，监管机构应采取措施禁止小道消息传播；40%的被调查者认为这很正常，个人投资者需要更多渠道获取信息；7%的被调查者认为不正常，但别人知道了这些消息自己不知道就会吃亏。由此可见，投资者对“跟风”行为并不是十分反对，对于一些“跟风”消息还是希望获得的，并希望通过自己的判断来进行投资。

事实上，我们所有人都清楚，在实现信息真正的公开共享之前，任何小道消息都是值得怀疑的。但是人往往摆脱不了“宁可信其有”的心理，于是只有自己吃亏。

◎看似平常的信息中蕴藏机会

【如果你想过得幸运一些，你必须只采用一种判断准则而不要贪多，这样你会活得更容易些。——尼采】

信息越少，机会越多。如何在看似平常，无关紧要的既少又零碎的信息中发现机会，这是对投资者的一种考验。优秀的投资者往往能在看似平常的小信息里掌握商机，从而发展壮大。

在投资大师吉姆·罗杰斯的经历和所写的信里，我们应该能得到启发。晋升亿万富豪的秘诀，多数人宁愿藏私，但吉姆·罗杰斯等杰出人士，却愿以简单的一封信，分享个人的财富智慧与睿智灼见。千金难得的财富密码，就在这里披露，不管你是爱财的芸芸众生，或是初出茅庐的社会新鲜人，绝对不能错过。

吉姆·罗杰斯（Jim Rogers），一个在10年间，赚到足够一生享用财富的投资家；一个被股神巴菲特誉为对市场变化掌握无人能及的趋势家；一个两度环游世界，一次骑车、一次开车的梦想家。

吉姆·罗杰斯21岁开始接触投资，之后进入华尔街工作，与索罗斯共创全球闻名的量子基金。1970年代，该基金成长超过4000%，同期间标准普尔500股价指数才成长不到50%。吉姆·罗杰斯的投资智能，数字已经证实。

而从口袋只有600美元的投资门外汉，到37岁决定退休时家财万贯的世界级投资大师，吉姆·罗杰斯用自己的故事证明，投资，可以没有风险；投资，真的可以致富。

这是吉姆·罗杰斯的一封信。

亲爱的读者朋友：

你喜欢投资市场吗？你对投资有热情吗？当我21岁开始接触投资市场时，我就知道这是我这辈子最有兴趣的领域。因为喜欢，所以有热情；因为充满热情，所以我花很多时间在做研究，研究竞争对手、研究市场信息、研究所有可能影响投资结果的因素。

找到热情所在，就找得到机会。所以每个人都要问问自己：最喜欢的领域是什么？如果喜欢园艺，就应该去当园艺家；喜欢当律师，就朝这个方向努力前进。不要管别人怎么说，也不论有多少人反对，反正只要是自己喜欢的，就去追寻，这样就会成功。

我强调“专注”，在做投资决策前，必定要做很多功课，也因此我并不赞同教科书上所说的“多元投资”。看看全世界所有有钱人的故事，哪一个不是“聚焦投资”而有的成果？

投资成功致富是来自事前努力地做功课，因为做足了功课，了解投资的产品价格被低估才买进，所以风险已经降到最低。并不是分散投资就叫做低风险，如果你对于所投资的市场、股票不熟悉，只是把鸡蛋分别放在不同的篮子里，这绝对不是低风险的投资，谁说只有一个篮子会掉在地上？

就好比有人认为分散投资于50家公司，一定比投资于5家公司的风险低。但是是这样吗？你不可能完全掌握50家公司的详细状况，相对来说，如果只集中投资在5家公司，就可以做比较仔细的研究。所以说，50颗鸡蛋放在一个相当稳固、安全的袋子里，一定比放在50个不牢固的袋子里要好得太多了。

我并不是一个喜欢冒险的人，相反，我讨厌冒险，就是因为这样，所以我才要做很多功课。成功投资者的方法，通常是什么也不做，一直到看到钱放在那里，才走过去把钱捡起来。所以除非东西便宜，除非看到好转的迹象，否则不买进。当然买进的机会很少，一生中不会有多少次看到钱放在那里。

我并没有任何导师，全部仰赖自己的研究与判断。

一旦我清楚知道自己在做什么时，是不会有风险的。当然市场有可能在我决定投资、也投入金钱后继续修正，这时候我会回过头来检视，我究竟有没有彻底了解、做足功课；如果没有，那么风险是来自于我没有做好研究。倘若我确实做好功课，那么面对市场超跌的状况，我会投入更多的金钱。所以风险高不高的症结在于有没有做功课，而不是集中投资就是高风险。

该怎么做足功课呢？那就要看是哪方面的议题，如果是跟栽培作物有关，就要去注意有多少农民、有多少库存农作物、这个领域谁在做什么规划、市场上有什么需求上的变化、是不是才刚播种、刚施肥？……找出包括生产、需求的基本因素，事实上，这些问题可以适用到各种行业上。

另外，媒体也可以当做一个很好的指针，媒体向来是反应大众的看法、反应大家已经知道的事情，所以当媒体都在做类似的报导时，这就表示该项信息已经被充分传递了。

就好像 1999 年的时候，随便找一本杂志、随便哪一个广播或电视媒体，都在提“.com”这个新经济将带来不同的投资思维，加上每个人都在投资 .com，这就是一个强烈的警讯。真正有价值的信息其实是充分不足的信息，当某些信息得花很多力气才能取得，这样的信息才可帮助你获利。

所以说，大家都知道的信息，存在当中的机会相当有限。像近几年，大家热烈讨论新兴市场，投资人就要去思考，新兴市场的好是否已经反映了呢？大家是不是都进去投资了呢？如果你发现身边的人，都在买新兴市场的股票或基金，这就表示市场已经在反应了，想要从中获利，当然有限。

不过，中国内地的状况除外，因为中国内地股票从2005年6月起涨到现在，不过十几个月的时间，相较于很多新兴市场股市已经涨了好几年，中国大陆股市尚未过热。

我还是要强调，信息愈少、机会就愈多。举个例子来说，当你翻开华尔街日报，你会发现整版都在讲股票、讲基金，但是商品（commodity）信息却只有一小块，可见商品未被重视，这就是商品的机会所在。而且问问身边的人，有谁在投资商品？如果答案是极少数，这就更证明了商品的投资价值。

投资致富的轨迹在于，做自己喜欢的事，拥有热情，愿意不断地学习、做功课，发掘别人还没有看到的机会，这是我永恒不变的投资哲学。而跟随大众是永远不会成功的。

第九章　协和谬误：避免造成更大的损失

◎协和谬误的释义

【我们为了获得利益，采取了一些措施，但是后来发现我们陷入了一个尴尬的境遇，慢慢地我们不再希望获利（因为根本就不能获利），这时候我们开始努力减少损失！这就是一个典型的“协和谬误”。】

假设你是一家科学仪器公司的总裁，正在进行一个新的仪器开发项目。据你所知，另外一家科学仪器公司已经开发出了类似的仪器。通过那家公司的仪器在市场上的销售情况可以预计，如果继续进行这个项目，公司有将近90%的可能性损失500万，有将近10%的可能性赢利2500万。到目前为止，项目刚刚启动，还没花费什么钱。从现阶段到产品真正研制成功能够投放市场还需耗资50万。你会把这个项目坚持下去还是现在放弃？

10%的可能性会赢利2500万，90%的可能会损失500万，而且该项目还没有任何投资。正常人会选择放弃。

让我们再来看下面这道题：你同样是这家科学仪器公司的总裁，对于这个新的仪器开发项目，你们已经投入了500万元，只要再投50万，产品就可以研制成功，正式上市了。成败的概率与上述案例相同，你会把这个项目坚持下去还是放弃？

除了你已经投入500万之外，第2个问题与前1个问题是完全一样的。

既然已经懂得了沉没成本误区，我想你对以上的两道题应该会做出一致的决定。

但是把这两道题分别给老板们做，那些企业老总们绝大多数对第2题的回答是“坚持继续投资”。他们认为已经投了500万，再怎么样也要继续试试看，说不定运气好可以收回这个成本。殊不知，为了这已经沉没的500万，他们将有90%的可能非但收不回原有投资，还会再赔上50万啊。

在经济学上，我们把那些已经发生、不可回收的支出，如时间、金钱、精力，称为“沉没成本”。这个意思就是说，你在正式完成交易之前投入的成本，一旦交易不成，就会白白损失掉。从理性的角度来说，沉没成本不应该影响我们的决策，然而，挽回成本的心理作用往往在博弈中让人做出非理性的决策，从而导致更大损失。博弈论专家经常将这种困境中的博弈称之为协和谬误。

举个简单的例子就可以看出来协和谬误的危害有多么大：假设你买进一只股票，股价下跌；于是你又在这个价位买进（股民称此为“摊平”），可是它又下跌……你再次购买的本意是减少损失，可是却越陷越深！

对于协和谬误的博弈来说，在没有100%胜算的把握下，及早退出是明智的选择。如果你不及时收脚回来，那你可能血本无归！

20世纪60年代，英国和法国政府联合投资开发大型超音速客机，即协和飞机。开发一种新型商用飞机简直可以说是一场豪赌。单是设计一个新引擎的成本就可能高达数亿美元，想开发更新更好的飞机，实际上等于把公司作为赌注押上去。难怪政府会被牵涉进去，竭力要为本国企业谋求更大的市场。

该种飞机机身大，设计豪华并且速度快。但是，英法政府发现：继续投资开发这样的机型，花费会急剧增加，但这样的设计定位能否适应市场还不知道；而停止研制将使以前的投资付诸东流。随着研制工作的深入，他们更是无法作出停止研制工作的决定。协和飞机最终研制成功，但因飞机的缺陷（如耗油大、噪音大、污染严重等等），成本太高，不适合市场竞争，最终被市场淘汰，英法政府为此蒙受很大的损失。在这个研制过程中，如果英法政府能及早放弃协和飞机的开发工作，会使损失减少，但他们没能做到。

最终，英国和法国航空公司宣布协和飞机退出民航市场，才算是从这个无底洞中脱身。这也是“壮士断腕”的无奈之举。

沉没成本和机会成本之所以会对决策产生这样微妙的作用，原因就在于机会成本不是现实的成本，是隐性的，而沉没成本却是实实在在的，让人有一种“割肉”的痛楚。成本沉没在水里着实令人感到可惜，然而伤心懊悔不是于事无补吗？还不如适时放弃，抓紧时间，创造出更多的价值来。

协和谬误给我们的直接警示就是，在投资时应该注意：如果发现是一项错误的投资，就应该立刻悬崖勒马，尽早回头，切不可因为顾及沉没成本，错上加错。事实上，这种为了追回沉没成本而继续追加投资导致最终损失更多的例子比比皆是。许多公司在明知项目前景暗淡的情况下，依然苦苦维持该项目，原因仅仅是因为他们在该项目上已经投入了大量的资金（沉没成本）。

摩托罗拉的铱星项目就是沉没成本谬误的一个典型例子。摩托罗拉为这个项目投入了大量的成本，后来发现这个项目并不像当初想象的那样乐观。可是，公司的决策者一直觉得已经在这个项目上投入了那么多，不能半途而废，所以仍苦苦支撑。但是后来事实证明，这个项目是没有前途的，所以最后摩托罗拉只能忍痛接受了这个现实，彻底结束了铱星项目，并为此损失了大量的人力、财力和物力。

现实经济中，陷入协和谬误困境的投资项目比比皆是，投资过半，行情却急转直下。到底是继续投资还是决然退出，总是令投资决策者左右为难。实际上，一个理性的经济人在作出决策的时候，总是要涉及“沉没成本”和“机会成本”。沉没成本就像是沉没在冰山之间的泰坦尼克一样，如果你不放弃它，就会跟它一起沉没。不要奢望你能够打捞起已经沉没下去的成本，放弃包袱，重新上路，你会看到崭新的明天正在扬帆起航！

◎要有勇气放弃

【做事情时不要用“沉没成本”来衡量，不要因为已经做了，就继续做下去。因为我们已经付出了巨大的沉没成本，所以我们更要好好珍惜我们的机会成本！】

协和谬误，看似给了人们半途而废的理由，有人担心它的滥觞会左右一些本该坚持的目标。的确有这个可能，所以人们应该理智对待，可以比较沉没成本、机会成本与未来收益的关系。看清楚了，必定会坦然地走出协和谬误。

何谓“沉没成本”呢？它指已经付出且不可收回的成本。比如你买了一杯汽水花了5元钱，但是你发现这杯汽水非常难喝，现在就要考虑扔掉，但是你的5元钱是不会收回来了，这个钱就可以称之为沉没成本。这里不多说了，来看机会成本。

机会成本，是指在经济决策过程中，因选取某一方案而放弃另一方案所付出的代价或丧失的潜在利益。

机会成本指当人面临抉择时，他必须做出一定的选择，他所失去的就是他所得到的东西的机会成本。对商业公司来说，用一定的时间或资源生产一种商品时，失去的利用这些资源生产其他最佳替代品的机会就是机会成本。

在生活中，有些机会成本是可以用货币来进行衡量的。例如，农民在获得更多土地时，如果选择养猪就不能选择养鸡，养猪的机会成本就是放弃养鸡的收益。但有些机会成本往往无法用货币衡量，例如，在图书馆看书学习还是享受电影带来的快乐之间进行选择。

以上面的例子作为计算例子：

农民在获得更多土地时，如果选择养猪就不能选择养其他家禽，养猪的机会成本就是放弃养鸡的收益。假设养猪可以获得A元，养鸡可以获得B元，那么养猪的机会成本是B元，同样的，养鸡的机会成本则为A元。

在图书馆看书学习还是享受电影带来的快乐之间进行选择。那么在图书馆看书学习的机会成本是少享受电影带来的快乐，享受电影的机会成本是失去了在图书馆看书学习所得到的东西。

至于沉没成本和机会成本的结合，让我们还是以看电影为例：

比如说你花了20元去看一场电影，15分钟之后，你觉得这是一部你所无法忍受的粗制滥造的影片。那么你是继续看下去，一直到2个小时之后影片结束呢？还是立即离开电影院去图书馆查资料？如果你心疼那20元门票，而坚持把电影看完，那么你除了付出了20元沉没成本（电影院当然不会因你认为影片质量太差而退钱给你）之外，你还付出了2个小时的宝贵时间成本，这两个小时的时间在经济学上叫做机会成本。

机会成本是指因为你做一件事情而失去做另一件事的机会。通常情况下，沉没成本是显性的，机会成本是隐性的，所以人们在上面的情况中往往看到了沉没成本而忽视了机会成本，可是在经济学中，虽然沉没成本往往是巨大的、明显的，但是由于它是无法收回的，所以一个理性人不应该让沉没成本影响到自己的决策，而机会成本虽然是隐性的，但是必须加以考虑。

当一个人失恋之后该怎么办呢？一般来说得先难受一段时间才能慢慢地好过来。在这里，这个人为了其失败的爱情所付出的那些努力就是沉没成本，不论有多大都是无法再回收的，而他在失恋后花费在回忆后悔上面的时间精力就是他的机会成本。

所以，从经济学的角度来看，一个人在失恋后最明智的选择是让自己迅速地从失恋中走出来，而不是在那里后悔自责和痛苦回忆。巨大的沉没成本虽然收不回来了，但是我们可以减少机会成本的损失。

当我们面临艰难的选择时，考虑该不该放弃时，可以分析一下我们目前的“沉没成本”与“机会成本”。我们在权衡取舍中，理性选择倾向于机会成本低的东西，而放弃机会成本高的东西。如事业上有较高成就的妇女会选择少生育或不生育，因为生育儿女会占去或影响她成就事业。妇女生育儿女的机会成本就是成就事业或牺牲较高的报酬，成就越高的妇女生育的机会成本就越大。

因此，人们在决策时考虑机会成本，决策会更理性更明智。沉没成本是理性决策中应该忽略的因素，一个理性的人在决策中会忽视沉没成本。如某国有企业经评估原始价值为8000万元（多年投资形成），因机制不顺每年亏损800万元。国企改制中某股份公司500万元将该企业并购，扭亏为赢，且每年上缴税收80万元。于是大家哗然，说国有资产严重流失了。这种议论缺乏理性，因为议论者考虑了沉没成本。

如果你是一个理性的人，就要学习忽略沉没成本，多考虑机会成本，选择机会成本较低的东西，这才是理智的选择。

有一个孩子，他小时候最喜欢的玩具就是那五颜六色的气球，每次外出玩耍，他手里总是拿着各色各样的气球。

有一天，他母亲带他出去玩，在公园里，他母亲从包里拿出一个精致的口琴，吹出了一首首动听的乐曲。他想要母亲的口琴，但又舍不得放弃手中的气球。左右为难之际，母亲突然停止了吹奏，笑着看着他。就在这一瞬间，他做出了选择，松开了手，毫不犹豫地放飞了气球，然后向母亲索要口琴。

在这一天，那个孩子学会了吹口琴，而且他还得到了一个对他一生都有影响的启示，那就是：当人生需要做出选择时，该放弃的就必须放弃。后来，那个孩子考上了音乐学院，虽然别人认为他是如鱼得水，但他却发现自己对音乐并不是那么钟爱，他毅然选择了放弃，转入纽约大学商学院，学习自己更感兴趣的经济学。1950年，他获得经济学硕士学位，并得到去哥伦比亚大学深造的机会，在这所大学里，他遇到了他一生中最伟大的良师益友——曾任美国联邦储备委员会主席的亚瑟·博恩斯教授。从此，他放弃了一切该放弃的东西，将毕生的精力都放在了对经济学的研究上，并很快成为这个领域的行家里手。1987年，美国总统里根任命他为美国联邦储备委员会主席，他就是艾伦·格林斯潘。

在我们每个人的一生中，都会有类似小格林斯潘那样，手中抓满气球的事。比如金钱、权力以及已有的成绩与地位。这些既得的利益与成果，虽然能让我们兴奋，但同时也很容易消磨我们的斗志与勇气，阻碍我们去追求更远大的人生目标。因为当更好的发展机会来到我们面前时，面对已经取得的利益，并不是每个人都有勇气放弃。

人生苦短，生命的过程就是一个不断选择与放弃的过程。一个人如果要想有所成就，那就必须有勇气放弃，放弃所有我们并不真正需要的东西，而去抓住自己真正感兴趣的，愿意用一生精力去研究的东西。只有这样，生命才可能求得它的最大值。

◎不要得不偿失的胜利

【该放手时就放手，不要踏上不归路。放弃也是成功的必修课。】

希腊北部一个城邦的国王皮洛斯在公元前280年曾和罗马帝国的军队打过一场恶仗，虽然最终取胜，但同样损失惨重的他却哀叹："再来这样一次胜利，我就被毁了。"这给西方世界留下一个成语"皮洛斯的胜利"，意指代价惨重的胜利。

人们都追求胜利，但不是所有胜利都值得追求。所谓"皮洛斯的胜利"指的就是"得不偿失的胜利"。在投入一场战争之前，你必须计算成本与收益的比例。

《孙子兵法》的《作战》篇中，一开始并未探讨战略或战术问题，而是算账——一次军事行动（无论胜败）的成本："日费千金"的人力、物力投入。

宋代的沈括也算过一笔细账：动用10万军队到远方作战，运送辎重的兵员要占1/3，而后勤补给人员至少需要30万，这样一支部队，最多只能行军16天。3个民夫供应1个士兵，这已经是最大极限了。如果用牲畜运粮，固然负载多而费用少，但牲畜很容易生病死亡。这样连牲畜和驮负的物资都要白白丢弃，所以比起人力运输，利弊各半。

所以，“因粮于敌”（从敌人那里获取给养）就非常重要。通过长途运输一份军粮，可能在路上要消耗好几份。孙子说：“食敌一钟，当我二十钟。”正是这个原因。

现代战争由于交通的便利，可以节省某些成本（如粮食的运输消耗），但是其他方面（如弹药的大量消耗）的花费比古代要昂贵多了。海湾战争中美军发射的一枚导弹动辄价值数十万甚至上百万美元，这种高技术战争不是哪个国家都能承受的。

在古代兵法中，有“坚壁清野”，在现代军事史上，也有“焦土政策”，他们的共同点是尽可能减少对方从战争中获得补偿，也就是提高对方的战争成本。当然，实行这一战略，自己的损失也很大，不过也不失为一种有效的策略。而且，这一行动也是在向对方表明立场：我要和你干到底，为此我宁愿做出任何牺牲，不要指望从我的屈服中获得什么好处。

战争如此，市场竞争如此，甚至我们日常行为也都面临一个成本—效率问题。理想状态当然是以尽可能小的成本，换取尽可能大的效用，但是现实中大多数选择并非理想状态。

我们常常谈到成本，但是究竟什么是成本？经济学家的定义是：成本就是为了得到某种东西而必须放弃的东西。

现在我们已经有了成本观念，下面就是应用问题了。在作决策之前，必须经过“成本估算”：如果得大于失，就值得做；如果得失相抵，甚至得不偿失，就不要干这种“吃力不讨好”的事了。

在军事中，赢得战争（或避免战争）的一个有效策略就是增加对方的战争成本，使其难以坚持，或因为得不偿失而放弃发动战争的愿望。

“田忌赛马”就是一个通过让对手多付代价而获得胜利的例子。田忌的上、中、下三等赛马都比齐王的同等级赛马差，可是在著名军事家孙膑的帮助下，田忌以“下驷对上驷、上驷对中驷、中驷对下驷”的策略，在平均劣势下赢得了对国王的赛马胜利。

为什么能获胜？关键在第一场——也就是输掉的那一场。齐王虽然胜了，但是却付出了巨大的成本——上驷与下驷的实力差距被白白浪费掉了，因此他输掉了后面两场。这是一个重要的原则：你支付的成本越大，局面就越不利。

“田忌赛马”的故事，用现代术语来说就是一个典型的博弈问题。实际上，它是通过增加对方的成本改变双方的实力对比，并最终取得胜利的。

拿出一张1元钞票，请大家给这张钞票开价；每次叫价以5分为单位；出价最高者得到这张1元钞票，但出价最高和次高者都要向拍卖人支付相当于出价数目的费用。你打算怎么玩这个游戏？

如果你没想得更远，就很容易上当。你可能这样想：不就是一元钱吗？只要我的出价低于面值，我就赚了，我所能出的最高价是95分，再往上就没有利润空间了，谁还会继续出价呢？

美国耶鲁大学的教授们在课堂实验上，跟毫无疑心的本科生们玩这个游戏，很是赚了一点钱，至少足够在教工俱乐部吃一两次午饭。圈套是这样：开始你参加竞价是为了获得利润，可是后来就变成了避免损失。假定目前的最高叫价是60美分，你叫价55美分，排在第二位。出价最高者铁定赚进40美分，而你却铁定要丢掉55美分。如果你追加竞价，叫出65美分，你就可以和他掉换位置。哪怕领先的叫价达到3.60美元，而你的叫价3.55美元仍排在第二位，这一思路仍然适用。如果你不肯追加10美分，“胜者”就会亏掉2.60美元，而你则要亏掉3.55美元。

这是协和博弈的又一个例子。一旦你处于一个斜坡上并且开始向下滑，你就很难回头。最好不要迈出第一步，除非你知道自己会去到哪里。

假如不幸，已经迈出了第一步，还有没有什么方法让我们避免更大的损失？

这个游戏或博弈有一个均衡，即从1美元起拍，且没有人再追加叫价。不过，假如起拍价低于1美元又如何？这样的层层加价可是没完没了，唯一的上限就是你钱包里的数目。至少在你掏空钱包之后竞争不得不停止。这正是我们需要用到这个法则——向前展望、倒后推理的法则。

假定伊莱和约翰是两个学生，现在参加1美元拍卖。每人各揣着2.50美元，而且都知道对方兜里有多少钱。为了简化叙述，我们改以10美分为叫价单位。

从结尾倒推回来，如果伊莱叫了2.50美元，他将赢得这张1美元钞票(同时却亏了1.50美元)。如果他叫了2.40美元，那么约翰只有叫2.50美元才能取胜。因为多花1美元去赢1美元并不划算，如果约翰现在的价位是1.50美元或1.50美元以下，伊莱只要叫2.40美元就能取胜。

如果伊莱叫2.30美元，上述论证照样行得通。约翰不可能指望叫2.40美元就可以取胜，因为伊莱一定会叫2.50美元进行反击。要想击败2.30美元的叫价，约翰必须一直叫到2.50美元。因此，2.30美元的叫价足以击败1.50美元或1.50美元以下的叫价。同样，我们可以证明2.20美元、2.10美元一直到1.60美元的叫价可以取胜。如果伊莱叫了1.60美元，约翰应该预见到伊莱不会放弃，非等到价位升到2.50美元不可。伊莱固然已经铁定损失1美元60美分，不过，再花90美分赢得那张1美元钞票还是合算的。

第一个叫1.60美元的人胜出，因为这一叫价建立了一个承诺，即他一定会坚持到2.50美元。我们在思考的时候，应该将1.60美元和2.50美元的叫价等同起来，视为制胜的叫价。要想击败1.50美元的叫价，只要追叫1.60美元就够了，但任何低于这一数目的叫价都无济于事。这意味着1.50美元可以击败60美分或60美分以下的叫价。其实只要70美分就能做到这一点。为什么？一旦有人叫70美分，对他而言，一路坚持到1.60美元而确保取胜是合算的。有了这个承诺，叫价60美分或60美分以下的对手就会觉得继续跟进得不偿失。

我们可以预计，约翰或伊莱一定会有人叫到70美分，然后拍卖就会结束。虽然数目可以改变，结果却并非取决于只有两个叫价者。哪怕预算不同，倒后推理仍然可以得出答案。不过，关键一点是谁都知道别人的预算是多少。如果不知道别人的预算，可以猜到的结果是，均衡只存在于混合策略之中。

当然，还有一个更简单也更有好处的解决方案：联合起来。如果叫价者事先达成一致，选出一名代表叫10美分，谁也不再追加叫价，全班同学就可以分享90美分的利润。

你当然可以把这个例子当成耶鲁本科生都是傻瓜的证明。不过，超级大国之间的核装备升级过程难道与此有什么分别吗？双方都付出了亿万美元的代价，为的是博取区区“1美元”的胜利。联合起来，意味着和平共处，这是一个更有好处的解决方案。

回到你自己身上，有没有付出过惨重的代价，只为不甘心得不到那一点小小的利益？我们不要皮洛斯的胜利，这种胜利约等于失败。

◎不为打翻的牛奶哭泣

【不要因已经付出的成本而影响对未来的决策。】

走出协和谬误的怪圈其实并不难，只要你敢于放弃，有胆量、有男气经历失败，不要为打翻的牛奶哭泣，对不可追求的东西要及时放手，做一个敢于放弃的聪明人。

有一种捉猴子的陷阱，人们把椰子挖空，然后用绳子绑起来，接在树上或固定在地上留了一个小洞，洞里放了一些食物，洞口大小恰好只能让猴子空着手伸进去，而无法握着拳头出来，于是猴子闻香而来，将它的手伸进去抓食物，理所当然地，手便拿不出来。紧握的拳头拿不出洞口……

当人来时，猴子惊慌失措，但就是逃不掉。并没有任何人捉着猴子不放，相反地它被自己的执著所俘虏，它只需将手放开就能拿出来。可是，鲜有猴子能放下。

生活中鱼和熊掌都能兼得的时候很少，每一次放手是为了下一次得到更多的回报。紧握双手，肯定是什么也没有，打开双手，至少还有希望。

人往往会不惜一切求取成功。可是，有些放弃是不可避免的。我们要学会优雅地放弃，从经验中成长。就像松开一个握紧的拳头，我们会感到自在而有活力。

人正因为看不开、放不下才会有许多痛苦。当自己有了舍弃的智慧时，就会豁然开朗，生命会马上向你展现出另外一个截然不同的景致。倘若蝌蚪总是炫耀自己的尾巴而舍不得放弃，那它将始终长不成自由跳跃的青蛙。不要忘记，现在放手是为了更好地握住明天。

但是现实生活中，陷入协和谬误困境却不肯放手的投资项目比比皆是。很多时候投资过半，行情却急转直下。到底是继续投资还是决然退出，总是令投资决策者左右为难。实际上，一个具有理性的人在做出决策的时候，总是要涉及“沉没成本”和“机会成本”。然而现实中往往由于决策者思维的错位，将这两种成本相混淆，反而做出了不利的选择。

中国航空工业第一集团公司在2000年8月决定今后民用飞机不再发展干线飞机，而转向发展支线飞机。这一决策立时引起广泛争议。

该公司与美国麦道公司于1992年签订合同，合作生产MD90干线飞机。1997年项目全面展开，1999年双方合作制造的首架飞机成功试飞，2000年第二架飞机再次成功试飞。

就在此时，MD90项目下马了。在各种支持或反对的声浪中，讨论的角度不外乎两大方面：一是基于中国航空工业的战略发展；二是基于项目的经济因素考虑。在这里不想就前一角度展开讨论，只有航空专家才在这方面最有发言权。单从经济角度看，干线项目上马、下马之争可以说为“沉没成本”提供了最好的案例。

许多人反对干线飞机项目下马的一个重要理由就是，该项目已经投入数十亿元巨资，上万人倾力奉献，耗时六载，在终尝胜果之际下马，造成的损失实在太大了。这种痛苦的心情可以理解，但丝毫不构成该项目应该上马的理由，因为不管该项目已经投入了多少人力、物力、财力，对于上下马的决策而言，其实都是无法挽回的沉没成本。

事实上，干线项目下马完全是“前景堪忧”使然。从销路看，原打算生产150架飞机，到1992年首次签约时定为40架，后又于1994年降至20架，并约定由中方认购。但民航只同意购买5架，其余15架没有着落。可想而知，在没有市场的情况下，继续进行该项目会有怎样的未来收益？

然而就是这个已经沉没了的成本，却还让许多不明就里的人难以割舍。他们把它当做“鸡肋”，食之无味而又弃之可惜。实际上这些人不明白：沉没成本永远是决策的非相关成本，与其相伴随的机会成本才是决策相关成本，需要在决策时予以考虑。

沉没成本和机会成本之所以会对决策产生这样微妙的作用，原因就在于机会成本不是现实的成本，是隐性的，而沉没成本却是实实在在的，让人有一种“割肉”的痛楚。成本沉没在水里着实令人感到可惜，然而伤心懊悔不是于事无补吗？还不如适时放弃，抓紧时间，创造更多的价值出来。

在一次关于生活艺术的演讲中，教授拿起一个装着水的杯子，问在座的听众：“猜猜看，这个杯子有多重？”

“50克”、“100克”、“125克”……大家纷纷回答。

“我也不知有多重，但可以肯定人拿着它一点不会觉得累。”教授说，“现在，我的问题是：如果我这样拿着几分钟，结果会怎样？”

“不会有什么。”大家回答。

“那好。如果像这样拿着，持续一个小时。那又会怎样？”教授再次发问。

“胳膊会有点酸痛。”一名听众回答。

“说得对。如果我这样拿着一整天呢？”

“那胳膊肯定变得麻木，说不定肌肉会痉挛，到时免不了要到医院跑一趟。”另外一名听众大胆说道。

“很好。在我手拿杯子期间，不论时间长短，杯子的重量会发生变化吗？”

“没有。”

“那么拿杯子的胳膊为什么会酸痛呢？肌肉为什么可能痉挛呢？”教授顿了顿又问道：“我不想让胳膊发酸、肌肉痉挛，那该怎么做？”

“很简单呀。您应该把杯子放下。”一名听众回答。

“正是。”教授说道，“其实，生活中的问题有时就像我手里的杯子。我们埋在心里几分钟没有关系。如果长时间地想着它不放，它就可能侵蚀你的心力。日积月累，你的精神可能会濒于崩溃。那时你就什么事也干不了了。”

教授这番话的另一层含义是，如果你手中的成本正在逐渐增加，你越来越感到吃力的话，你应该及时放弃。否则，你的身心将被拖垮。放弃很难受，但是不放弃更痛苦。所以，该放手时就及早放手，去握住真正属于你的东西。

◎舍子取势，弃子得势

【当我们发现自己不能取胜的时候，必须及早后退。妥协放弃是一个重要谋略，一个不懂进退之道的人早晚要尝到失败的苦头。】

曹操平定汉中，直逼刘备刚刚占领的西川。刘备急请诸葛亮商议对策。孔明说，曹操分兵屯合肥，惧孙权也。我们如果把江夏、长沙、桂阳三郡还吴，遣舌辩之士陈说利害，令吴起兵袭合肥，牵动其势，曹操必退兵回救其南方，如此，西川可安。后来的情势果然如军师孔明所言，吴国兴兵，曹操只得放弃攻蜀而回师援合肥。刘备得以喘息，安定了西川根据地，并由此立国建业。

《三国演义》的一大看点，就是荆襄之地的争夺。江夏、长沙、桂阳三郡是荆州之拱卫。刘备一世枭雄，在曹操大军压境之际乱了方寸，无退兵之策，不是不智，而是舍不得将三郡割给孙吴。可见贪欲乱智，虽英雄刘备亦难幸免。

孔明的精明之处在于看清楚了大局。刘备集团欲三分天下，必须联吴抗曹。荆襄之地是当时中国的腹地，是兵家必争的战略要点。孔明借荆州之后，一直以此为诱饵，假许还吴，其实是以此为王牌，牵动东吴踏上自己的战车，共同抗曹。

舍子取势，弃子得势，这是棋局博弈常用的技法。孔明诱使孙吴围魏救赵，自然骗不过孙权集团。只是刘备集团占有荆州之际，就一直以“借”为名，答应日后要还孙吴，如今主动把荆州的拱卫三郡还孙吴，孙吴得三郡而复望荆州，能不出兵击曹吗？

纵观历史，舍卒保车，这种策略的影子随处可见，凡成就大事者无不懂得选择和放弃。为了谋求更大的发展，只有果断放弃眼前的某些利益。舍卒保车，不仅是为了保住性命，而是为了更好地拥有。

明成祖永乐年间，贵州一带的少数民族势大。镇守贵州的都督马烨采取各种手段，企图刺激当地的少数民族造反，以便抓住口实，彻底废除土司制度，代之以中央选派的“流官”。其中采取的最极端做法是把前任土司头目的妻子奢香脱光衣服鞭打。这一下，当地少数民族果然愤怒异常，打算起兵反叛。但被现任土司头目坚决制止了。他亲自进京上访，状告马烨。永乐帝自然对此事洞若观火，他明白马烨完全是为了明王朝利益，又清楚此时正是提出交换条件的好时机。于是召宣受辱遭打的奢香进京。永乐帝问奢香说：“马烨辱打你是错误的，我现在为你除掉他，你准备怎样报答我？”奢香叩头说：“我保证世世代代不犯上作乱。”永乐帝微微一笑，说：“不犯上作乱是你们的本分，怎么能说是报答呢？”奢香万般无奈，答应为明王朝从贵州东北部开一条通往四川的山路，以供驿使往来。奢香答应的这一条件无疑是永乐帝极其欢迎的。官府有路可通，铁鞭可及少数民族地区，那他们自然不敢再造反。永乐帝也实践诺言，随即召回马烨，将其斩首。这马烨所做的一切都是为了明王朝的利益，但他所做的一切却又成了最后被杀的罪状。事后永乐皇帝也说过：“我也知道马烨对朝廷忠心耿耿，但是我如果顾惜他，就没办法安定贵州这块地方了。”话说到这份上，即使被杀的马烨在场也不会再有什么话说的。

为了长远利益进行的妥协，是一种心机，一种眼光，一种谋略。纵观天下，凡成就大事的人无不懂得选择和放弃。为了谋求更大的发展，只有果断放弃眼前的某些利益。舍卒保车，不仅是为了保住性命，而是为了更好的拥有。

对于我们普通人来说，不会面临如此残忍的舍弃。协和谬误对我们生活的重要提示是：在小利和大利面前，我们应该舍得放弃其中较小的一部分，保全较大的一部分，做一个能够权衡利弊的人。在面对困境时，我们也应该能做到牺牲局部，保全大局，这样才能够化险为夷。

人生如棋，一着不慎，满盘皆输。下棋时有弃车保帅之说，如果只因为心疼车的勇猛，不忍舍弃，那么一定有杀身之祸。虽丢弃了一个车，但保证了不失败，再发强攻，就仍有取胜的机会。人生就是这样，不以小利为代价，何来大成功？要懂得舍与得之间的辩证关系，以一颗豁达的心胸为人处世，不计小失，这样往往就能收获大得。

下篇

博弈应用

第十章　以小博大的博弈应用

◎以小博大，以弱胜强

【在中国历史上，以弱胜强的战役数不胜数。在现代企业竞争中，弱小企业打败大企业也是司空见惯的情形。】

在第二次世界大战中，德国以最少的兵力最快的速度侵占法国。德国要进攻法国无非有三种选择：从两国接壤的边境发起进攻；借道比利时和卢森堡；借道瑞士。由于瑞士是个高山国家，阿尔卑斯山脉贯穿全境，不便于开展军事行动。所以第三种选择首先被排除。于是，进攻路线的选择就剩下了两个：从两国接壤的边境发起进攻；借道比利时和卢森堡。法国修筑了漫长的防线，严阵以待，抵抗德军。

然而事实是，1940 年 5 月 10 日，德军从卢森堡和比利时东部的阿登森林地区进入法国，撕开了法国防线，德军长驱直入。驻守在法国和比利时边境的英法联军，一下子被断了后路，被德军包围了。他们一路向后撤，直到大海边。5 月 26 日一天，英国动员了所有的船只，从法国接回了 33. 8 万人，这就是著名的“敦克尔刻大撤退”。

我们不妨用博弈论来简单地分析一下当时的法国是否有好的策略来阻止德国的进攻。

假设进攻方德军准备进攻法国，军力是 2 个师，而防守的法国军队则有 3 个师；德军与法军每个师的装备、人员、后勤等完全相同，自然战斗力相同。不妨假想，德国进攻法军有两个方向，分别是 A、B 两个方向。由于一个德军师与一个法军师的战斗力完全相同，因此两军相遇时，人数居多的一方取胜，战争中都是“易攻易守”，因此当两方人数相等时，守方获胜。同时，军队的最小单位为师，不能够再往下分割。只要德军可以突破防线，就算德军胜利；反之则法军胜利。

由此看来，进攻方德军的战略有三个：两个师集中向法军防线的 A 方向进攻；兵分两路，一个师向法军防线的 A 方向进攻，另一个师向法军防线的 B 方向进攻；两个师集中向法军防线的 B 方向进攻。

防守方法军则有四种不同的防守策略：3 个师集中防守 A 方向；2 个师防守 A 方向，1 个师防守 B 方向；1 个师防守 A 方向，2 个师防守 B 方向；3 个师集中防守 B 方向。

这个博弈中，德军没有劣势策略，而法军有劣势策略。很明显在这种情况下：法军选择第一种策略，也就是派 3 个师防守 A 方向，但这要劣于第二种策略：派 2 个师防守 A 方向，1 个防守 B 方向。因为，法军选择第二种策略的任何一个结果都不比选择第一种策略的结果要差。

这就造成以下结果：

德军选择第一种策略时，法军选择第二种策略与第一种策略相同，都是法军胜利；

德军选择第二种策略时，法军选择第二种策略是法军胜利，而第一种策略则是德军胜利，自然选择第二种策略要好；

德军选择第三种策略时，法军选择第一、第二策略结果相同，都是德军胜利。由此可见，法军选择第二种策略自然好于第一种。

同理，法军选择第三种策略也好于第四种策略的结局。因此，法军策略选择中的第一种和第四种都是劣势策略。

劣势策略从理性的角度来看是法军一定不会采用的策略，德军知道法军不会选择第一、第四种策略。同时很明显的是，德军选择第二种策略的结局就是根本不可能胜利，理性的德军自然不选择这个劣势策略。

这个时候，德法双方的形势是相同的，即德军尽管在总兵力上劣于法军，但实际上它只要运用谋略，攻其不备，其获胜的可能与守方是相同的。

在博弈论中，“以弱胜强”道理就是这样。比如在战争中，总兵力占优势的一方往往并不能保证在某个局部可以获得优势，处于弱势的一方则可以集中优势兵力，在某一个方向或某一场战斗中取得胜利，并逐步积累胜利成果达到最终整个战役的胜利。

在企业竞争中，也是一样。资本、规模、品牌、人力等都处于劣势的企业，可以在某个局部市场上，集中自己所有的资源并加以整合，造成细分市场上对强势企业的优势，从而成为市场竞争的胜家。

◎耐心等待把握机会

【等待有利的机会可以增加成功的可能性。你不用常常处于市场中。】

埃德温·洛弗热在他的经典著作《一个股票经纪人的回忆》中说的，“在任何地方、任何时间都做错事的是纯粹的傻瓜，而华尔街的傻瓜认为他必须在所有时间都交易。”著名投资者吉姆·罗杰斯对做交易时的耐心做了更生动的描述：“我只管等，直到有钱躺在墙角，我所要做的全部就是走过去把它捡起来。”

在漫长、荒无人烟的列车旅途上，乘客们百无聊赖。就在途中的一个拐弯处，列车减速缓行，一间民房闯入了人们的视野：在这种境域中，这无疑是一处美丽的风景，所有的旅客都认真地欣赏起这间民房来。

归来的路上，一个年轻人中途下了车，不辞辛苦地找到了这间民房，他了解到民房的主人因为不堪忍受过往列车的嘈杂，很久以前就想把这间房子卖掉，可是一直无人问津。

不久，年轻人花了3万买下了这间民房，他觉得这是个做广告的好地方。以后的日子，他开始联系各大公司，把正面墙出租，写广告标语。可口可乐公司看中了这块地方。在签约的3年内，年轻人得到了18万的预付租金！

其实，生活中，有很多机遇就在我们身边，只是我们没有发现。我们总是不经意地保持着一种僵化的思维，常常缺少创新的意识：我们更应该勤于思考善于发现。机会只留给有准备的人，要等待和把握机遇。

有些企业家不懂得用长远目光看待业务，常常着急，试图暴富。比如只顾外延，一味扩大企业规模。

有人说，从开始做生意那天算起，如果能够坚持3年以上，就算是成功了。事实上也是如此，3年之内倒闭的企业不计其数。

3年是播种的时间。大部分人面临的土壤都是贫瘠的荒地，甚至让人怀疑“这里真的能开花结果吗”。但是，如果在3年的时间里持续耕耘和播种，也就是不断地倾注努力与激情，一定会有所收获。只要坚持不懈地播种，过一段时间，就会看到有绿色的东西从地里冒出来，那种喜悦无法用语言形容。不过这种喜悦也很短暂。茎叶长出以后会不会被暴风雨吹倒，会不会因为干旱而枯死，每天都生活在担心和忧愁之中。如果没有经历这些过程，一下子就长成了参天大树，那可真是值得庆贺的事情。也许你确实是做生意的天才，也许是因为有巨大的幸运伴随着你。不过这也不一定是好事。如果没有经历从播种到长成参天大树的过程，种植新树的时候肯定会遇到挫折。

没有积累内功成长起来的人早晚会崩溃。只有经历过小的危机，才有能力克服大的危机。千辛万苦经营企业的人不会轻易被危机击倒，经历过峰回路转才能成为真正的人。只有留下密密麻麻的年轮、在风雨中纹丝不动的大树，才是真正的巨木。

每个人都必须经过忍耐的过程。人们总是在小溪边学游泳，在附近的水库或小河里积累实力，然后才能大胆地在海洋里遨游。商务世界也是这样，应该耐心等待，一步一步按照固定的顺序前进。

◎弱者的生存之道

【美国通用公司总裁杰克·韦尔奇说："这个世界是属于弱者的，因为弱者最懂得适应。"】

弱者的生存之道星星点点写满了智慧。

一只小小的猱会靠舔野猪的肛门，让其在"舒畅至极"中死于非命；非洲丛林中的蚂蚁、亚马孙河里的蜂鸟靠着"团结一致、同心同德"而所向无敌。蜥蜴太弱小了，几乎比它大的动物都是它的天敌。但它却在地球上生活了上万年。蜥蜴生存之道无非两个字：适应。蜥蜴可以随环境不断变换自己的肤色。在黄土地上，它的颜色是黄褐色的；在草丛中，它的颜色则是绿色的。能够变色的蜥蜴常常让它逃过一次又一次劫难。

在经济学上，有一种"蜥蜴"哲学。在多变的经济环境中，为什么小企业的赢利点要比大企业高？原因就在于小企业更具有适应性，它可以随时调整自己的产业结构。

弱者的生存法则不是一定要变成强者，而是要学会如何适应环境变化，首先要有较强的生存能力，确保不被淘汰，然后再向更强的方向发展。对于小企业来讲，弱者生存法则也可以用来指导企业发展战略。在营销管理方面，小企业没有雄厚的资金实力，不能做大手笔的促销活动，不能高薪请来专家和智囊团，那么怎么办？按照弱者生存法则，就要做到及时适应市场变化，战术调整迅速灵活，还有一个更重要的方面，就是要有创新思维，绝对不能固守僵化。大企业往往制度成熟，发展模式固定，即使有任何调整，也会因部门环节众多，协调困难而导致步伐缓慢。而小企业则船小好掉头，及时调整，适应市场，求得生存。

纵观全球，20 世纪 70 年代的世界 500 强企业中，今天很多都已经陨落了。它们不是被兼并，就是已经破产。在 1990 年至 2000 年期间，近一半的世界最大企业从原来的500强排名中退出。在日本和欧洲，所有公司的平均寿命是12.5年。40%的公司不到10年便夭折了，即使是大型公司，也很难维持40年。在美国，平均有62%的公司存活不到5年，寿命超过20年的公司只占公司总数的10%，只有2%的公司能存活50年以上。

根据以上数据可以得出一个结论：世界500强企业并非个个是强势生存，今天弱小的企业不等于今后不能成为500强。作为一个取得一定成就的企业经营者，要时刻保持清醒头脑；作为一个身处困境的企业经营者，也不必气馁。

相对于日立、夏普、松下等日本品牌，索尼更为中国民众所喜爱与熟悉，音乐随身听、电视、笔记本、游戏机等许许多多的索尼电子产品伴随着整整一代中国年轻人的成长。在许多人心目中，索尼就是时尚、技术、创新等代名词。而正是凭借着永不停歇的技术创新，使索尼在全球电子行业获得了举足轻重的影响力，在财富500强的排名中，索尼也总牢牢占据着前30名的位置。

随着市场环境的复杂化、消费者对品牌的忠诚度迅速下降、竞争对手不断崛起，一个不确定性的时代正在来临，索尼却没有意识到外部环境正在发生的剧烈质变，依然沉湎于自己在行业中的领导者地位，错过了数字化的大好机遇，任凭产品利润下滑而无动于衷，对市场反应速度缓慢，决策机制迟钝。尤其是索尼下属各部门之间各自为政，互不相让，使索尼成了一支没有清晰战略凝聚的“游击队”。结果是，索尼除了在游戏市场仍然保持领导地位之外，其他领域都大大落后于竞争对手。2003年上半年度，索尼结算联合营业利润率仅有1.5%，与全球其他一流水平的企业相比，索尼的赢利水平已经沦落到二三流了。

痛定思痛之后，索尼集团董事长出井伸之及索尼董事会其他高层都意识到，索尼走到了一个危险的十字关口。如果再不采取措施的话，索尼将可能在激烈的竞争中被淘汰出局——为了应对这个不确定性时代所带来的威胁，索尼管理层推出了一个庞大的再造索尼计划，以更灵活的战略管理去面对新的竞争。

成本紧缩计划：索尼宣布将在整个集团范围内裁员 2 万人，特别是裁减日本国内制造业务人员，停止在日本制造显像管等业务，改革零部件原材料的采购业务，削减成本。

战略业务调整：将企业资源集中于电子和娱乐这两个核心业务，主攻家电（电视、游戏机等）和移动终端（随身听、PC、数码相机、手机等），并下大力气合并集团内的半导体业务，实现一体化经营。

灵活战略计划：以更加灵活的市场计划代替以往的长期战略规划，成立跨部门的机动部队，负责对外部市场变化作出迅捷的反应。

对于近年来部分日本企业所陷入的经营困境，迈克尔·波特认为，很大程度原因在于战略层面上的欠缺——就如索尼，由于对以往成功的沉醉与技术的过分执著，使企业往往对外部变化与消费者忠诚度的变化变得视而不见，而起初制订的僵死长期战略规划又使企业对市场变化无法作出迅捷反应。再造索尼，其核心就在于灵活的战略管理去应对外部不确性的时代，以更快的速度、更高的效率、更迅捷的市场反应去迎接一切可能的挑战与机会。

任何事物一般都有一个出现、成长、发展、衰退、消亡的过程，企业也不例外，也有其出现、成长、发展、衰退、消亡的过程，因为组成企业的各种要素，同样有生命周期现象。例如机器设备，每年都有折旧，使用一定期限后就可能报废。其实，企业生产的产品、提供的服务、企业的经营者，甚至包括企业的经营思想都有生命周期。由于组成企业的各种要素有生命周期现象，所以在一般情况下，企业也有一个生命周期。在适者生存的法则面前，企业的强弱是随生命周期转化的。

一般来说，强势生存企业是指那些可持续发展企业。企业的可持续性，首先要解决的一个问题就是企业究竟能否持续发展。百年企业的出现证明了企业能够持续发展，即企业具有可持续性。可持续发展企业，是指在追求核心生存即自我生存和永续发展的过程中，能够适应环境变化，不断学习创新，始终保持持续的盈利增长和生存能力，保证企业在相当长时间内长盛不衰的企业。

如果一个企业的实力过强，过于突出自己，则会给对手以很大的压力。相反，一个常犯小错误但实力出众的企业则降低了这种对对手的压力，缩小了双方的心理距离，保护了对手的自尊，因而也容易赢得更多人的喜爱。“犯错误效应”告诉我们：“白璧微瑕”比“白璧无瑕”更能赢得人的喜欢。如果企业是一个强者，就不要把自己的缺点和不足隐藏得太深，恰当地“示弱”，会使企业赢得更多的同盟者。

示弱是维持生命生存的需要。在自然界进化的过程中，越是善于示弱的动物，越能有效地保护自己，适应环境的变化。乌龟在遇到强敌时不会与之争斗，而是将自己柔弱的头和四肢缩到硬硬的龟壳内，龟才能活得相当长久。自然界尚且如此，人类更是不例外，适时、适度地示弱，是保护自己的一种方式。示弱是一种“障眼术”，是在自己弱小、无力还击时保护自己免受“硬伤”的一种必不可少的保护手段。

◎对机会不要掉以轻心

【人的一生机遇不是很多，关键就在于那么几步，如果抓住了，一生就成功胜利；如果错过，可能一辈了就一筹莫展。机遇是给有准备的人，是给那些能抓住他们的人！】

机遇往往是突然地或不知不觉地出现，有时甚至永远不为人所知，或只是在回首往事时才认识到过去的那件事是个机遇，庆幸抓住了它或者后悔失去了它。因此，善于抓住机遇的人应该具有以下基本素质。

第一，要从小事做起，认真地做好每一件事。

道理很简单，机遇总是突然地、不知不觉地出现，有时你甚至一辈子也不知道哪个是机遇，所以要认真做好每一件事。

鲍威尔是一个牙买加黑人，在美国其实是受歧视的。他第一个工作是进一个大公司当清洁工。他做每一件事都很认真，很快找到一种拖地板的姿势，拖得又快又好，又不容易累。老板观察很长时间后断定这人是个人才，然后很快就破例把他提升上去了。

还有一个例子：一位出身贫寒的年轻人，在一家旅店当服务员。有一天，一对老夫妇来住店，刚巧没有房间了，但时间已很晚。怎么办呢？他那天正好值夜班，就把自己的房间腾出来，赶快换上床单和枕头，收拾好后让老夫妇去睡，自己却趴在柜台上待了一夜。老夫妇很感动，认为这个青年人很善良。令他绝对意外的是，这对其貌不扬的老夫妇竟然拥有一间全国闻名的大酒店，而且他们没有子女，于是认他为义子，后来他就成了那间大酒店的接班人。

这说明，做事、做人要从小事做起，争取把每件小事做好。因为从小事做起，才不会失去悄悄来临的机遇，有些事先你不知道的机遇，也会被你抓住。

第二，要随时做好准备。

从年轻时就要开始尽可能地获取各种各样的广博的知识，按照你的知识结构给自己创造机遇；机遇突然出现时，你要抓住它。而且从学生时代开始就要尽可能锻炼出很强的创新能力，机遇来到的时候你要有创造性。

1978 年，A 到浙江大学去学外语，准备出国进修。当时文革前毕业的大学生大都在基层工作，很多人的英语早忘了。为什么呢？他们在当工人、农民的时候，不知道这东西有什么用，何必辛辛苦苦地去学它？还不如一有时间就去打扑克、钻桌子、喝酒，然后就开始发牢骚，这是当时最流行的事情。事前谁都没有想到，1978 年中国会突然来一次全国英语统考，考及格的人事后全都公派出国了。A 在基层上班的这些年，一直没有放弃外语学习，所以他很轻松地在考试中脱颖而出，顺理成章去了国外。

举这个例子说明：因为机遇出现往往是突然的、不知不觉的，只有随时做好准备，从青年时代开始就尽可能地学习广博的知识、锻炼自己创新能力的人才可能抓住机遇。当然，这里要特别强调的是创新能力，而不是光有读书能力。

第三，要锻炼出敏锐的洞察力，善于在复杂的情况下发现机遇。

爱因斯坦曾现身说法地解释过："（学生时代）我在一定程度上忽视了数学，其原因不仅在于我对自然科学的兴趣超过对数学的兴趣，而且还在于下述奇特的经验。我看到数学分成许多专门领域，每一个领域都能费去我们所能有的短暂的一生。因此，我觉得自己的处境像布里丹的驴子一样，不能决定自己究竟该吃哪一捆干草。这显然是由于我在数学领域里的自觉能力不够强，以致不能把带有根本性的最重要的东西同其他那些多少是可有可无的广博知识可靠地区分开来。诚然，物理学也分成了各个领域，可是，在这个领域里，我不久就学会了识别出那些能导致深邃知识的东西，而把其他许多东西撇开不管，把许多充塞脑袋、并使它偏离主要目标的东西撇开不管。"这里爱因斯坦强调了直觉或洞察力对于寻找科学研究上的机遇的重要作用。爱因斯坦能够取得如此大的成功，原因之一就是他在很年轻时就懂得直觉的重要，又选择了他具有最好直觉的领域——物理学。因此他能找到一个具有重大意义、取得突破的条件又已成熟、可以做大突破的机遇。

第四，一旦出现机遇的时候，要全力以赴地抓住它。

C60 足球状分子的发现者和诺贝尔奖得主 Curl 教授曾经在做报告时很详细地重述了他们的发现过程。实际上在此之前，已有其他实验室也发现了这个奇怪的质谱线，意识到这是个碳原子数为 60 的聚合物或团簇，但不知道是什么样的结构。他们那天在实验中观察到这个奇怪的质谱线后，晚上没有睡好觉——他们意识到这是科学发现的重大机遇。正在他那儿做访问学者的英国克洛特教授，突然想起 60 个原子要形成一个稳定体，很可能跟一种由六边形或五边形组成的什么球体有关。他想起他家里有一个球，马上就要打电话叫他太太赶紧去数这个球的顶点有多少个，是不是 60 个。但这时正是英国早上两点，Curl 教授提醒他说："你太太不会感谢你在早晨两点打电话的，你要好好考虑。"他只好放下电话。然后他就坐立不安，一直走来走去。另外一位合作者斯默利教授，回到住处后就连夜在纸上画图，琢磨如何把六边形、五边形组合起来形成一个封闭体。第二天早上，他们找来了一个数学系的教授，问他有没有这样一个几何图形，由五边形、六边形组成，顶点正好60个。那个教授想了一下说："哎呀，这就是足球呀！哈，这个问题在数学上早解决了。"他们马上就写出了那篇获诺贝尔奖的文章。

这个故事说明，在科学发现的关键时候，科学家往往一分钟都不能等待，就像足球场上射门一样。

总之，"人生能有几回搏"，当你意识到出现机遇的时候，一定要抓住它，不要掉以轻心，有好多事情往往就相差一点点，就可能失去这个机遇。

◎各个击破，逐步解决问题

【解决问题的公式：找出问题发生的原因；分辨情报的价值；彻底推行解决方案；观察事情进行得是否顺利。】

人们认识问题总是从简单到复杂，从个别到一般。所以，当面对一个复杂的问题感到束手无策时，可采用退的策略，从复杂的问题退到最原始、最简单的同构性问题，对它做一些探索，借以找到解题的灵感及突破口；也可对问题进行分解转化，变为若干个比较简单的问题，再各个击破，逐步解决问题。

下面以战争为例，说明各个击破，逐步解决问题的策略。很多战争中有"以少胜多"的例子，这些例子似乎是违反上述原则的。可是，如果仔细分析一下这些战例，可能会发现：其中只有极少部分是通过以劣势兵力与对方的优势兵力正面决战而获胜的，这种胜利又往往取决于某些特殊情况，如天时、地利，或对手只是一群乌合之众，或者是自己一方战斗力超强。

更多的情况是：劣势一方的统帅善于高效率使用他的少数部队，他往往通过巧妙地设置假象使对手判断错误，分散兵力，然后各个击破。也就是说，虽然从双方总的实力对比来说，胜利一方处于劣势，但在每一场具体的战役中，却都是以优势兵力击败对方的劣势兵力。

如果你手下有15支军队，而敌方有17支，两方士兵战斗力相当，两方的武器与地理位置并无优劣之分，而人数方面你则处于劣势。因此，你的军队会全军覆没，因为15的平方是225，17的平方是289，两者相减之后是64，也就是在战斗后，敌军还会残留8支队伍。当然对方的损失不可谓不小，因为他失去了一半以上的队伍；不过你会更惨，就此成为“历史”。如果敌军认为值得，他肯定会这么做。

然而，你有没有可能取得胜利呢？如果能分散敌军，以全力先击败一部分，便可获全胜。假设你能成功地把对方的12支军队先引出来，然后用自己全部的15支队伍来攻击敌方，而另外5支敌军还在睡乡，或正苦于找不到战役所在。根据蓝氏定律，225减去144是81，因此你可以击败这12支敌军，还有9支队伍存活下来。虽然耗损掉40%的兵力，损失很惨重，不过你还是赢了。然后再去解决敌军剩下的5支军队，而这时候由于你仍保有9支军队，因此在数量上还是占了优势。等到所有战役结束，你可把原具优势的敌军全部歼灭，而仍保有近一半的军队。

因此，虽然你的军队比对方少，但若能成功地运用平方定理，将敌军以正确的方式分成两部分，即可获得最后的成功。所有军事人员都知道分散敌军战术的重要性，并称之为渗透或集中原则，但他们仍停留在概念层次上。

这对于我们来说是一个非常有用的原则。当可利用资源有限时，必须学会“集中优势兵力”这一战术原则，将你的时间、精力、才能、金钱等投入最有希望获胜的战场，确立自己在这一领域的优势地位。你的每一场胜利都使双方的实力对比发生变化，这样不断“积小胜为大胜”，直至取得全局性优势时，“最后的决战”也就胜券在握了。

在历史上，军队投降多半不是因为被击败，而是因为自以为被击败，因此，甚至有可能去说服强势的一方，让他们自以为已经失落。例如“淝水之战”中，正是东晋的内应朱序在前秦军中散布失败消息，使得这支百万之众的大军人心惶惶，在东晋的猛烈攻击下土崩瓦解。

提到战争史，就不能不说拿破仑的滑铁卢战役。本来“分散敌人，各个击破”战术是可能帮助他打赢这一仗的，可惜的是，最后他恰恰又输在这上面。他在英军到达之前打败了普鲁士军队，但未将对方消灭，为了把这支败军赶得远些，他分出部分军队追击。可是这支部队没能追上普军，也没能及时赶回，导致拿破仑在英、普联军的合击下失败。

第十一章　抓住时机的博弈应用

◎未来永远是不确定的

【未来无法真正的确定，因为可能性之维在不断地分裂。你我都生活在其中。】

有一本关于量子物理的书，却有着哲学的书名——《上帝掷骰子吗》。

如果真的有上帝，上帝掷骰子吗？如果人的意识真的能够左右微观世界，真的能够决定哪只猫的生死，那么众人的意识集合能否左右宏观世界呢？显然是不可以，面对一次次的灾害，我们不得不承认自己的渺小，不得不承认生命的脆弱。生活不玩骰子。在很多看似依靠偶然性发生的事情里，你把这些偶然跟必然相综合，会发现上帝不在掷骰子。

为什么当年微软或 DELL 能给投资者带来高回报，股价却没有一步到位？而当人们无比兴奋地计算亚马逊这样的网络股的点击率，不断推高股价，期望股价一步到位，不再给后来者赢利机会的时候，网络股却崩塌了。当然现在看来，如果一个刚刚开办的网络书店，其总市值超过了全美最大的连锁书店，而前者的营业额连后者的 1/10 都不到，那其股价的崩塌肯定是不可避免的。但问题是除了少数坦言不懂科技或网络而回避这类投资的人，其余的投资者有多少能逃脱网络泡沫的破灭而造成的损失呢？现在看来这是一个很经典的泡沫，与历史上其他类型的泡沫没有两样。但在当时，市场的主流却并没有这么想，因为大多数人没有预知到泡沫的破灭，直到它真的来临。如果谁真能发明时间机器，那他一定可以轻而易举地成为亿万富翁，但这是不可能的。证券市场用最好的薪水，雇佣最聪明的分析师，努力地研究经济、行业或企业，最多也只能看到非常短暂的未来的影子。

投资中一个重要的心理陷阱是过度自信，过度自信的一个主要表现就是认为自己可以把握未来。过度自信者中也包括以资金为后盾操纵股价的庄家。从总体而言，庄家一定是亏损的，只是还没有人统计亏损的总额有多大，但从破产券商和庄家资金链断裂的新闻报道，可以知道这不是一个小的数目。所以投资中的意外是投资本身的一部分，是不可避免的，而不是偶然的事件或投资者水平的问题。所以如果在国内市场，某基金的重仓股出现下跌，其实再正常不过，哪怕这只股票跌得只剩1%，也只是说明这只股票发生了超出基金经理预期的事情。市场用一只股票的下跌来评价整个基金投资的水平是不全面的。因为如果不是因为未来的不可知，人们其实根本就不用分散投资，全额投资收益率最高的那只股票就行了。

20世纪物理学的发现也许与我们的证券市场有某些类似之处。一个欧洲的皇室成员同时也是物理学家叫德布罗意的，他发现电子既是实体的粒子，又是一种波，他把这种现象叫做波粒二相性。另一个物理学家海森伯进一步研究发现了“测不准原理”。他认为，微观世界和我们现存的世界是不一样的，比如电子，你要么可以知道它运动的路径，要么可以探测它出现的地点，但无法两者都知道。这就说明我们如果知道电子在围着原子转，我们就无法知道它到底在什么地方。爱因斯坦对此非常恼火，他说“上帝不玩骰子”，于是开始研究可以解决这个问题的大一统理论。但非常可惜，他没有成功。

说这个故事只是想告诉读者，就像我们必须接受微观世界是概率的世界一样，我们必须接受的一点是，未来永远是不确定的。短期而言，股价相对企业基本面的波动是不确定的，而企业的基本面却是确定的；长期而言，股价反映企业基本面变化的趋势是比较确定的，但企业的基本面却变得不再确定。所以无论时间长短，我们都不可能两者兼得。

◎增加成功的概率

【事件的概率是衡量该事件发生的可能性的量度。虽然在一次随机试验中某个事件的发生是带有偶然性的，但那些可在相同条件下大量重复的随机试验却往往呈现出明显的数量规律。】

概率论是“生活真正的领路人，如果没有对概率的某种估计，那我们就寸步难行，无所作为。”它起源于并不高尚的赌博，但它目前已发展为一个蔚为大观的庞大数学理论。在西方的语言中，“概率”一词是与探求事物的真实性联系在一起的。我们的生活中有其确定性的一面，如像瓜熟蒂落，日出日落，春夏秋冬，暑往寒来，次序井然，有固定规律可循。生活的另一面却充满了各种各样的偶然性，充满了各种各样的机遇，茫茫然而难踪其绪。概率论的目的就在于从偶然性中探求必然性，从无序中探求有序。

早在公元前1500年，埃及人为了忘却饥饿，经常聚集在一起掷骰子，游戏发展到后来，到了公元前1200年，有了立方体的骰子，6个面刻上数字，和现代的赌博工具已经没有了区别。但概率论直到文艺复兴后才出现，第一个有意识地计算赌博胜算的是文艺复兴时期意大利的卡尔达诺，他几乎每天赌博，并且坚信，一个人赌博不是为了钱，那么就没有什么能够弥补在赌博中耗去的时间。他计算了同时掷出两个骰子，出现哪个数字的可能最多，结果发现是“7”。

17世纪，法国贵族德·梅勒在骰子赌博中，有急事必须中途停止。双方各出30个金币的赌资要靠对胜负的预测进行分配，但不知用什么样的比例分配才算合理。于是，德·梅勒写信向当时法国最具声望的数学家帕斯卡请教，帕斯卡又和当时的另一位数学家费马长期通信交流。于是，一个新的数学分支——概率论产生了。概率论从赌博的游戏开始，最终服务于社会的每一个角落。

帕斯卡和费马在1654年针对德·梅勒的挑战而交换的信函，开创了数学历史和概率论历史的一个新纪元。帕斯卡与费马的工作开辟了决策理论的先河，决策理论是在对未来会发生事情不确定的情况下做出决策方案的过程。尽管帕斯卡和费马都为发展概率论立下了汗马功劳，但另一位数学家托马斯·贝叶斯（Thomas Bayes）所做的工作，为将他俩的理论付诸实践奠定了基础。

贝叶斯定理教给我们一种逻辑分析方法，即为什么在众多可能性中只有某一种结果会发生，从概念上讲这是一种简单的步骤。我们首先基于所掌握的证据为每一种结果分配一个概率。当更多的证据出现时，我们对原有的概率进行调整以反映新的信息。贝叶斯定理为我们提供了不断更新原有假设的数学程序，以便产生一个后序信息分布图。换句话说，先验概率与新的信息相结合就产生了后序概率，从而改变了我们相对的概率机遇。每一条新信息都会影响你原来的概率假设，这就是贝叶斯推理。

现在让我们远离赌场，也远离理论，把上述的一切都融入股票市场的现实当中去，其基本的思路是相同的。不管投资者自己是否意识到了，几乎所有的投资决策都是概率的应用。在决定是否购买一个公司的股票之前，需要考虑的问题是：这只股票有多大概率将在未来获得超过市场的回报水平？

对于这个问题的回答，不同的分析流派有着不同的答案。技术分析者看图说话，从股票的历史表现中分析股票的价格走势，并给出概率预测；基本面分析者则尽可能全面地收集公司的资料，用这些基本原则衡量公司的价值，给出基于内在价值的概率预测。也就是说，通过这一步，我们得出结论：这个公司的股票在未来有50%的机会获取超过大盘的收益。但这并不意味着我们必须立刻买入，还需要进行以下的几步工作：

根据新信息对数字进行调整。在判断出公司股票超越市场的概率之后，我们还需要密切注视公司的一举一动，因为公司的内在价值会随着行业、公司内部的变化而变动。例如，公司的管理层是否出现了大的变化？公司的财务决策是否开始改变？有没有改变公司运营竞争环境的事件发生？如有，则概率将发生改变，也要相应地调整公司的内在价值。这也就是所谓的动态跟踪。

决定投资数量。在做了以上的功课之后，我们需要决定下多大的“赌注”。在我们的投资资产中，我们将为这笔投资投入多少？一个基本的原则是：当成功的概率非常高时，加大投入。

等待最佳机会。在判定出公司股票上涨的概率以及决定了买多少之后，最后就是决定什么时候买的问题了。当我们喜爱的公司正在以低于其内在价值出售时（内在价值已在你分析概率的过程中给出定值），这是我们出击的信号。这包括两点：第一，减少交易，正如巴菲特所说的“保险与投资很相似，如果你认为你每天都要投资，那你将会犯很多的错误。”第二，当机会来临时，果断大量买入。

很明显，上述过程将循环反复地进行。当条件改变时，概率也随之改变。有了新的概率就需要新的安全边际，由此你也要调整构成最佳时机的感觉。这个过程需要不断磨炼。

◎机遇与概率的关系

【我们谁都知道抓住了机遇就能成功，而抱着侥幸心理则一定会导致失败，但是有谁认真想过，这种对成功和失败的认识全都是事后的总结，是于事无补时的赞美或叹息。每当事情来临时，一个崭新的问题又会出现，这会是一次机遇吗？】

机遇与概率其实不仅仅是个人水平高低的问题。从习惯性的思维来理解，似乎努力的尽头就是成功，这完全是大错特错的误解。当很多人都在朝同一方向努力时，绝大多数都将成为努力的失败者，只有努力找到努力的不同方向，这种努力才有可能更多地成为机遇，否则就只能进行水平的较量。每个人都巴望着能拥抱机遇，这没有错；错就错在行动者都太关注于自己的努力而忽略了另一个最根本的问题——机遇其实是讲概率的。

如果说成功了就是机遇、失败了就是侥幸，那么这样的认识还是没有进入事物的实质，事物的实质是机遇与侥幸反映的都是在当事者实际控制能力之下的本来面目，机遇和侥幸都是对事态变化的掌控能力，能有办法控制事物发展进程的时候就是机遇，缺少控制能力时则是侥幸。侥幸是一定会失败的，因为事物绝不会朝侥幸者祈祷的方向去发展，事物的发展是由控制力的大小来决定的，所谓侥幸地成功不过只是成功者的谦辞，在谦辞的背后不知要付出多少的努力。

机遇只青睐那些有准备的人，这是一种共识，那么有所准备也就成为机遇的前置条件，但准备什么？何时准备？这才是机遇带给我们的真正问题。几乎所有的舞台艺术家在掌声过后都会异口同声的回答出同一个答案“台上一分钟，台下十年功”，这就清楚地说明了机遇不是在台上的表演，而是在台下的演练。其实我们每个人的一生又何尝不是处于演练之中，这里的区别就在于是持之以恒的演练，还是投机取巧的演练。

有一种人，为了自己的兴趣或是一种信仰，在确定好一个目标后便坚持不懈地朝着这个目标努力，也许十年、数十年，也许终生都在不停地努力，但这并不能保证他一定成功，因为成功还要依赖于相关的种种元素，尤其是那些明星式的目标，留给成功者的位置更是寥若晨星，这就注定了绝大多数的努力是白费心机，众多努力者也只能是失败者。

如何努力是个人的事，是否成功就是这里面所有人的事。另有一种人，把不断捕捉身边的有利因素当成努力的方向，这种努力也不简单，也同样是会有绝大多数努力者最终要成为失败者，这也跟努力者的参与率是画等号的。许多投机取巧的人自以为耍点小聪明，随机应付一下就成功了，这是非常肤浅的认识，只要是存在着失败者的地方，任何的成功都会以失败为代价，成功率刚好等于失败率的反数。

投机取巧虽然带有赌博心理，但真正的赢家却不是靠运气取胜的。也同样会经过私底下的千锤百炼，也是要不断地苦思冥想，从千变万化的事物中找出一些规律性的适用技巧来，也是要随时提防自己的同类并紧盯自己稍纵即逝的目标。上述两种行为都有一个共同点，就是都须艰苦努力，都须紧盯或捕捉自己的目标，都须不断提高对事物的把握能力，水平的高低正好等于机遇的大小。如此说来，机遇只不过是对努力的另类解释罢了，机遇就是全方位的、不间断的、超越同类的有效努力。

侥幸很容易成为失败的根源，那么侥幸的根源又会是什么呢？功课没做足、努力不到位，仓促应考、盲目上阵，这些都是侥幸的外在表现；对事物丧失了控制力才是侥幸的客观理由；而成功概率的限制是侥幸的根源。对此我们可以这样来理解，当两个人争取一个成功率时，侥幸占50%，机遇也占50%。当参与者比例增加五十倍达到一百人时，侥幸就上升到了99%，机遇则只剩下1%。事实上的主动侥幸是不存在的，任何事情只要逼到头上来或是机会出现了，谁都知道该行动时则行动，该出手时便出手，而决定成败的因素不仅仅是自己的努力，甚至主要还不是自己的能动因素，对手水平的高低才是成败的关键。如果你强，对手比你更强，你不会成功；如果你弱，对手比你更弱，你不会失败。

水平的较量可以分为三种形态：其一为弱弱之争，双方水平都不高，较量中都会给对方送去很多的机会，某一方胜出大多数情况是胜在气势上，靠虚张声势便可以把对手吓倒；这时候抓机会比不丢机会更有效。其二为强弱之争，当然这种较量争的不是结果而是过程，弱者在强手面前是根本没有胜利机会的，一旦有个机会被抓住总可以震动一下强敌，杀杀他的威风，给自己涨点士气；弱者只需要在某一阶段、某一方面获胜，就是自己的胜利。其三是强强之争，这种较量技术只在其次，双方比拼的是心理素质，双方都有能力抓住任何一次机会，这时重要的不是如何去抓住机会而是如何才能不给对手留下机会，一次小小的失误就必定会导致满盘皆输。

机遇与侥幸只有在强者之间的较量时才能清楚地表现出来，所谓运气也只能是在双方实力相当时才会出现的。对于有可能被机遇惠顾的人而言，人生所有的机遇都不可能是等来的，所有的机遇都一定会是创造出来的，同样的任何闪失也都不可能是不经意间流露的，也一定是靠苦练都无法弥补的缺憾。

机遇是与人生的诉求紧密结合的，一个人假如只是按照社会公认的价值观念和行为准则来确定自己的人生轨迹，那么就可以把这种人当成是本无成功欲望的庸人，在前途命运这样的大方向上就既不可能存在机遇，也不用担心会被侥幸所误。机遇为什么总是留给那些有准备的人？就是因为这些人比他们的同类竞争者有更高一筹的技能和更为集中而准确的控制力。

如果我们从结果上看，有时一个人的成功仅仅只是在最为关键的时刻，说了最为关键的一句话或是做了最为关键的一件“小”事情，但这一句话恐怕就代表了他一辈子的思考和总结，是他用一生探索出来的；这一件事情可能就包含了他全部的奋斗历程和所有的演练积淀。如果一个人通过终生的努力和毫不松懈的行事态度才达其所愿，这种成功还能算得上是机遇吗？假如非要与机遇挂钩的话，那么成功是必然的，与机遇无关，但何时成功是偶然的，可以与机遇沾上一点边。机遇的真谛就是永远领先于同类竞争者，什么时候落后了什么时候就是侥幸。

从这里我们不难看出，侥幸的实质就在于自己加入了并不十分擅长的竞争队伍之中，并且没有及时察觉到自己的不足和对手的强大，在不能准确分辨的迷雾中遗憾地与侥幸相伴一生。盲目而自作多情的努力几乎与结果无关，失败是必然的。当然，只有那些想成功的人才会存在失败，只有针对那些想抓机遇的人，侥幸才有思考的意义，否则，机遇与侥幸就不过是茶余饭后的谈资而已。

能够最终成为机遇的努力，无非就是去认识历史趋势然后在历史趋势中寻找自己。人是不可能逆历史潮流而成功的，但历史潮流又绝非庸人们可以真正辨识的，当绝大多数人已经醒悟过来并纷纷去追赶一个潮流时，这就已经不再是历史潮流而只能是潮流荡涤后留下来的泡沫。

认识事物的发展趋势是最困难的，如果认识到了这种趋势则只需顺势而为便可以长期行动于机遇的怀抱之中；成功也只是个时间问题。当然，最大的机遇仍不属于身处趋势之中的人，属于那只最早看出方向并率先扇动翅膀的亚马逊“蝴蝶”。

余下来的，要么是人生的看客或看客的人生；要么是侥幸的伴侣或努力中的侥幸。每个人都巴望着能拥抱机遇，这没有错；错就错在行动者都太关注于自己的努力而忽略了另一个最根本的问题——机遇其实是讲概率的。

◎做大多数赚不到钱

【第一个把姑娘说成花的人是天才，第二个夸姑娘长得比花还漂亮的人是聪明人，第三个跟着称赞姑娘美得像花的人是不折不扣的蠢才。】

玩过股票的人都知道，当大伙都在追涨时，你如果跟着追，那么股市中血本无归的失败者中肯定少不了你。格雷厄姆在《聪明投资者》一书中开篇说：“如果总是做显而易见或大家都在做的事，你就赚不到钱。”“对于理性投资，精神态度比技巧更重要。”这两句话是对当代投资出现的一些新现象的精辟的注解：第一句话说明，我们生活在这个充满投机的环境中，是多么幸福的事，如果大家都采用价值投资方法投资股市，那就大家都赚不到钱了。现实情况是，在欧美普遍接受了价值投资理论以后，市场上已很难找到被低估的股票了；第二句话说明，格雷厄姆的投资方法非常简单，但知易行难，即使你掌握了方法技巧，但没修炼成价值投资的精神态度，你一样赚不到钱。

格雷厄姆这套简单的投资方法归纳起来共六个字：品质、估值、操作。具体如下：

一、品质——具备什么品质的股票才值得投资

应该说，格雷厄姆对股票的品质要求不是很高，巴菲特甚至把格雷厄姆式的股票称为"雪茄烟蒂"。总体来说，格雷厄姆对目标股票的品质要求如下：

1. 外部特征要求：总体的思路是"规模优势、行业主导地位与股票的廉价程度成反比"。格雷厄姆提出了以下可供选择的股票，但需大家自己揣摸：一是规模方面占有压倒性优势、行业内主导地位的龙头股；二是前景明朗、成长把握大的成长股；三是行业排名靠前比较廉价的重要股；四是非常廉价的其他股。

2. 财务安全要求：主要指标至少有两个：资产负债率在50%以下；速动比率在1以上。尤其是后者，格雷厄姆认为，财务的安全性主要由支付能力决定。同时，格雷厄姆对资产的确定性考察非常重视，他认为，工商界购买企业跟金融界购买股票对资产认识的分歧，是股市风险的主要来源。所以，只有保证资产是真实可靠并能客观计算的，才能得出财务是否安全的结论。

3. 管理层要求：格雷厄姆对管理层的要求来自于一个商业原理，即允许其他人用你的钱的条件是：你能理解和非常谨慎地控制他的行动，或者你能异常坚定无保留地相信他的能力。

根据这个原理，股东关注的关于管理层的两个根本性问题是：外部股东的利益是否得到合适的认可；管理层是否有效率。简单来说就是诚信和能力。

管理层的诚信如何评价，格雷厄姆没有明白叙述，但大概可从三方面来看：一是看红利分配的持续性；二是看信息公开的真实性和及时性；三是看过去有无劣迹。

对管理层的能力格雷厄姆倒是提出了三条明确标准：一是在经济繁荣时期，有没有连续几年给股东以满意的回报；二是销售的边际利润能否达到整个行业的边际利润；三是每股收益的增长能否达到整个行业的增长水平。要注意的是边际利润的概念。

二、估值——对好品质的股票进行精益求精的估值

安全边际理论，这是格雷厄姆投资的核心理论，其实也是价值投资的核心理论。虽然估值的方法各不相同，但目的只有一个：寻找安全边际。

格雷厄姆的估值方法如下：

1. 保证数据的可靠性。为此，从正常经营结果中分离出非正常发生的利润和亏损是非常重要的，非正常项目主要有以下几种：（1）固定资产出售；（2）证券出售；（3）到期资本发生的折价或溢价；（4）人寿保险政策的收入；（5）退税及其利息（或相反）；（6）诉讼成功或失败；（7）库存资产账面价值的暂时减少；（8）应收账款账面价值的暂时减少；（9）持续的非经营性财产成本。

2. 用市盈率来估算企业的价值。这个市盈率跟股票行情表的那个市盈率不同的地方是：A. 股票的收益是未来 7 年的平均收益，不是过去的，更不是现在的。但是其预测基础是过去的真实数据；B. 中立市盈率为 12，最大值为 20，最小值为 8。

3. 用资产对估值进行调整。A. 当资产总额（扣除无形资产）少于估值时，对超过 2 倍的量减少 1/4；B. 当净流动资产（流动资产净额扣除流动负债）高于估值时，将估值调高 50%。

4. 安全边际设定为 33%。即最后估算价值低于市价 1/3 时是安全的。泡沫边际（负安全边际）自行设定。

格雷厄姆对股票估值特别提请注意以下一些事项：

1. 定量分析必须辅以定性的考虑。只有在得到对企业的定性调查结果的支持的前提下，量化的指标才是有用的。

2. 当期收益不应成为评估的主要根据，相反会成为理性投资者利用的机会。

3. 平均收益与收益趋势：趋势可能靠不住，趋势缺乏计算尺度。不要相信有利的趋势将一往无前，也不要认定坏的趋势无可救药，态度谨慎的分析和调查是必须的。

4. 赤字是一个定性而不是定量因素。如果一个平均值包含若干个赤字年，则其指示性值得怀疑。对萧条年份和繁荣年份分段考察，会是有益的补充。

5. 直觉不能成为分析家的一种常规武器。对未来的分析应言之有理，不能凭空猜测。

6. 巨额利润往往只是昙花一现。竞争和工艺的变化是时刻存在的威胁。

7. 每一个决定收入的因素都必须得到深入的考察，以发现未来可能发生变化的迹象。

三、操作——以良好的心态遵守操作纪律

对真正的价值投资者来说，大道至简，“便宜时买，贵的时候卖”，这就是全部的操作手法了。事实上，格雷厄姆也没有提出完整的操作手法，笔者根据书中的相关内容总结了以下几条，但在实践中可能还得回归到那句话：运用之妙，存乎一心。

1. 充分了解投资对象。“了解证券的价值要像了解你制造或经营的商品一样”。舍弃财务安全而取收益得不偿失。只要股票本身品质不良，即使价格值得投资也不应该给予考虑。

2. 购入股票时坚定地执行“安全边际”原则。只有根据可靠的计算表明公司很有可能产生相当好的收益的时候，才采取行动。远离很少收益和很大损失的冒险。要以萧条期作为考察公司的基础，这意味着须将正常时期的安全边际进一步提高。“负安全边际”也可用在卖出的决定中。

3. 投资应被视为一种组合性操作，风险分散措施是获得令人满意的平均结果的保证。这条现在遭到很多责难，但本人认为，它跟巴菲特的相对集中投资并不矛盾。而且对我们这些经验和水平都无法跟巴菲特相提并论的个人投资者，这条更不能轻易丢掉。

4. 利用你的知识、经验和勇气。如果你已经从事实中得出一个结论，并且你知道你的判断是正确的，那就按照它行动，即使其他人有怀疑或不同意见。

现在已经有人公开宣称，巴菲特已经过时了（点击查看：一个华人投资狂的独白：巴菲特已经过时了），格雷厄姆更是老朽了。如今系统研究格雷厄姆投资方法的人真的不多，这不由得让我们心中窃喜，回到本文开头的那句话：如果总在做显而易见的或大家都在做的事，你就赚不到钱。

◎做好应变的心理准备

【未来是不可预测的，一个人也不可能时时走好运，所以我们要有一种危机意识，在心理及实际行动上都要有所准备，以应付突如其来的变化。】

最好的准备，是要努力争取每一次机会，做有准备的人，因为“上天只偏爱有准备的人”；做最坏的打算，是要平常心对待争取来的机会，把成功看成意外的收获，即使结果是令人沮丧的，也不要因此丧失对原来生活的信心。

成功可以分为三种：一是金钱上的成功；二是权势上的成功；第三是人格的成功。前面二者皆是虚幻的，有些管理者很有自信，认为能赚大钱都是凭自己的能力及努力得到的。其实能够赚钱，有 2/3 是靠大环境的，3/1 才是靠自己，钱就像水一样，如果不下雨，会有水吗？权势更是虚幻，有人前一天还是院长、部长，睡一觉起来就不是了，像是一场泡影；一生工于计算，但却从来没有算到自己的遗遇。

因此人格的成长才是个人真正的资产，个人的存在对社会有贡献，对世界有好的影响，才是一个人的成功。一般人都汲汲以求于前面二者，很少去重视第三者。如果一般人开始重视第三者，对于一时的起落、得失都不会放在心上。

经济的变化就如季节的变化，自有一定的调整规律。现在的问题，在于每个人想要过更好的物质生活，一个人开习惯了宾士、凯迪拉克，要他回去骑自行车，是宁愿死也不愿意的。其实，应该想一想的是，从骑自行车到开轿车，最后开名车，这期间只有十几二十年的时间，以前可以那样过活，现在为何不可以？

从贫贱到富贵，人心是最感到快乐的，但是从富贵降到贫贱，人心就往往无法适应。红楼梦描述了富贵世家家道中落的过程，书中的人物无比痛苦。现实中的人更是这样。然而“花无百日红”，天天晴天，草木都要枯死，经济的变化就如季节的变化，自有一定的调整规律，人们应该学会调整自己面对它。经济不好，就节省一点，节制一点物质的欲望，现在很多人的痛苦就是想要的太多，而实际需要的并不多。

现在很多人对未来惶惑不安，博弈论专家认为，把握当下很重要，再怎么担忧未来也没有用，最重要的是脚踏实地。人们应该肯定、接受事实。什么是事实？无常、变化就是事实，不仅环境的变化是无常的，就连我们自身也是无常的，例如健康；面对、接受无常，就能对内外的变化有所准备。

因此，面对生活“要有最好的准备，最坏的打算”，无常是生命的变数，无法加以控制，只有做好心理准备才能在心理上有较好的适应，接受任何的打击。所以，面对变局，首先就是不要自乱阵脚，坚持走自己应走的路。收入少一点就少花一点，房子换小一点，车子不要开了，调整一下就能适应，只要观念稍微调整一下，日子一样可以过下去。

◎选择是理性的取舍

【人们往往为失去的东西扼腕叹息，以致浪费了大好年华和机会，促使自己的事业急转直下。失去的永远是失去的，我们要做的就是放下对过去的回忆和依恋，面对现实，勇于创新，把握现在。】

“超负荷的工作量，工作中的不愉快等时时侵扰着我，已经很久没有开怀大笑了。”不少上班族常常发出这样的感叹。职场竞争越来越激烈，然而，一个人的精力毕竟是有限的，对工作过度投入，就意味着对生活无暇顾及。无论生活还是购物，人必须学会选择和舍弃。

一项民意调查结果显示，家庭月收入在5000元～7000元之间的中等收入阶层，对“幸福生活”的感觉最为强烈。这些人衣食无忧，生活稳定，没有更高奢求，最能体现生活的幸福。但是随着收入的升高，幸福感却有所降低。由此看来，并非收入越高，生活越幸福，这就是为什么有那么多成功人士并没感到幸福的原因。真正的幸福来源于内心。

要达到工作与生活的平衡，最重要的是确定自己的生活重心，也就是你的人生目标，只要不偏离这个重心，你内心就会保持平衡。

杂技演员走钢丝手中的长竿就是维持平衡的工具，只要感到不平衡了，他就会马上将长竿向另一头倾斜。在生活中也应如此，当你感觉到不平衡，就必须学会断然舍弃一头。许多人做不到平衡的原因，不是没有意识到需要调整，而是因为他难以决断“舍”和“得”。想象一下，杂技演员在不平衡时想的是什么？重心。只有一根长竿，这边长了，那边肯定短，为了重心的需要，必须暂时舍弃一头。必须打消“鱼与熊掌兼得”的念头，你的精力和时间有限，没有“舍”，便没有“得”。

鱼与熊掌不可兼得，你必须学会选择，懂得放弃。无论是在工作中还是生活中，在你做一个决定时，你常常会面临两个或多个选项，这就要求你善于分析比较，作出明智的选择，放弃那些弱势选项。如果一个人不懂选择和放弃的智慧，面对人生的多个选项犹豫不决，迟迟难下结论，最终必然会错过成功的机会。

选择是要一个人集中精力朝着一个方向努力，因为无论在哪个阶段，人生都会有许多方向，如果总是不能确定选择哪个方向，结果可想而知。生活中，你有权选择快乐，也有权选择痛苦；你有权选择幸福，也有权选择不幸；你有权选择希望，也有权选择失望；你有权选择成功，也有权选择失败……只有学会了选择，你才能拥有美满的人生，获得成功的事业。

但是，生活中仅仅学会选择还是远远不够的，你还要懂得放弃。懂得放弃，你才能领会选择的重要性；懂得放弃，你才能坦然面对生活；懂得放弃，你才能以微笑面对得失；懂得放弃，你才能得到更多……放弃是另一种美。有所得必有所失，有所失必有所得，该放弃时就放弃。

选择是人生成功路上的指南针，学会如何运用它，你才不会迷失方向。放弃是智者对生活正确的选择，懂得怎样运用它，你才能更快地到达目的地。总之，选择与放弃对于人生，就如同水对于鱼，月亮对于黑夜一样重要。

选择是理性的取舍，是有所为有所不为，正确选择了，才能正确做事，选择好了，才不会多走弯路或误入歧途；放弃是另一种更广阔的拥有，放弃是为了更好的选择，敢于放弃者精明，乐于放弃者聪明，善于放弃者高明。人一生中，需要作出太多选择，无论是在爱情、婚姻上，还是在工作、事业上，不同的选择导致命运的迥异。错误的选择会让人走尽弯路，辛苦一生却一无所获，或走入歧途，酿成人生悲剧；量力而行，睿智选择，才会让人一帆风顺，成就完美人生。同样，人一生中需要放弃的太多，放弃不能承受之重，放弃心灵桎梏，该放弃时就要放弃，放弃是一种超越，一种生存智慧。不懂放弃常使人背负沉重压力，长期被痛苦困扰；懂得放弃让你避免许多挫折，生活更顺利。

第十二章　掌控商机的博弈应用

◎掌握报价技巧

【报价很有技巧，报价太高，会吓跑客户，报价太低，客户一看就知道你不是行家老手，不敢冒险与你做生意。对老客户报价也不容易：他会自恃其实力而将价压得厉害，以至在你受到他的盘问时，不知该如何报价。】

有经验的经销商会在报价前进行充分的准备，在报价中选择适当的价格术语，利用合同里的付款方式、交货期、装运条款、保险条款等要件与买家讨价还价，也可以凭借自己的综合优势，在报价中掌握主动。

报价前充分准备。首先，认真分析客户的购买意愿，了解他们的真正需求，才能拟出一份有的放矢的好报价单。有些客户将价格低作为最重要的因素，一开始就报给他接近你的底线的价格，那么赢得订单的可能性就大。

其次，做好市场跟踪调研，清楚市场的最新动态。由于市场信息透明度高，市场价格变化更加迅速，因此，经销商必须依据最新的行情报出价格——“随行就市”，买卖才有成交的可能。

所以业务人员要经常去工厂搜集货源，对当地的一些厂家的卖价要很清楚。同时，作为长期经营专一品种的专业公司，由于长时间在业内经营拓展，不但了解这个行业的发展和价格变化历史，而且能对近期的走势做出合理分析和预测。

选择合适的价格术语。在一份报价中，价格术语是核心部分之一。因为采用哪一种价格术语实际上就决定了买卖双方的责权、利润的划分，所以，经销商在拟就一份报价前，除要尽量满足客户的要求外，自己也要充分了解各种价格术语的真正内涵并认真选择，然后根据已选择的价格术语进行报价。

一个精明的经销商，不但要能够把握自己所出售货物的品质、数量，而且应该把握货物运抵目的地及货款收取过程中的每一个环节。对于货物的装载、运输、货物的风险控制都应该尽量取得一定的控制权，这样贸易的盈利才有保障。

利用合同其他要件。合同其他要件主要包括：付款方式、交货期限、装运条款、保险条款等。在影响成交的因素中，价格只是其中之一，如果能结合其他要件和客户商谈，价格的灵活性就要大一些。例如，对于某些国家的客户，有时候你给他 30 天或 60 天远期付款的信用证的条件，或许对他具有很大的吸引力。

同时，还可以根据销售的地域特点、买家实力和性格特点、商品特点来调整报价。有的客户特别在意价格的高低，订单会下给报价最便宜的卖家，那么报价时就直接报给他你所能提供的最低价格。有的客户习惯于讨价还价，你所报出的价格，他如果没有砍一点下来就不太甘心，那么，第一次报价时可以预留出他希望砍掉的幅度。

而如果一种产品在一段时间里行情低迷，为了抢下订单，就不妨直接报出你的最低价。对于服装等季节性很强的商品，在你的报价中给客户承诺快速而又准时的交货期无疑可以让客户重视你的报价单。

根据销售淡、旺季之分，或者订单大小也可以调整自己的报价策略。从事玻璃制品出口的某女士介绍，他们出口的产品品种规格多，所以对不同的国别、地区市场都定有比较统一的价格，回复外商查询时比较好处理，但也根据不同的季节做一些调整。面对比较分散的订单，他们的报价往往在保证公司赢利的基础上，再予以灵活掌握。

以综合实力取胜。对于自己的综合实力有信心，也就用不着一味地以低价来取悦客户了。有经销商说：“报价要尽量专业一点，在报价以前或报价中设法提一些专业性的问题，显示自己对产品或行业很熟悉、很内行。所以，报价前，一方面要考虑客户的信誉，另一方面对自己的产品和质量要有信心。”在与新客户打交道时，让客户了解清楚自己的情况很重要，比如请他们去看工厂，让他们了解自己的运作程序，这样客户下单时就容易下决心得多。

同时，从你的报价，非常了解和熟悉该行业的外商能够觉察到，你是否也是该行业中的老手，并判断你的可信度，过低的价格反而让客户觉得你不可信，不专业。有经销商介绍说:”如果市场行情是每平方米 1 万元左右，你给客户报每平方米 1.5 万元，就显示出你是一个地道的外行或新手，客户对类似的报价肯定是不感兴趣，哪还敢给你下单。”所以看你报什么价就知道你是不是行家。

最后，在对新客户报价前，一定要尽量让他了解你的公司实力和业务运作模式。只有对你和你公司具有充分的信心时，客户才有可能考虑你的交易条件，这一点很多没有经验的出口商常常忽略。经销商认为，虽然目前很多外商到处比价询盘，但良好的公司的形象和口碑能够帮助你吸引和留住客户。可以说，良好的公司形象就是招徕客户的金字招牌。

◎品牌博弈是面镜子

【品牌博弈是一种研究对手行为，并相互作用和保持均衡状态的方法。将博弈的观念引入品牌运营中，可以清楚地看清对手在营销环境中的各个环节，可以有效避免竞争策略的偏离，避免市场竞争中盲目跟风带来的内耗；认清品牌真正的博弈对手，建立一种全新的互惠型竞争模式，让博弈双方共享成功的果实。】

2004年年底，当伊利集团高层出事后，蒙牛集团老总牛根生直言："我们不希望伊利有问题，因为草原乳业是一块牌子，蒙牛、伊利各占一半……我想说的是，蒙牛和伊利的目标是共同把草原乳业做大，因此蒙牛和伊利，是休戚相关的。"

从一定意义上说，伊利和蒙牛既是市场上的对手，又是发展中的伙伴。这种竞争与合作关系是良性的。两家企业实力相当，并没有一家能吞掉另一家。而在竞争中，它们都在发展壮大，并在中国奶业市场占据显赫市场份额。

同类别的成功品牌一般都有一个优秀的竞争对手存在，彼此间在战略战术上均针锋相对，在品牌博弈过程中不断完善自己、超越自己。博弈者是一种互相依存的关系，真正的博弈双方清楚地明白彼此间处于一种什么状态，这就是品牌博弈所追求的均衡状态——竞合。

品牌博弈的例子在许多行业都有很多，可口可乐与百事可乐、麦当劳与肯德基便是典型的例子，它们在品牌的博弈中双方共同成长、不断完善，把一些跟进者远远地甩在后面，就其品牌博弈双方的特质及博弈过程，有许多地方值得我们思考和总结。

品牌博弈的过程并不是一味追求雷同和寻找绝对的差异，而是要在同质与差异之间寻找一个完美的结合点，使对弈的品牌在消费者的心灵层面有所区分。品牌的产品基本层面若属雷同无可厚非，但品牌感召力必须要有所区分，这样品牌的个性才能够凸现出来，从而影响消费者面对不同品牌时的购买决策。

以可口可乐与百事可乐为例，从产品面我们可以清楚地看到，他们之间的每一个产品线都是针锋相对，从可口可乐对百事可乐到芬达对美年达，无论从产品的口味、包装风格都十分类似，虽然可口可乐一再向消费者强调1%神秘配方，但真正影响消费者购买行为、潜移默化地让消费者区分这两个品牌的是，彼此间在消费者定义和品牌定义上存在着一定的差异。

从顺序上讲，是先有品牌定义，再完善品牌核心价值（品牌个性、品牌主张）及诉求，从而顺势有了该品牌的消费者定义。品牌定义是一个设计的过程，而消费者定义是设计的结果，这样的因果关系，造就了可口可乐与百事可乐在品牌定义和消费者定义上有所区别。接下来，我们从这两个品牌的基本诉求层面，诠释他们的差异。

可口可乐一贯坚持的基础诉求是“可口如一”，而百事可乐则用“渴望无限”。从字面上理解，我们就能发现它们在表达内涵上各不相同。先说“可口如一”，透过这四个字，我们可以感觉到一种“经典和永恒”的品牌特性；而“渴望无限”则代表一种“超年轻”的心理状态，表达的是“激情和期盼”的品牌主张。这两种不同的品牌内涵诉说的是两种截然不同的生活状态，无形中便影响了消费者的购买决策。再看形象代言人的选择，喜欢张柏芝和F4的人，相信在年龄上至少相差5岁，这一切无不证明可口可乐与百事可乐在品牌定义和消费者定义上有所差异。

谈到品牌之间的竞争形式，大多聚焦到产品和价格两个基本面，但在“两乐”之间的品牌博弈，无形中是淡化这两个基本面的，他们争夺的是通过品牌诉求的不同，带来消费者心理感受的差异和消费者主体群落的差别，其真正影响的是消费者心灵层面的东西。

当然，不可否认的是可口可乐是领导者，百事可乐是跟随者。作为百事可乐而言，跟随者总要付出更多的努力，百事可乐知道可口可乐的直销加深度分销的模式就是自己要沿袭和依照的模式，所以业内经常有耳闻百事可乐不惜双倍的价钱去争一个现调点或是C/D店，百事可乐清楚地认识到，只有基础的工作做得比可口可乐更出色，才不会落后。

有人问起百事可乐成功秘诀，得到的回答是：我们找到了一个优秀对手，这就是可口可乐！以可口可乐为镜，百事可乐成长迅速，他们的策略是：“永远比可口可乐在容量上多一点，永远陈列在可口可乐的旁边并努力比它多一些陈列空间，永远比可口可乐低5分钱……”

依照以上的实例，可以总结出品牌博弈基础是建立在博弈双方的基本共性（产品层面和品牌类别的共性和行业区位），而对于品牌定义和消费者定义上有所区分，最终让消费者从透过心灵层面，来感受品牌和区分差异。作为一个市场竞争的参与者，品牌博弈是一面最好的镜子，能够让博弈双方有足够的清醒去面对对手，无论是对于品牌力的塑造，还是产品力的提升都是一个完善和弥补。

◎如何争取项目

【做大做强并不是一句空洞的口号，而需要忍耐常人所不能忍的苦难，付出超出常人的努力和汗水，才可能实现飞跃。蛋糕也好，利益也罢，请永远记住，守护自己应得的，并为更好地去奋斗。】

很多项目，尤其是建筑工程的项目，都是采用公开投标的方式来寻找合适的公司。随着我国政府办公公开化、透明化进程的不断加快，政府项目公开招投标方式的应用也会越来越广泛。

在招投标中，最常见的是片面的、无标底的“最低价中标”。项目招投标可以通过竞争性的公开一次性报价，选择报价最低者中标，以达到降低投资的目的。

这种方法有很大的优点。有这样一个称为“旅行者困境”的故事就说明其优点所在。

话说有两个旅行者 A 和 B 从一个以出产瓷器的著名旅游胜地回来时，他们各买了一个瓷花瓶。提取行李时，发现花瓶被碰破了。他们向航空公司索赔。

航空公司估计花瓶的价格在 80 ~ 90 元左右，但不知道这两位旅客购买的准确价格。航空公司要求两位旅客在 100 元以内自己写下花瓶价格。若两人写的相同，说明他们说了真话，就照他们写的数额赔偿；如果两人写得不一样，那就认定写得低的旅客讲的是真话，按这个低的价格赔偿，但是对讲真话的旅客奖励2元钱，对讲假话的旅客罚款2元。

如果两人都写100元，他们都会获得100元。但是，假定B写100元，A改写99元，则他会获得101元。B又想，若A写99元，他自己写98元，比写100元好，因为这样他获100元，而写100元当A写99元时自己却只获97元。而假定B写98元，A又会写97元……这样，最后落得两个人只写1元的境地。

然而，这种博弈只是一种理想假设的状况，实际的企业招投标往往都有一个成本底线。

比如现在有一个政府项目，是公开招标选择网络公司建立政府网，某公司是投标者之一。对于这个公司来说，根据过去的经验能够预算出接手这个项目的真实成本是100万人民币，然而这个公司并不了解其他竞争对手的真实成本。

该公司根据市场行情推断，其他公司的真实成本在50万~150万元之间。从概率的角度去看，在50万~150万之间的任何一个价格都有可能是最终的胜利者。我们简化这个问题，假设每个公司的成本只能是50万~60万、60万~70万……120万~130万、130万~140万、140万~150万这样的整数，总共有10种可能，因此最终获得胜利的公司落在这10种价格区间中的任何一个的概率是1/10。

如果这个公司报价90万，很显然，公司即使胜出，仍然要亏本10万元，看来100万的报价是底线，低于这个价格的报价对于该公司毫无意义。当然这只是这一机制的理想状况。实际当中，如果价格低于成本，破坏了市场均衡，毫无疑问会影响项目质量，不但损害中标者利益，最终还会损害招标政府自身利益。

自然从理论上说，该公司投标报价一定要高于100万元，不妨假设报价120万，根据这10种价格的概率，其他公司报价低于120万，该公司惜败的概率是3/5，即使开价100万，该公司不能中标的概率也有2/5。当然开价120万胜出时可以赚取20万利润，而开价100万时即使胜出也仅仅是能够弥补成本而已。

由此可见，开出一个较高的价码是该公司的优势策略。每一个投标公司都这么考虑的话，所有公司的报价都会高于实际成本，结果就是所有的开价都被人为抬高。

怎样才能让公司投标报价接近于真实成本呢？

问题的关键在于采用某种激励机制来驱动投标者不说谎。如有这样一种激励方式，就是将合同判给开价最低者，但是却让他付开价第二低者的价格。

这个时候该公司如果开出的还是120万的报价并且是第二低的价码，而另一家公司开出的价格比这个公司要低，比如是低于该公司成本价的90万元，该公司最终的价格120万反而成了这个胜出公司的最终项目价码。在这种招投标方式下，任何一个公司的优势策略就是开出一个接近其真实项目成本的价格。

按照博弈论的观点，具体分析招投标行为我们还可以发现：就像博弈的参加者独立决策、独立承担后果那样，投标各方也如同分别隔离审问，不准串供，他们相当于处在“两难困境”中的“囚徒”，各家只能依据自身实力、期望利润和所掌握的市场信息，自主报价，独自承担风险。

不难看出，机制设计的关键是如何让每个公司的报价有利于集体选择，并最终达到“纳什均衡”。这里其实靠的是两个制度安排：

（1）阻止公司之间的合作。

（2）制订了一套“坦白从宽，抗拒从严”的赏罚规则。

由此可见，在招投标的机制设计中，通过博弈竞争使中标价接近成本价，达到均衡合理，为招标人节约投资，提高经济效益。通过优胜劣汰，使市场竞争力低下的投标人无力参与竞争而退出市场，让有实力的投标人脱颖而出，使资源达到均衡配置，市场秩序得以规范。

◎运用知己知彼的谋略

【《孙子兵法》曰：知己知彼，百战不殆。事实上，中外众多功成名就的企业家和众多长盛不倒的企业，都是极为善于运用这一谋略的典范。】

商场如战场，在没有硝烟的商战中，面对激烈的竞争，谁主沉浮？企业如何才能在优胜劣汰的行业中如鱼得水呢？首要的一点，就是要“知己知彼”。当你涉足某一行业的时候，首先应当事先调查同行的情况，了解这一行业的现状及发展前景，这是日后掌握时机取得成功的关键之一。了解同行，就可以得到市场上各种信息，熟悉同行的盈亏，正确地把脉市场，看到自己经营的前途如何。

何谓“彼”？何为“己”呢？从商业经营管理的角度来说，所谓“己”，主要是指经营者自身所属的各种因素，这些因素是全方位的，它涵盖了经营管理者自身的每一环节。所谓“彼”，从广义的角度来说，所有的外在条件都属于“彼”的范畴。而从狭义的角度来说，“彼”又可以特指经营管理的对象——即已有的客户和目标消费者。

对于每一位有志于从事商业经营活动或者正在从商业经营活动的人来说，首先应当明白这一点：消费者就是我们的衣食父母、是上帝，应当细致深入地去分析研究、透彻了解、准确把握他们的各种情况，真正做到知己知彼，全盘把握，心中有数。

那么，应当怎样才能有效地实施知己知彼的策略呢？

具体运作的办法有许多。不同的商家有不同的运作手法。其中最为常用的、最为需要、最为有效的方法之一，便是认真细致地做好市场调研工作，掌握消费者的第一手资料，把它作为经营决策的依据。

国外许多有名的大公司在这方面做得非常到位，很值得我们好好借鉴。

美国《华尔街日报》有一篇文章这样写道：

“没有别人比妈妈更了解你，可是，她知道你有几条短裤吗？”

“妈妈知道你往杯里水中放了多少块冰块吗？”

为了在经营管理上真正做到“知己知彼”，国外的某些公司对消费者有关情况的了解，竟然超过了母亲对儿女的了解。而且，有的甚至是连消费者本人都不甚知道或者从来没有了解过的东西或事情，他们却了解得一清二楚，甚至毫厘不差！

例如：可口可乐公司经过深入细致的调查后发现，人们在每杯水中平均放3.2块冰块，每人平均每年看到该公司的69条广告。

又例如，麦当劳公司通过市场调查，准确地知道，在某个国家，每人每年平均吃掉156个汉堡包，95个热狗。

而汉宝公司更是妙绝，它曾经秘密地调查过，消费者在使用卫生纸时是叠起来用是还折起来用，连各自的比例是多少都有记录。

在美国，有73%的企业都有非常正规的市场调研部门，专门负责对产品的调查、预测和咨询工作，并且在每一个产品进入新市场时都进行专门的市场调查，及时了解消费者的使用情况。

很显然，深入细致的市场调查是“知己知彼”的重要手段，是作出正确的经营决策的主要依据。

某日，一位衣冠楚楚的外国人小心翼翼地敲开了北京市朝阳区一家普通居民的大门。在主人的热情引导下，客人进屋后不仅仔细地观察了这套居室的布局和厨房、卫生间的结构，而且认真仔细地了解家中各种家电的品牌、功能，还向主人询问了有关购买和使用这些家电具体的情况。看来，这位客人对所有家电都十分感兴趣。主人十分惊讶，一问才知道，原来这位客人竟然是瑞典伊莱克斯公司的首席执行总裁！

跨国公司的执行总裁竟然亲自深入普通老百姓家搞市场调查，在我们许多人看来也许是不可思议的事情，但是，外企却把这看做是一种必需的工作程序。由此可见他们对“知彼”的重视程度。

除了要对对手有所了解外，企业还必须认清时局，反观自己，需要对自己和对方都要能够看得清，认得准，知己知彼，才能百战不殆，才能胜出全局。

香港电灯是香港第二大电力集团，1890年12月1日开始向港岛供电，一直是香港的主要电力供应商。随着第二次世界大战后九龙新界人口激增，工厂林立，它后来居上，赚得盘盈钵满，还筹划向广东供电。

经济的发展使电力的需求旺盛，所以香港电灯公司的收入非常稳定，加上香港政府准备实行“鼓励用电”的制度，用电量越多就会越便宜。所以香港电灯公司的供电量将会有大幅的增长，赢利自是水涨船高。

香港电灯是拥有专利权的企业，不可能会有第二家电力企业在香港与其竞争。可以说，在香港电力市场上，香港电灯处于垄断的地位，能够确保赢利的稳定。这正是李嘉诚青睐香港电灯的主要原因。香港电灯的诸多优势，使众多商家垂涎欲滴，跃跃欲试。除了李嘉诚的长江实业外，英资的怡和实业以及佳宁等实资力雄厚的大集团，对这块肥肉都有觊觎之意，且已经开始采取行动。虽然李嘉诚对于香港电灯渴望已久，但是面对强敌，他丝毫不为所动，坚持以退为进，避免正面交锋的策略。他是在静观其势，寻找机会。

1982年4月，市面有了置地公司即将着手收购香港电灯的风声。人们都以为长江实业（集团）有限公司、佳宁集团也会参与竞购，所以香港电灯、置地、长江实业（集团）有限公司、佳宁集团的股票都被炒得很高。1982年4月，置地公司准备收购香港电灯的消息，在市面上已经成了公开的秘密。4月26日，正值周一，香港股市一开市，置地公司便以锐不可当之势，一举收购了香港电灯2.22亿股股份。按照收购及合并委员会规定，超过35%的临界点就必须全面收购，持股量要过50%才算收购成功。所以为避免触发全面收购，置地将增购的股份控制在35%以下。置地重拳出击，最后以高出市价31%的条件，顺利完成了对香港电灯的收购。长江实业（集团）有限公司与佳宁欲竞购香港电灯的传闻迅即化为乌有。佳宁集团此时也面临着危机，而长江实业（集团）有限公司并不急于出手，故意让置地的收购如愿以偿。置地在香港的急速扩张，使它的现金资源很快消耗殆尽，无奈之下，它开始向银行大举贷款，负债额高达160亿港元。

李嘉诚之所以暂时不采取行动，正是经过仔细分析和深思熟虑之后的结果，他认为置地此时的收购行动，志在必得，士气正旺，如果与之碰硬，置地必会竭尽全力而战。以自己目前的实力，取胜的可能性尚小，只能等待时机。所以最终，在置地筋疲力尽无计可施之时，李嘉诚终于一举扭转局面，变小为大。

◎不要低估你的对手

【企业和个人永远处于竞争之中，没有永远的优势，也没有永远的模仿。在我们身后的选手总是能比我们当初的成长要快得多，请不要低估你的对手，模仿者一样可以超过发明者，后来居上几乎是完全可能的事情，只要你稍一松劲，就会被人超越。】

阿迪达斯的经营策略一直被奉为业界的金科玉律，但是这种资源和能力很容易被别人很快学会和建立起来，并不存在什么壁垒。当然，即使很多公司都模仿这种策略进行操作，阿迪达斯仍然是当时最优秀的，也许正是这一点使得阿迪达斯过分自信无人能够超过它，而固守原地不肯创新，给模仿者超过自己创造了机会。

耐克之所以能够比其他公司略胜一筹，就在于它善于发现机会，抓住不放，发起攻势。耐克的成功与其说是阿迪达斯的失误，不如说是后者的骄傲。在与日本虎牌合作积累了一定的启动资本以后，当运动鞋市场需求大幅度增长时，耐克充分研究了消费者人口因素、心理因素等，于是不失时机地迅速进入；在阿迪达斯尚未醒悟时，耐克迅速扩张，一点点蚕食掉原本属于阿迪达斯的市场份额，成为制鞋业的一匹黑马。

阿迪达斯的失利具有一定的普遍性，与一些处于行业领导地位的大公司一样，表现得自负、自满、反应迟钝、故步自封，与其说他是被别人打败，不如说是他自己打败自己。企业之间的竞争有着太多的未知数，伴随着环境的变化和竞争的加剧，没有永远的优势，也没有永远的第一。事物总是发展变化的，一个企业必须随时监视和扫描内外部环境的振荡变化，分析机会与威胁的存在方式和影响程度，那些只知固守过去的成功经验、缺乏与时俱进战略思想的企业，最终必将被历史所抛弃。

为此，企业必须实施增长型战略，以多样化促进规模经济的实现。一方面要着重同心多样化，发展各类运动用品以至于运动器材的相关产业，充分利用现有品牌产生巨大的协同效应；另一方面加强水平一体化进程，通过购并其他制鞋行业来减少竞争对手，实现规模扩张，提高市场份额，创造良好的企业环境，促进企业实现更高程度的规模经济和迅速发展。同时要研究国际化经营策略，必要时可以实施战略联盟，通过合资合作等方式联合其他竞争者，共同对付行业的领跑者。

竞争永无止境，没有永远的优势，也没有永远的模仿。我们正处在一个充满变数的时代，任何新机遇的错失都可能是致命的打击；身后的选手总是能比我们当初的成长要快得多，请不要低估你的对手，模仿者一样可以超过发明者，后来居上几乎是完全可能的事情，只要你稍一松劲就会被人超越。海尔的张瑞敏讲“对于如何把大公司由大变小很头痛”，说的就是公司做大以后很难再具备创业初期的朝气、灵活和敏锐，如果不能时刻警惕、与时俱进，就不能逃脱失败的命运。

第十三章　投资理财的博弈应用

◎投资是复杂的系统决策

【投资其实与博弈类游戏有着相同的基本规则，那就是，尽管未来存在着很多的不确定性，但你在出牌前仍然需要制订一个基于概率最优的作战计划，在没有明确信息的前提下，严格执行这个计划就是最优的策略。】

玩过桥牌的人都感觉它是一种非常有意思的娱乐方式，虽然是游戏，但是集心理学、推理、合作和技巧等理论和方法于一体。对于这种高竞技的智力游戏，投资者都有着非常的热情。玩桥牌的过程似乎也是一个思维锻炼的过程，因为投资在投资者那里，也是一场博弈游戏：尽管未来存在着很多的不确定性，但你可以制订一个基于概率最优的作战计划，在没得到明确信息之前，严格执行此计划就是最优策略。

当然，严格执行计划并不是要墨守成规，因为接收信息是个动态的过程，随着信息的逐步增加，有些不确定不断地被消除，而另一些情况正在发生变化，这就需要你不断地对自己制订的计划进行调整，这样才能保证决策取得最好的结果。

按照系统论的观点，投资是一个多因素的复杂系统决策过程，在这样一个环境下，保持独立而缜密的思考是最为关键的成功要素。而另一方面，投资环境每天都是在不断变化的，每个投资决策者都要用一种开放的心态贴近市场，不断接受新的信息，做出新的判断。故步自封是投资者的大忌。

国内的基金投资与成熟市场的基金投资还是存在很大差距的，其中最突出的是，投资者的平均投资周期过短。当然，这涉及很多原因，比如投资者结构问题、投资者成熟程度问题等。众所周知，不同投资者有不同的投资偏好，投资偏好的集合就会形成一条投资理念主线。比如，我国的中小投资者曾经是市场最活跃的投资主体之一，但由于一直处于信息不对称的弱势地位，自身投资意识、投资能力和经验也不充分，加上新兴市场波动较大，制度缺位等因素，他们一般非常在意短期得失，“落袋为安”的心理占上风。

国内这种只重眼前利益的风气给基金投资也带来了很多问题，明显的是在此压力下，基金投资不得不强调短期收益，加强投资者教育是必不可少的。

不过令人高兴的是，国内市场正在逐步成熟，投机盛行的状况改善很多。因此投资者似乎可以采用这个建议，现在大家能够如此踊跃的认购5年期国债，为什么不能为自己的基金投资定制一个5年期的投资计划呢？事实上，就常理而言，股票投资需要有比债券投资更长的投资周期；相信如果怀着一个健康的心态投资基金，坚持到底必有收获。

◎优化投资结构

【投资理财是一门学问、艺术，“你不理财，财不理你。”在经济危机时期，必须更新观念，积极理财。】

随着经济的发展，人均收入上升，手中资金积累达几十万的人群越来越多。而银行利率下调、实名存款，迫使人们寻找其他保值、增值的投资途径。但是在风险与收益并存的投资领域里，面对举不胜举的所谓赚钱的机会，人们不禁在问：投资什么风险低、收益稳定？如何对冲通胀、规避风险，同时尽量使自己的资产保值增值。这就要求投资者必须突破传统的理财方式，开辟新的投资渠道，优化投资结构，实现通账压力下的投资收益最大化。

首先，理财方式应向稳健型、积极型转变。我们中国人历来就有储蓄的习惯，一有钱就存银行。但目前的银行利率相对于过高的 CPI 而言是“负利率”。人们只知道买股票会套牢，实际上存银行也会套牢，股票套牢还有解套机会，而存银行则是眼看着手中货币的购买力下降。通胀最大的危害就是侵蚀老百姓手中的货币，只有投资增值才能跑赢通胀。可行的办法是留足 3 个月或顶多半年的日常开支，其余的资金应尽可能拿去投资，让钱流动起来。

其次，理财目标应盯着 CPI 指标。以往一个公认的理财目标就是要跑赢同期银行存款利率，而目前的存款利率是“负利率”，CPI 全年控制在 4.8% 以内有相当大的难度。因此，在确定投资回报时，应该提高投资理财的目标值，理财投资回报不应盯着同期银行存款利率，而应该盯着 CPI 指标。

目前，国内的投资理财渠道较多。股票、基金、银行理财、信托投资、保险、期货，面对这些让人眼花缭乱的投资产品，在升值、加息和 CPI 上涨的压力下，如何选择理财产品才能保证收益？如何操作才能控制风险？投资者在投资之前应清楚了解产品的性质、投资方向、产品费率以及收益率说明等基本信息，做一个明明白白的投资者。以下是几种比较适宜的投资方式：

股票：宜长线操作。中国股市已步入牛市后时代，但中国经济的基本面依然是好的，只要您不求股市能够带来暴富的效应，而是寻找被低估的股票当做自己的公司一样长期持有，只求跑赢 CPI 指标，投资赢利是必然的。一是选资源优势企业；二是选产品能涨价行业；三是选销售规模大的企业；四是选多元化综合性的企业。

基金：基金配置不可缺。购买基金是一种较好的投资理财方式，风险较低、省时省力、收益较好。目前市场上比较稳健的理财品种主要是货币型基金和债券型基金。货币型基金主要投资于央行票据，债券型基金则主要投资于债券。两种基金流动性都很好，可随时赎回。从成熟市场来看，股票型基金是抵御通胀的长期、有效的工具。但普通投资者如果缺乏一定的经验和信息，在股市中要承担更大的风险，应根据自身情况加以选择。对于参与股票及债券市场的投资者而言，当达到阶段性收益目标后，为了回避证券市场风险而又不急需资金时，可将资金转换为货币市场基金。等待重新进入资本市场的风险承受能力较低的市民，可以考虑购买货币市场基金。目前市场仍在负利率情况下运行，适当配置债券型基金不但可以规避震荡行情下股票市场的大起大落，而且还能在持续通胀下实现保值。同时，进行定期定额投资基金也是适合有固定月收入、没有太多时间的上班族等特定人群的方式。

黄金：最传统的通胀“避风港”。黄金作为“天然货币”，是资产保值增值首选。在现今黄金牛市的背景下，每个人都可以考虑进行一些投资，但资产投资比例不应超过10%。黄金投资应注意的是：一是选择合适的方式持有黄金。目前黄金市场上的投资渠道大致有三类：纸黄金——以银行为代表；实物黄金——以上海黄金交易所为代表；黄金保证金交易——以场外伦敦金为代表。三种投资渠道各有特色，投资者要根据自己的实际情况慎重选择：对于想短期获利的投资者可购买纸黄金；对于想保值的投资者而言，应该选择实物黄金进行投资；对于风险控制意识较好的投资者可进行黄金保证金交易。二是选择时点进入黄金市。黄金市场的高点应该在何处？就历史角度而言，现在的国际金价仍未到历史高点，虽然与2001年相比，金价还是上涨了不少，但金价往往与美元反相关，而美元目前正在贬值。另外，美元的发行每年以百分之十几的速度增长，而黄金的开采速度是百分之几，黄金显然会有进一步上涨的空间，现在投资仍然不失为良机。

银行理财产品：稳健对抗 CPI。与基金相比，银行理财产品具有门槛高和流动性略差的特点。目前银行理财产品中新股申购类产品、信托类产品收益比较稳定，而投资于基金、黄金、外汇的理财产品则风险较大。一般而言，打新产品和信托产品的本金不会发生损失。在 2007 年，新股申购类产品的平均年化收益率为 15%，信托类产品的收益率则在 5% 左右，风险较大的基金类产品则可以获得 60% –80% 的收益率，即使打不到新股，也能保证本金安全。而这类产品的投资门槛为 5 万元，因此，就不需要再进行分散投资。在购买银行理财产品时，根据自己的风险偏好程度，选择保本或非保本产品。其次应该注意产品期限，以半年期到一年期的短期投资品种为宜。除此之外，投资者应该清楚了解产品的性质、投资方向、产品费率以及收益率说明等基本信息，做一个明明白白的投资者。

信托：资金较多者可考虑。目前来看，信托还是一项能跑赢 CPI 且比较安全的投资选择。信托通常都会高于银行存款和 CPI 的。另外由于现在信托通常是用于产业投资，是“实打实”的，所以能控制风险，即使 2007 年股市疯涨的时候，也有一些大户还是会配置些信托。信托的一个“缺陷”，就是起点太高，一般都要 100 万元，所以离普通投资者有点距离。如果投资者手中资金较多、承受风险能力较强，可以考虑风投和私募基金等理财方式。

保险：耐心持有万能寿险。由于跟资本市场联动较大，2007 年风靡一时的投连险近期有点遇冷，但万能寿险相对比较受宠。万能寿险属于比较稳健的投资型险种，持有者一定要有耐心，因为前期不是太“立竿见影”。通常至少 5 年以上才可以看出收益效果，一般是本金加上产生的利息，并且每月滚动计算复利，按照业内平均水平，年化收益可达到 6% –7%。如果持有 10 年，估计乐观点可到 10%。尽管最新的 CPI 是 8.5%，但估计接下来会下降，因此如果是长期的投资者，新产品不妨考虑万能寿险。而且，选择哪家公司的也有小窍门，看这家保险公司同一集团下在适度通货膨胀下的资产管理公司的水平如何，这个网上一搜就可以搜到。据悉，目前华泰、泰康、国寿、平安等都有资产管理公司。

收藏：不仅仅是艺术。纽约大学教授梅建平曾在他的“艺术品指数”理论中指出：“艺术品是很好的长期投资工具”。现实中许多人开始把对艺术品收藏作为一种保值、增值的投资行为。目前在国内，艺术品的投资是一个特殊的门类，其投资效益往往比别的项目更显著，其增值幅度也超过别的投资。它的特殊性在于这些艺术品不仅是一种物质存在，更是一种精神文化的结晶，既可作为一种物质财富储蓄，也可作为艺术来欣赏与研究。由于精品在艺术家一生的创作中，数量极为有限，其独有性和不可取代往往可令其市场价值以惊人幅度攀升，而它们的价值具有相对的稳定住。

◎投资要因人而异

【许多理财专家都认为，一生的理财规划应趁早进行，以免年轻时任由“钱财放水流”，老来时才嗟叹空悲切。】

面对高通胀率，根据家庭资产状况，家庭成员的年龄结构和性格特点、家庭短期和长期的生活目标、风险承受意愿这些因素，综合运用比对精选后的各种理财工具来进行投资组合，可使家庭资产在较大安全性的基础上，实现高的收益性和流动性的统一。

一是“年轻人群”：先节流后开源。对于大部分刚毕业的年轻人来说，开源可以暂时排在第二位，节流反倒更加重要，应该先规划好自己每个月的支出，区别必要支出和非必要支出。当然年轻人在做好节流的同时，也要根据自身收入特点搞好开源理财。在投资品种上，比较看好基金的定投。当然在具体品种的选择上，可以根据个人风险承受能力的不同，在股票型基金和平衡型基金等类型上做区别，风险承受能力较大的，可以在自己配置比例上多购买一些股票基金，反之，则增加平衡型基金等其他基金。

二是中年人群：多考虑资本市场。对于那些已经成家、并有了一定经济基础的中年家庭而言，适当考虑将资金投入到资本市场，减少银行存款、国债等理财产品，将是一个比较合理的方向。资本市场投资比例最好控制在40%－50%之间；债券类以及银行理财产品，则可以控制在30%－40%之间；剩余的部分资金，则留作流动资金，用投资货币市场基金等理财产品的形式获取一定的收益。目前投资时需要注意的一点就是保证资金的流动性，因此在选择理财产品时，尽量做一些流动性好或者短期的产品。

三是退休人群：需合理的“激进”投资。老年人群如果一直遵循原来的保守理财方法，很可能面临资金缩水的问题，可以适当考虑一些比较“激进”的投资方式，比如投资一些股票和基金，当然投入的资金比例一定要控制好，不能过多。老年人还可以投资一些银行理财产品，银行推出的项目信托产品，目前来看还是比较安全的。如果要收益高一些的，可以选择打新股类产品。由于还要考虑到“活得多久”的问题，老年投资者可以做一个类似“倒定投”的投资方式。现在先投入一笔钱，用来投资基金等收益不错的产品，然后到一定的时候，定期赎回。这样一来，届时就可以有一笔比较固定的资金每月进入自己的账户。目前，农业银行已开通了此类业务，老年人群也可以考虑一下。

四是稳定收入的工薪阶层：注重收益稳定。对于普通的工薪阶层来说，收益稳定是第一位的，投资者可以尝试去购买一些打新股产品、FOF产品、货币基金、债券基金等。其中，表现好的债券基金，其年化收益率可达到10%至15%不等，甚至更高。同时对于一些有子女的家庭，可进行长期基金定投来补充子女的教育金，每个月投入300元至1000元即可，从长期来看，其年化收益率并不低于CPI，是一款保值增值的好产品。基金定投适合以下投资人群：有一定投资需求，但又缺乏投资专业知识和经验的投资者；每月有固定薪金收入或稳定收入，但没有大笔资金在手的工薪阶层；重视长期投资，注重稳定长期收益的稳健型投资者。

五是高收入人群：注重资产保值。对于高收入人群而言，资产保值是第一位的，而增值是第二位的，高收入者除了可以投资于股票、债券外，还可以选择价值较高的古董、黄金等产品进行投资。当然，高收入者也可考虑涉足房产领域。

◎股市是一个博弈市

【股票市场的风险性是客观存在的，这种风险性既能给投资者造成经济损失，也可能给股份制企业以及国家的经济建设产生一定的副作用，是需要正视的问题。】

要给股市下一个定义，并不十分容易。你当然可以花费一分钟查一查词典或百科全书上的解释，但是查完之后，你的疑惑可能并不比知道这个概念之前少一些。正如很多人说的：股市是政策市、信息市、心理市，我们也可以说：是一个博弈市。

通过购买企业的股票，人们投资于企业；企业拿这些投资去发展业务，当取得利润的时候，要按照股份分红给投资者。这就是股市投资的基本原理。但是，由于股票是可买卖、转让的，这个简单的问题就变得复杂了。股票也成了一种特殊商品，有供给和需求矛盾造成的价格波动，股市又是一个完全竞争的效率市场，股价的活跃程度大大超过任何商品，这就使得很多人参与其中是为了博取差价，而“投资—分红”的原始意义反而被忽略了。

几年前，美国著名经济学家斯蒂格利茨教授曾在广州中山大学做了“公共政策与东亚奇迹”的演讲。斯蒂格利兹教授在演讲中特别谈到股票市场。

他告诫，股票市场当然重要，人们可以通过市场交易其股份和风险。

但是在发达国家，股票市场并不是筹措资金用来投资的重要的场所。企业发行新股，应该是效益的负信号：效益最好的企业自有充足资金；次一等的企业，可以发行债券，按固定的利率付息。

好的和比较好的企业，何必发行新股让别人分享较高的利润呢？在发达国家，就整个股票市场的总体而言，在过去的20年里，新股的发行远远赶不上企业购回现股的规模，因此，资本在股票市场是净流出。在美国，新股减去回购对投资的比率是 -9%。在其他发达国家，是 -5% ~ -3%，筹资最多的日本也只有 +2%。人们普遍认为，股票市场是一个重要的金融架构，但不是企业融资的主要来源。

他不明白为什么在中国人们对股票市场的期望那么高。因为在美国，人们常说股票市场只是有钱人游戏赌博的地方。

股市投机、赌博的成分很大。在美国，股票市场只是“有闲 + 有钱”的人游戏赌博的地方。至于广大工薪阶层、企业高层精英、大学专家教授，哪里有那么多时间紧跟股市行情的分秒变化呢？他们中的许多人也投资股票市场，都是我们这里所说的股民，但他们做的主要是长线投资和基金投资。

投机指的是频繁转手追求短期差价的股市行为。企业的股价变动，根本上应该是企业业绩的反映。在短期内，企业是不可能创造很多利润的。频繁转手追求短期差价，就像赌博一样，没有多少赚钱的机会，何况要负担因为频繁转手变得沉重的交易费用和交易税。所以发达国家成熟的股票市场，“长线投资多赚，投机短博多亏”是普遍的规律。

尽管我们很难把投资与投机截然分开，但是这两种行为是有很大的差异的。发达国家的股票市场发育早，容量大，股市投资的观念深入民心。股民在居民中的比例比我们高很多，但是却完全看不到那种人头涌动、盯住证券交易所股市行情屏幕的情况。因为他们做的主要是长线投资，而且绝大多数把资金交给共同基金的专业人员去投资，去管理，让他们分享一些利润，所以自己不必计较股票价格一时一刻的涨落。而中国股市还处于初创阶段，投机成分很大。

的确，在20世纪90年代初期，许多股民利用投机短博发了财，但那是因为我国股市还远未成熟，尚处于初创阶段，几次股市泡沫让他们沾了很大的光。但是随着市场经济的发展和股票市场的逐渐成熟，“长线多赚，短博多亏”终将成为规律。

一位经济学家曾打过一个有趣的比方，他说：股市就像一杯啤酒，如果没有一点泡沫，说明它不新鲜（没有活力）；可是如果泡沫太多，啤酒就少了。事实上也是如此，一个繁荣的市场自然交易活跃，当然也就不可避免有一些投机现象，但是如果投机盛行，成为市场的“规律”，那么这个市场一定要出问题。因为说到底，支撑市场的是“啤酒”，而不是“泡沫”。回顾历史，我们也能看到，几乎每一次“股灾”前夕，都有一个“泡沫”沸反盈天的时期。无论是1929年席卷世界的经济危机、1997年的东南亚金融危机、2000年的网络股引发的股市大跌，都是投机过盛、泡沫破灭的结果。除了别的教训以外，它还使人们懂得，社会心理是金融市场的重要因素。对于为卖而买的股市投机行为，心理因素的影响就更大。在“行情好”的时候，人们都趋之若鹜；可是一旦行情转坏，人们又唯恐逃得不快，这正是股市大涨大跌的原因。

◎理性投资的重要性

【理性是投资和赌博的不同之处，投资是经过“审慎计算”的理性行为。古人云：“君子爱财，取之有道，散之有方。”这其中就蕴涵了投资理性与消费理性的意思，也道出了应该理性对待财富的道理。】

大量经验数据显示，多数投资者都属于风险厌恶者，虽然其风险厌恶程度不一。所以，对大多数投资者而言，理性投资表现为：收益会增加自身效用，而风险会减少自身效用，多一分风险，就要多一分收益来进行补偿，风险与收益要保持一定的均衡关系。

美国著名经济学家萨缪尔森是麻省理工学院的教授，有一次，他与一位同事掷硬币打赌，若出现的是他要的一面，他就赢得1000美元，若不是他要的那面，他就要付给那位同事2000美元。

这么听起来，这个打赌似乎很有利于萨缪尔森的同事。因为，倘若同事出资1000美元的话，就有一半的可能性赢得2000美元，不过也有一半的可能性输掉1000美元，可是其真实的预期收益却是500美元，也就是$50\% \times 2000 + 50\% \times (-1000) = 500$。

不过，这位同事拒绝了："我不会跟你打赌，因为我认为1000美元的损失比2000美元的收益对我而言重要得多。可要是扔100次的话，我同意。"也就是说，他同事的观点可以更为准确地表述为——一次很难出现我想要的平均定律的结果，可是100次就行。

曾有人做过一个标准的掷硬币实验，结果显示，掷10次、100次与1000次所得到正面的概率都约为50%，不过掷1000次所得到正面的概率要比扔10次更加接近50%，这就是所谓的平均定律。即重复多次这种相互独立而且互不相关（下次的结果和上次结果无关）的实验，同事的风险就被抑制住了，他就能从这种"平均定律"中稳定地受益。

何为理性投资呢？在经济学上，理性指的是人们具有最大化自身效用的特性。一般来说，在投资领域中，投资者被分为三类：第一类是风险厌恶者；第二类是风险中性者；第三类是风险爱好者。对于第一类人而言，投资理性表现为若不存在超额收益与风险溢价，他就不愿投资在有风险的证券上；第二类人则只是按照期望收益率来决定是不是进行风险投资，风险的高低和风险中性者没有任何关系；而第三类人"玩的就是心跳"，他们把风险的"乐趣"考虑进了自身效用里。

旅鼠是一种普通、可爱的小动物，常年居住在北极，体形椭圆，四肢短小。旅鼠的繁殖能力极强，从春到秋均可繁殖，妊娠期20～22天，一胎可产9子，一年多胎。照此速度，每只母鼠可生下上千只后代。

当旅鼠的数量急剧地膨胀，达到一定的密度，例如一公顷有几百只之后，奇怪的现象就出现了：这时候，几乎所有的旅鼠都变得焦躁不安起来，它们东跑西颠，吵吵嚷嚷，且停止进食，似乎是大难临头，世界末日就要到来似的。

旅鼠的数量实在太多，渐渐形成大群，开始时似乎没有什么方向和目标，到处乱窜，就像是出发之前的忙乱一样。但是后来，不知道是谁下了命令，也不知谁带头，它们却忽然朝着同一个方向，浩浩荡荡地出发了。往往是白天休整进食，晚上摸黑前进，沿途不断有旅鼠加入，而队伍会愈来愈大，常常达数百万只，逢山过山，遇水涉水，勇往直前，前赴后继，沿着一条笔直的路线奋勇前进，绝不绕道，更不停止，一直奔到大海，直到被汹涌澎湃的波涛所吞没，全军覆没为止。

巴菲特将投资者盲目随大流的行为比喻为旅鼠的成群自杀行为。他的一句话指出了投资的关键所在："你不需要成为一个火箭专家。投资并非智力游戏，一个智商160的人未必能击败智商为130的人。理性才是投资中最重要的因素。"

让财富增值，就需要投资，有投资就有风险。风险是由市场的变化引起的，市场的变化就像一个陷阱，会将你投入的资金吞没。变化之中，有你对供需判断的失误，也有合作方给你设置的圈套。股票市场，一不小心就会被套牢；谈判桌上，一不小心，就会受制于人；市场竞争，一不小心就会被对手挤出市场。

因此，并不是每个人都具备投资的条件。可以说，大多数人是心有余而力不足，投资者应该具备哪些条件呢？

第一，应该审查一下家庭和个人的经济预算。如果近期要等钱用的话，最好不要投资股票，哪怕是被认为的最优股也不宜购买。因为股票即使从长期来看是好的，但两三年内股价是升是降还很难说。只有在不等钱用的时候，或者即使损失了本钱，生活也不至于受影响的时候，才能投资。所以，投资者应有充分的银行存款足以维持一年半载的生活以及临时急用。

第二，不应在负债的情况下投资。应将债务先偿清，或在自己还贷能力绰绰有余时再投资。因为投资的收益没有100%保障，所以投资者不宜借贷投资。

第三，在投资前应有适当的保险，如人寿保险、医疗保险、住宅保险等。

第四，投资应从小额开始，循序渐进。投资过多是大多数投资者失败的原因之一。不把所有的鸡蛋放到一个篮子里，分散投资，使投资多元化，也是规避风险的重要手段之一。

如果没有一定的心理素质和辨别能力，随时都有可能跌入陷阱，你必须眼观六路，耳听八方。你要不断地提升你自己，才能应对突如其来的变化，才能避开风险，走上坦途。

◎量力而行的投资

【如果不想成为最大的笨蛋，就一定要记得量力而行地进行投资，不要贪婪，在市场上赚你应赚的钱。】

有一个关于财富的神话，告诫人们如何对待财富。

在遥远的古代，就在米达斯国，国王觉得只有变得更有钱才能让自己快乐，于是和神商量让自己拥有神奇的力量。神答应了他，让他自己的手指头无论碰到什么东西，那东西立即就变成黄金。在拥有了“金手指”后，国王的快乐并没有持续多久。他痛苦地发现，自己既不能吃，也不能喝，美味在他嘴里变成了黄金，最糟糕的是他亲吻自己的女儿时，最爱的女儿也变成了黄金。国王这才意识到真正让自己快乐的并非是金钱，神接受了他的忏悔，恢复了他平静而幸福的生活。

这个故事告诉，我们的索取要有一定的限度，如果过分追求金钱就会失去自己原有的乐趣，在金钱的追求上要适可而止。

德国剧作家、文艺理论家莱辛曾经写过一个《仓鼠和蚂蚁》的故事：

“可怜的蚂蚁们，”一只仓鼠说，“为了囤积这么一点粮食，你们千辛万苦地劳作，忙活了整整一个夏天：这值得吗？真该让你们看看我的储备粮！”

“听着，”一只蚂蚁回答道，“就因为你储藏的粮食比你所需要的多得多，所以人类才要把你从泥土里挖出来，把你的粮仓掏空，让你用性命来替你那贪婪的强盗行为赎罪：他们这样做太合理了！”

现实中，那些成为最后笨蛋的人，除了习惯于盲目跟风以外，往往还是贪婪的人。在博弈中，他们为了获得利益的最大化，而期待着另一个最后笨蛋的出现，结果不小心自己成为了那个笨蛋。对财富的贪婪，是人性中抹不掉的一面，同时也是陷入危机的根源。

一个贪心的人到一个国家找到国王，说想要一块地。国王说：“只要你能在太阳落山之前走回来，从这儿到那个标记之间的地就都是你的了。”结果太阳落山了，那个人却没有走回来，因为走得太远，他累死在路上了。

总而言之，皆因为“贪”。如果给你过于沉重的黄金，你也拿不走；给你过轻，你觉得太少，还想多要。这就是动物的本性。

在北极圈里，北极熊几乎没有天敌，然而，爱斯基摩人却能轻易地把它们捕获。

原来，北极熊有一个嗜血如命的特性，爱斯基摩人正是利用了它们的这个嗜好。他们把动物的血冻结成冰，中间藏进一把双刃匕首，然后把这种精心制作的冰块扔在雪原上。当北极熊闻到血冰块的气味时，就会迅速赶到，并开始贪婪地舔着血冰块。舔着舔着，北极熊的舌头渐渐麻痹，刀刃划破了它的舌头，鲜血一个劲地涌出来，随着不断地舔下去，刀口越划越深，鲜血越涌越多，最后北极熊因失血过多，休克晕厥过去，从而轻易地落入了爱斯基摩人的手心。

在人生的旅途中，每过一个时期，或每走一段路程，我们不妨回头看看身后的脚印，停下来冷静地思考，千万不要被远处的海市蜃楼所迷惑：或在眼前的灯红酒绿中迷失了本性、迷失了自我。要时常问问自己：在太阳落山前，我还能走回来吗？

当贪念开始升起时，别忘了提醒自己，贪念会把你带到悬崖。

有一位老人，退休后闲暇无事，总想着如何发大财，看到一些人买彩票中了大奖，他便跃跃欲试。如果是小打小闹，碰碰运气倒也罢了，而他却把全部积蓄拿出来每期必买，以为投入越多，中奖的几率就越大，有人劝他不要冒这样的风险，他哪听得进去，依然全身心地投入摸彩。每期开奖前他都忐忑不安，精神高度紧张，得知自己未中奖便陷入烦恼和焦虑之中。这样几年下来，二十多万元的投资全部打了水漂，老婆孩子都埋怨他财迷心窍，他的情绪坏到了极点，甚至连跳河上吊的念头都有。多亏大家相劝，钱财都是身外之物，生不带来死不带去，况且每月还有退休金，生活不会有大问题，这样他的情绪才慢慢稳定下来。

在股票市场里，每个人都很清楚贪婪和恐惧很难赚钱，因为贪婪而利润回吐，因为恐惧而买不到便宜的筹码，都无法操作得当，轻松获利。而往往随缘，以平常心来对待，既不会对上涨贪得无厌，也不会对下跌恐惧害怕。人弃我取，人要我予，这样的投资者通常可以获得丰厚的收益。

但是目前国内投资者大致有两个特点，用四个字概括正是“贪婪”和“恐惧”。有的人买了股票，当收益达到10%的时候，他捏着不卖，想再赚一些，等到收益20%的时候，他还是捏着不卖，然后一场震荡来临，不但收益全部换了回去，连本金都损失了。

大家必须要明白的道理是，在理财时，一定要有一个合理的预期，莫把理财当成发财。理财的两大“公理”，首先是量体裁衣，根据自己的资金特点和风险承受度来选择金融理财产品；其次，永远不要把所有的鸡蛋放在一个篮子里。

资本市场中人们不能太贪心。贪婪是搏傻的大忌。在投资的时候，一定要保持理智的头脑，不要觉得一个产品稳赚不赔，就全部投入，这样会让你承担的风险变得很大，已经超出了你能承担的能力。不要被一时的利益冲昏了头脑，为了获得再多一点再多一点的利益，你很有可能错过了最好的卖出时机。

◎管理好你的时间

【上天公平给予每人一样的时间资源，谁也没有多占便宜。在相同的“时间资本”下，就看各人运用的巧妙了：有些人是任时间宰割，毫无管理能力，二十四小时的资源似乎比别人短了许多，有人却能“无中生有”，有效运用零碎时间；而有些懂得“搭现代化便车”的人，干脆利用自动化及各种服务业代劳，“用钱买时间”……】

现代人最常挂在嘴边的就是“忙得找不出时间来了”。每日为工作而庸庸碌碌，常常觉得时间不够用的人，就像常怨叹钱不够用的人一样，是“时间的穷人”。管理好你的时间胜于管理好你的金钱和财富。“时间即金钱”，尤其对于忙碌的现代人而言更能深切感受，每天时间分分秒秒的流失虽不像金钱损失到“切肤”的程度，但是，钱财失去尚可复得，时间却是“千金唤不回”的。如果你对上天公平给予每个人 24 小时的资源无法有效管理，不仅可能和理财投资的时机性失之交臂，人生甚至还可能终至一事无成，可见“时间管理”对现代理财人的重要性。

想向上帝“偷”时间既然不可能，那么学着自己“管理”时间，把分秒都花在“刀口”上，提高效率，才是根本的途径。“忙”、“没有时间”只是借口而并非真实，如果聪明才智相仿，而工作时数比别人长，绩效（薪水、所得、职位、成就）却不比别人好，那就该好好检讨，是不是没有充分发挥时间效率？在心理上必须建立一个观念，力求“聪明”工作，而不是“辛苦”工作。例如别人六个小时可做到的事，我努力在四个小时之内完成。以追求最高的时间绩效为目标，假以时日，时间自然在你掌握中！时间管理与理财的原理相同，既要“节流”还要懂得“开源”。要“赚”时间的第一步，就是全面评估时间的使用状况，找出所谓浪费的零碎时间，第二步就是予以有计划地整合运用。首先列出一张时间“收支表”，以小时为单位，把每天的行事记录起来，并且立即找出效率不高的原因，彻底改善。其次，把每日时间切割成单位的收支表做有计划的安排，切实去达成每日绩效目标。“时间是自己找的”，当你把“省时”养成一种习惯，自然而然就会使每天的二十四小时达到“收支平衡”的最高境界，而且还可以“游刃有余”的处于“闲暇”的时间，去从事较高精神层次的活动呢！如果你是开车或乘公交车的上班族，平均一天有两个小时花在交通工具上，一年就有一个月的时间待在车里。如果把这一个月里每天花掉的两个小时集中起来，连续不断地坐一个月的车，或不眠不休地开一个月的车，就能体会到时间数量的可观了。

要占时间的优势，就要积极地“凭空变出”时间来，以下提供一些有效的方法，让你轻松成为“时间的富人”。

尽量利用零碎时间：坐车或等待的时间拿来阅报、看书、听空中资讯。利用电视广告时间处理洗碗、洗衣服、拖地等家事。不要忽略一点一滴的时间，尽量利用零碎时间处理杂琐事务。改变工作顺序：例如做饭时，先洗米煮饭、煮汤、再来洗菜、炒菜，等菜上桌的同时，饭、汤也好了。稍稍改变一下工作习惯，能使时间发挥最大的效益。此种“时间共享”的作业方式可在工作中多方尝试，而“研究”出最省时的顺序。

批量处理，一次完成：购物前列出清单，一次买齐。拜访客户时，选择地点邻近的一并逐户拜访。较无时效性的事务亦以地点为标准，集中在同一天完成，以节省交通时间。

工作权限划分清楚，不要凡事一肩挑：学习“拒绝的艺术”，不要浪费时间做别人该做的事，同事间互相帮忙偶尔为之，不要因“能者多劳”而一味做好人。办公室的工作各有分工，家事亦同，家庭成员都该一起分担，上班族家庭主妇不要一肩挑。例如，先生的书房、车子；小孩的房间、玩具要求他们自己清理，家事也要分工负责，把省下的时间用来自我充实，做个“新时代主妇”。善加利用付费的代劳服务；银行的自动转账服务可帮你代缴水电费、煤气费、电话费、信用卡费、租税定存利息转账等，多加利用，可省舟车劳顿与排队等候的时间。

以自动化机器代替人力：办公室的电话联络可以传真信函、电子邮件取代，一方面可节省电话追踪的时间内容又有凭据，费用亦较省。而且传真信、电子邮件简明扼要，比较起电话联络须客套寒暄才切入主题，节省许多无谓的“人力”与时间。家庭主妇亦可学习美国妇女利用机器代劳的快速做家事方法。例如使用全自动单缸洗衣机、洗碗机、吸尘器、微波炉等家电用品，可比传统人力节省超过一半的时间，十分可观。

第十四章 立足职场的博弈应用

◎简历是初次博弈

【职场生涯从找工作开始，找工作从写简历开始。无论你到任何一个招聘单位，要做的第一件事情都是投递简历。简历是你和单位沟通的第一通道，往往是招聘人员了解你的第一个途径。】

一份好的简历，在众多求职简历中脱颖而出，给招聘人员留下深刻的印象，从而决定你的面试机会，是帮助你应聘成功的敲门砖。所以说，简历的撰写是你跟招聘人员的一次博弈较量。招聘人员关注哪些信息，你的应聘信息又该在事实信息的基础上如何撰写？这是一个既有趣又很实用的话题。

首先要注意的是，只要你的简历没有引起招聘单位的注意，那么，你的这次应聘就是失败的。所以简历撰写的出发点，是尽可能地引起用人单位的注意。实际上，招聘单位希望求职者的简历或求职信能提供足够的信息，使他们能给予其面试机会，对其作更进一步的了解。如果求职者了解并做到这一点，就能引起招聘者的青睐了。

了解了简历的作用后，你会在简历里写些什么呢？

简历不是个人活动的简单罗列，因为招聘单位的兴趣点绝不在这儿。简历的内容也不要太繁杂。有些人习惯在简历里罗列自己的成绩和长处，长达数页，包括自幼获得的奖项，最好成绩，喜爱的名言等等——其实这些用处不大，因为一般的简历阅览人员是不会仔细地看简历的。现在的普遍状况是：一个招聘职位发布后，用人单位会收到一大堆的简历，招聘人员根本就没有时间和精力来看你的那些无关紧要的“丰功伟绩”。

简历包含的内容可以分为两个基本部分：个人信息和招聘者所要了解的信息。

假如你的简历充分表明你就是用人单位所要寻找的人才，但是简历上面找不到你的联系方式的话，那显然双方都要感到遗憾了。个人信息的作用正在于此，因此只要确认招聘者能方便地进一步联系你，你不宜过于冗长地填写个人信息。

招聘者想要了解的信息是简历的重点。很多人因为不知道招聘者的重点而大量罗列能展示自己的信息，这会导致有用的信息被淹没。所以，应尽可能了解用人单位的需求，然后展示你相对应的契合点。仅制作一份能投递给所有公司的简历，不是一个好的策略。假设你应聘的一家公司在招聘图书编辑，那么你简历里大量篇幅说明的你对文艺的爱好和经验显然是多余的，并且可能带来相反的效果，他可能会认为你不是那么专业。

即使你去人才市场现场投递简历，你无法事先了解哪些公司在招聘，也应该根据你的应聘方向制作几份侧重点不同的简历。填写有用的内容，要让你的每份简历能发挥敲门砖的作用，而不是仅仅表明你正在找工作。

很多人在了解了简历撰写要点和各种技巧之后，仍然会感到无从下手。这是一个普遍的问题：如何表达？我们通常会觉得，当表达落实到文字上时，会遗漏很多东西。我们如何才能将工作经历中大量鲜活的信息——与同事、客户、其他公司员工之间发生的一切组织到一份书面材料中，并期望它能再现我们所经历的一切呢？事实上，写作需要有所取舍。我们不可能面面俱到，技巧就是要明确简历的主题——是说明你的工作能力。不管你的经历是多么丰富，只要与简历的主题无关，你就应该毫不犹豫地舍弃掉，这样表达就变得简单多了。实际上，对招聘人员而言，书面文字的阅读也不是件轻松的事情，他希望求职者提供的简历能提供丰富的信息，同时尽量不要浪费他们的时间。因此，简历表达应抓住两个基本原则：重点、简洁。

另外通过参考简历范本、模板，也能使你更有条理地组织你的简历材料。注意，不要完全照搬简历模板，参考是有益的，全盘照搬则无助于提高简历质量。范本是一个基本框架，善于利用并加以发挥，能帮助你迅速组织出一份条理清楚的简历来。

简历是为了你找工作，因此，用心制作是必要的。从网上复制一个模板，花半个小时制作出来的简历，然后用它投递给用人单位，可以说这是一种漫不经心的做法。对自己的工作负责，首先你应该从找工作的时候就开始有这种负责的态度。

人才招聘者经常指出，求职者应该注意不要对自己太过粉饰，以致与其本人大相径庭。简历对于获得面试机会当然十分重要，面试者在会见经过筛选的求职者前，通常会再次阅读他们的简历。如果简历中描绘的求职者有1.8米高、充满活力，那么在人们的想象中，他肯定极具吸引力，但当他走进办公室时，面试者看到的却是一位身材瘦弱、文质彬彬的忠实听众，那么面试者就会对他所说的一切表示怀疑。

虚假的事实与数字也经常出现在简历中。有些人认为“夸大”事实对于获得工作机会是必需的，冒这种说谎的风险是值得的。不管怎样，我们还是应该记住，很多就业机会都是从诚实开始的。从另外的角度说，夸大自己能力的简历可能使招聘人员推荐你参加更高的职位的面试，从而使你失去本来可以获得的工作机会。说谎的极端例子是：一名自考本科生冒充北大博士生，制造虚假简历蒙骗求职单位，被用人单位觉察后，以涉嫌诈骗被提起诉讼。

最后，我们再来总结简历撰写的几大要点：

针对职位制作。简历制作是否能吸引眼球，取决于对应聘职位的认识。招聘人员都明确了解招聘的职位，他只会注意那些看起来切合职位要求的简历。所以，一定要根据应聘职位来制作简历，才能有的放矢，充分发挥简历的作用。不要为了省事只制作一份简历，然后把它大量复印投递。

突出要点。基于同样的理由，应该了解招聘者的招聘重点，看重的地方，然后突出你这方面的能力或特点。不要堆砌太多的章节，不要把所有次要的职责都列出，只写主要的。删除那些无用的东西，比如你的爱好，除非你知道招聘的单位正在组建一支足球队，而你恰好是学校足球队的前锋。

格式恰当，篇幅适宜。很多招聘人员反映，每次都会收到一些组织很差的简历，格式杂乱无章，条理不清楚。或者是简历太简单，看不出什么信息，或者简历篇幅太长，看不出重点。招聘者也相信，简历不一定能体现出一个人的能力水平，但是因为收到的简历非常多，这样的简历，只能淘汰。同时，招聘人员好像总是时间不够，耐心不足，第一印象不好的简历就随手放一边了。

注意细节。较之业务，招聘者更看重素质；较之能力，招聘者更看重态度。素质和态度往往从简历的细节处体现出来，所以大部分招聘者会特别重视细节，往往一个错别字就会导致简历被淘汰到垃圾箱里，你可能没意识到这是个错别字，但他认为这是不认真的态度。所以一定要仔细斟酌，把细节落实到实处。

简历的好坏，关键在于这份简历给人的印象如何，因此，还必须对写好的简历进行必要的加工，对它进行编排打印。简历的版式编排要美观大方，让人阅览起来一目了然。版式的效果好，简历翻开来第一印象就会特别好，这样招聘者会用心阅览下去。

建议尽量用打印，因为复印的效果往往清晰度较差，还可能有小的复印污点，没有必要去省这一点点钱。

◎微笑可以创造奇迹

【在一个适当的时候、恰当的场合，一个简单的微笑可以创造奇迹；一个简单的微笑可以使陷入僵局的事情豁然开朗。】

肯罗是一位意大利人，他是伦敦著名的沙威旅馆的总经理，这家旅馆有100年的历史了。他每天都需要做很多事，如房间预约、床位安排、床单更换、食物供应等问题，但他却能安排得很好，没有一点失误。

作为总经理，每天要管理一大堆职员，从侍者到厨师，从女服务员到乐队，还要解决其他一些问题，能够如此有条有理，人们问他有什么秘诀时，他说他的办法很简单。

“我在问题还没有发生以前，就用微笑把它笑走了，至少可以避免将小问题变成大问题。微笑，是我性格的一部分，我就用微笑来避免遭遇问题。”

或许你会有疑问，有些事是不能用微笑来办理的。所以，你要解决问题，最好是一开始便避免问题的发生。也就是说，在问题发生以前，你就把它打败。而一个真心的微笑，不管是从眼睛里看到的还是从声音里听到的，都是一个很好的开端。

另一个通过声音传达微笑的是奇宾·当斯。当斯是美国底特律地区最受欢迎的节目主持人之一，他的受欢迎并不仅仅在底特律而是遍及全美。有的听众写信给这位声音里带着微笑的主持人，告诉当斯说，他们透过他的声音看到了他的微笑。

听众经常给他说这样的话：“当斯，你的微笑与我听你的广播时所想象的完全一样。我本来害怕会失去你的微笑，但是并没有。”

有人问当斯，为什么总是那么高兴，他说他的秘诀是从来不把烦恼摆在脸上，而是深藏在心中。因为，他的工作是娱乐别人，他说：“为别人创造一个愉快的生活，这要从微笑开始，但必须是发自内心的微笑。”

当斯经常用“带上一张快乐的脸”去工作，并不是偶尔，而是经常，他把微笑加进他的声音，配合上帝赋予他的演说水平，给观众以享受。

当斯说：“当你微笑的时候，别人会更喜欢你，而且，微笑会使你自己也感到快乐。它不会花掉你的任何东西，却可以让你赚到任何股票都付不出的红利。”

微笑是友好的标志，也是礼貌的象征。在工作过程中，轻松友善的微笑，是来自每位员工敬业、勤业以及乐业的精神，有了这种精神，才会有真正的微笑。

1. 微笑的基本要求

微笑要做到真诚，发自内心。虚伪的假笑、牵强的冷笑只会令对方感到别扭和反感。

微笑要做到甜美。这种表情由嘴巴、眼神及眉毛等方面来协调完成。

微笑要有尺度，即热情有度。在交际中突然哈哈大笑，表情过于夸张，不仅让对方感到不自然，而且会令对方莫名其妙。另外，微笑加上得体的手势，这样会更自然、大方、得体。

2. 训练微笑的方法

（1）笑不露齿。即嘴角两端稍稍用力向上拉，使两端嘴角向上翘起，让唇线略成弧形，在不牵动鼻子、不发出笑声、不露出牙齿的前提下，微微一笑。

（2）借助技术辅助。我们在训练时，经常念到一些词、字，正好是微笑最佳的口型，如“钱”，英文字母“C”、“V”等。

◎握手要真诚有力

【加拿大形象设计师凯伦说道：“握手是一门如此有趣的艺术，它让我们在瞬间产生种种推测和判断，握手的信息是无言的，但它是那么的丰富和微妙。握手是如此地感性，它能在对方开口之前，让我们感受到他的内心活动。”】

握手，按字面理解为手与手的结合，但这种状态能发展成为心与心的沟通，即人们能够更多地从中感到一种强烈的连带关系。通过这种有力的握手，对方会对你的诚意、热情，特别是坚强的意志、强硬的外表等留下深刻的印象。

握手可以表现出一个人是否饱含真诚。真诚的人握着你手的时候是暖暖的，虽然他手的实际温度或许并不高，但他的真诚通过两只手热情地传递过来，让人对他产生一种真诚的信赖和好感。

有些人在与人握手时，只不过是轻轻一碰就松开，或是一边与人握手，一边目光闪躲，这是极不尊重对方的表现。这些缺乏真诚的握手对形象是有百害而无一利的。

艾女士热情而敏感，是一家知名房地产公司的副总裁。有一天，她接待了来访的某家建筑材料公司的销售经理韦先生。

初次见面，艾女士面带笑容地走向韦经理。韦经理却先伸出手来，让艾女士握了握。艾女士客气地对他说：“很高兴你来为我们公司介绍这些产品。这样吧，让我看一看这些材料，我再和你联系。”

韦经理在几分钟内就被艾女士送出了办公室。几天内，韦经理多次打电话，但得到的是秘书的回答：“艾总不在。”

到底是什么让艾女士这么反感一个只说了两句话的人呢？

在一次形象讨论课上，艾女士提到这件事，仍然余气未消，“首次见面，他留给我的印象不仅没有绅士风度，而且还不懂基本的商业礼仪。他是一个男人，位置又低于我，怎么能像个王子一样伸出高贵的手让我握呢？他伸给我的手不但看起来毫无生机，握起来更像一条死鱼，冰冷、松散、毫无热情。当我握他的手时，他的手掌也没有任何反应。握手的这几秒，他就留给我一个极坏的印象，没有让我感到对我的一丝尊重，对我们的会面也不重视。作为一个公司的销售经理，居然不懂得基本的握手方式，他显然不是那种经过高度职业训练的人。而公司能够雇用这样素质的人做销售经理，可见公司管理者的素质和层次也不会高。这种素质低下的人组成的管理阶层，怎么会严格遵守商业道德，提供优质、价格合理的建筑材料呢？我们这样大的房地产公司，怎么能够与这样作坊式的小公司合作呢？怎么会让他们为我们提供材料呢？”

艾女士的怀疑不无道理。心理学家及身体语言专家们认为，通过握手能判断人的性格。

在同性的陌生人中，主动伸出手的人性格坚定、热情或者有丰富的人际关系经验；性格支配欲望强的人会让自己手心朝下压在别人的手上。

手心湿漉漉、汗淋淋的人，性格可能不会轻松，更容易感到焦虑、紧张，尤其是会见对他有压力的人。

性格粗犷、豪放，甚至莽撞的人，会过度地握住别人的手，像要把人的骨头都握碎。

你伸出手来对方却没有反应，可能不懂礼仪或者有意冷淡、让人难堪甚至根本没有看见，也有可能是性格极端封闭、内向。

双手紧握对方手的人，表现出超人的热情和极度盼望的心情。这种被称为手套式的握手，是为政治家们所钟情的、被用来操纵人们心理的握手方式。它表现了对被握手人的亲密和渴望，它能缩短或消融人与人之间的距离。

通常，性格热情的人会有力地握住你的手，上下摇动以表示渴望与你相见。性格冷淡甚至内心冷酷的人伸出的则是冰冷、僵硬无力的手，像一条死鱼。

在全世界，最让人憎恨的握手方式就是“死鱼”式的握手。这种握手方式，对方伸出来的手让你感到像是抓着了一条死鱼，你的心中会立刻感到被拒绝、排斥，这是最没有礼貌、最破坏自己形象的握手方式。

这种握手让人感到对方内在性格冷淡、虚弱、傲慢、无知、愚蠢，他不但内心冷漠，而且还愚蠢到不知道如何假装礼貌。虽然不是每个用“死鱼”式握手的人都是这样的性格和态度，但是这样的握手留在别人心中的第一印象却是难以弥补的。

◎凡事忍让一点

【言谈交往中少用一些“绝对肯定”或感情色彩太强烈的语言，而适当多用一些“可能”、“也许”、“我试试看”和某些感情色彩不强烈，褒贬意义不太明确的中性词，以使自己“伸缩自如”。】

“一千人眼中有一千个哈姆雷特”，同理，“一千人眼中有一千个办公室”——有人认为是“人间地狱”，有人则视它为实现理想的地方，也有人把它当做社会的缩影，一切奸诈欺哄，互相倾轧，在办公室里司空见惯……

以同事关系来说，如果你要认真计较的话，每天随便也可以找到四五件令自己生气的事情。例如，被人诬害、同事犯错连累他人、受人冷言讥讽等，有人不便即时发作，便暗自把这些事情记在心里，伺机报复，这种仇恨心理，不但无法损害对方分毫，反而会影响自己的情绪，自食其果。

不管同事怎样冒犯你，或者你们之间产生什么矛盾，总之“得饶人处且饶人”，多一事不如少一事。凡事能够忍让一点，日后你有什么行为差错，同事也不会做得太过分，迫使你走向绝境。

如何才能培养出这种豁达的情操呢？这就需要将心思集中在一些美好的事情上，如对方的优点，你在集体里奠定的成就等。当你的报复或负面的思想产生时，就想想西方待人接物的“黄金准则”：“你希望别人怎样对待你，你就应该怎样对待别人。”真正有远见的人不仅要在与同事一点一滴的日常交往中为自己积累最大限度的“人缘儿”，同时也会给对方留有相当大的回旋余地——给别人留面子，也就是给自己挣面子。

小陈和小顾本是很好的同事和朋友，最近却关系紧张。不明真相的人以为他们之间肯定是发生了什么天大的事情，事实上远没有想象得那么严重，他们只是为了一只纽扣，一只最多价值几块钱的纽扣。事情的起因是小顾新买了一套非常满意的高档西服，刚穿不到一周就丢了一只关键部位的纽扣，惋惜之余偶然发现整日挂在洗手间的不知是哪位物业职员的工作服上的扣子，竟与自己丢失的纽扣一模一样，遂乘人不备悄悄地扯下了一粒，打算缝到自己的衣服上，并得意地将此“妙计”告诉了小陈。

让他没想到的是，不出几日，多数同事都知道了小顾的这个笑料——小陈竟然在大庭广众之下拿这件事跟小顾开玩笑，弄得当时在场的人都笑作一团，而小顾终因太没面子恼羞成怒，反唇相讥，大揭小陈的“底牌”，其后果也就不难想象了。

人人都有自尊心和虚荣，甚至连乞丐都不愿受嗟来之食，更何况是原本地位相当、平起平坐的同事。但很多人却总爱扫兴——令同事面子难保，以致撕破脸皮，因小失大。

不要以为自己有什么过人之处，便认定对方是“老顽固”，如果你想事事进展顺利，必须学会如何尊重别人，摒除狭隘的思想，与自己不喜欢的人建立友谊。纵使别人犯错，而我们是对的，也要宽恕别人，为其保留面子。

你要扪心自问，无法与对方合作的原因，问题究竟是出在对方，还是在自己的身上？你是不是也应该负一点责任，努力营造愉快融洽的气氛？

不可小视与人和平共处的技巧，它是你日后事业成败的关键。与同事相处，应以诚为本，当他需要你的意见时，你不要使劲给他戴高帽，发出无意义的称赞；当他遇到任何工作上的疑难时，你要尽心尽力予以援手，而不是冷眼旁观，甚至落井下石；当他无意中冒犯了你，又忘记跟你说声“对不起”时，你要抱着“大人不记小人过”的心情，真心真意地原谅他，日后他有求于你时，要毫不犹豫地帮助他。

或者，你会问：“为什么我要待他这么好?”答案很简单，因为他是你的同事，你每天有1/3的时间跟他们在一起，你能否从工作中获得快乐与满足，是否敬业乐业，同事们扮演着非常重要的角色。试想：当你回到办公室里，发觉人人对你视若无睹，没有人愿意主动跟你讲话，也没有人与你倾吐工作中的苦与乐时，你还会留恋你的工作吗?

如果你觉得与同事相处很困难，请细心阅读以下的意见，相信你能从中获得所需要的启示。

首先，当对方有意无意表示自己有多能干，怎样获得上司的信任时，切勿妒忌他，你应该诚心诚意欣赏对方的长处。

其次，当大家趁着上司不在时，聚在一起聊天的时候，你应该暂且放下工作，走过去跟他们讲些无伤大雅的玩笑，让同事感觉你是他们的一分子。

再次，不要随便把同事告诉你的话转告上司，否则你会很容易遭致大家联合起来反对你。

最后，如果你搭档多年的同事另有他就，公司给你调来了新搭档。此人在公司声名不佳，诸如霸气、自私、不合作等，你听得多了，十分不安，生怕将来合作会有不愉快的事件发生。既然有了这种心理准备，那么要面对它就并不困难。不妨抱着这样的大原则：只信自己眼睛，不要相信耳朵。那就是凡事由自己去观察分析，再下评语，切忌胡乱听信别人的是非之言。

无论你跟谁搭档，业绩辉煌的首要条件是双方默契，同样合作和努力。要达此目的，你不妨先走一步，拿出你的诚意来，跟对方好好分工合作，终能共享美满成果！

◎注意小节很重要

【不拘小节常被人看做是大度潇洒的表现。所谓“大礼不辞小让”，做大事的人哪顾得了那些鸡毛蒜皮的小事？事实是这样的吗？】

博弈论专家认为，所有的大事全部是由不起眼的小节组成的，唯有注意小节，才有可能做成大事业。更何况，许多小节也许不会给你带来明显的收入，却是一个人修养素质的全部体现，是一个人潜在的形象及人际资源方面的投资。

麦克是一名高级精算师，受一家保险公司之邀，前去商谈一些可能合作的培训项目。

在某保险经理人的会客室里，麦克见到了几个重要的负责人。处女座的麦克非常注重细节和卫生，而那天会见的人，却着实给麦克留下了一个“难忘的第一印象”。他说：“那个主要负责人热情地坐在我身边，专注地介绍着保险业的前景，而我的视线却无法离开他的鼻子，我根本没有听进去任何内容，我的思维全被那‘红杏出墙’的鼻毛占领了！只要一看他的脸，我就产生强烈的欲望——要替他剪掉那扰乱我思维的鼻毛。我试图忘却他的鼻毛，把目光和注意力移到他头以下的部位，却又看到他肩上落着白花花的一层头屑，我忍不住要作呕。为了礼貌，我只好又把目光放在他脸上。整个上午，我的大脑中只有两个画面——黑鼻毛、白头屑。待到中午吃饭时，我生怕自己被安排在他身边，借口讨论技术，坐在另一个负责人身边。”

如此不注意个人卫生的人，给客户留下的影响也就不言而喻了，而凭着这样的影响，即使生意谈妥了，你还指望会有下次吗？

有的人也许腰缠万贯，却言辞粗俗；有的人口袋里没几个钱，衣着打扮也非名牌，但就是举止大方，气度不凡，让人不敢小瞧。

比如走路这样一个再平常不过的行为，有的人走路时低头驼背，无精打采，有的人则挺胸抬头，气度轩昂；有的人左摇右晃或连蹦带跳，有的人则端庄大方，沉稳干练，等等。同样的道理，站姿、坐姿、吃相、着装等无一不向别人传递着你的修养品味、性格学识等多方面的信息。

小乔和小韦被同时调到子公司工作，领导打算在她俩中间选拔一位担任技术总监。从两个人的成绩上看，技术水平不相上下。小乔在思路方面略胜一筹，因为她有过多年的工作经验。

小乔上班时间从来都是一身T恤、仔裤的打扮，光脚踩一双凉拖鞋，也不顾计算机室的换鞋规定，屋里屋外就这一双鞋。不管是在工作台前画图，还是在计算机前操作，只要活干得顺手，高兴起来准把鞋踢飞。

同事们渐渐和她熟悉起来，甚至肆无忌惮地开起了玩笑，比如把她的鞋藏起来，后来发现她根本不在乎，光着脚也到处乱跑。相反，小韦总是一身合体的套裙，多少有点拘谨，举止文静、雅致，带着少许灵气，说话温和、简练，很叫人信服。

一天中午，小乔使用音箱听足球评论，虽然声音不大，还是打扰到了一些同事的休息。有人唉声叹气了，她却仿佛没听见似的。这时小韦轻轻拍了拍她的肩："乔姐，我的耳机给你用吧，效果比音箱要好。"小乔一边红着脸，一边把耳机插上，办公室一下子就安静下来了。

考核期过后，小韦升为技术总监。小乔依旧做设计，尽管她的方案比小韦做得要好，但是老板不想为这样一个太不修边幅的人，而得罪一大批其他雇员。

职务公布后，老板单独对小乔说："你的才气和个性都不能成为你搅扰别人心情的原因，也许你更适合一个人在家里成立工作室，但要在大公司里与人相处，特别是要成为一位合格的管理者，该修边幅还得修。"

不要以为小节无伤大雅，相反，要注意从小处入手，全方位地完善自我，最终使自己登上大雅之堂。

◎参透办公室潜规则

【与白纸黑字、公众认可的规章制度不同，潜规则恰如摆不上桌面的小菜，从来不会写在告示板上，却需要你心明眼亮地参透，才能避免接二连三的尴尬事。】

办公室中有许多不成文的规矩，一旦你违反了，就会受到惩罚。所以你一定要注意这些规矩，别给自己增加不必要的麻烦。

1. 不要过度关注别人的隐私

在办公室里有很多人，喜欢打探他人心中的秘密与隐私，这种人很无聊。许多人喜欢加油添醋地说话，从来不顾及当事者的感受，而且有的人与被谣言困扰的当事者相处时，态度上也会有些不自然，或许也因为这个原因而影响到两人工作上无法顺利地进行。

如果整天在办公室搬弄别人的是非，你哪还有精力去做好工作。这还不算，同事们都会对你敬而远之，因为他们担心有一天自己也成了谣言的焦点。

2. 客户请你吃饭要先请示上司

有些有业务往来的人，可能会请你出去吃饭。这种时候，你绝不可以表现出很高兴的样子，轻易就接受别人的邀请。因为你与对方是通过业务才认识的朋友，虽然客户请吃饭不过是一点小意思，但是，事实上，他并非是请你私人，而是请公司的代表人。另一方面，你若接受对方的招待，正应了中国的一句俗话："吃人的嘴软，拿人的手短"，在业务上，也许会因此受到影响。

一个公司与业务往来的客户一定是由于合作的关系而彼此有交往，所以应该以商品的质量或周到的服务来维持公司与客户间的关系，因此，不要把“请吃饭”的事情看得很重。当对方邀请你时，是否能接受对方的招待，绝不可以只凭自己的判断而定，最聪明的方法，就是和你的上司商量，这才是一个公司职员应尽的义务。

3. 不要对来客有差别待遇

有些女职员把客人区分为该亲切的和不用亲切的，而且表现得很露骨，使得周围的人也觉得奇怪而注意着这件事。假如是故意这么做，我们还可暂且不论，但是有些人则是无意中流露出这种态度的，因此必须加以注意。如果平时不注意这种情况，则对来客虽然表面上做得非常客气，但是常会在不经意的举动中得罪客人，而自己却浑然不知。

有些人在说话及态度上经常直接表现出自己的想法。说得好听一点，这样的人是直率而可爱的。但是作为公司的一分子来说，有这种态度就不太好了。既然已经身为公司的职员了，就不可以任性。

不论知道或不知道来客的身份，只要是来公司的客人，对公司来说都是重要的，如果很明显地怠慢客人，会使客人心存不快。所以，作为管理者更应该有一个正确的观念，那就是，公司内接待客人是以公司职员的身份来应对的，并不是以个人身份来接待的。

4. 避免同事间的金钱往来

人们常常有一个毛病，借来的钱很容易忘掉，借给别人的钱，却记得牢牢的。因此，同事之间互相借钱只能徒增不满，还钱稍有不及时或是一方催要得过于急迫都会影响双方的关系。

有关钱的问题，你必须注意以下几点：在办公室里，必须多带些钱在身边；尽量避免借钱给别人，借出的钱最好不要记住，借来的钱千万不要忘记；养成有计划花钱的习惯。

◎谦虚是必要的特质

【任何人潜意识深处都是争强好胜的，自负正是人的本性之一。那么，你的不恰当的炫耀往往会刺伤别人。不论你的目标为何，如果你想追求成功，谦虚都是必要的特质。】

有些人喜欢在别人面前显示自己的优越感，炫耀自己的得意事，殊不知，别人很难因此而高看、敬佩你。多数人都不愿意听别人的得意事，因为你的得意衬托出别人的倒霉，甚至会让对方认为你是在嘲笑他的无能，让他产生一种被比下去的感觉。特别是面对失意的人，你在他面前炫耀自己的得意之事，他会很恼火，甚至讨厌你。

一次，有人约了几个朋友来家里吃饭，这些朋友彼此都是熟悉的。主人把他们聚拢来主要是想借着热闹的气氛，让一位目前正陷入低潮的朋友心情好一些。

这位朋友不久前因经营不善，关闭了一家公司，妻子也因为不堪生活的压力，正与他谈离婚的事，内外交迫，他实在痛苦极了。

来吃饭的朋友都知道这位朋友目前的遭遇，大家都避免去谈与事业有关的事。可是其中一位姓吴的朋友因为这一年赚了很多钱，几杯酒下肚，忍不住就开始谈他的赚钱本领和花钱的功夫，那种得意的神情，连主人看了都有些不舒服。

那位失意的朋友低头不语，脸色非常难看，一会儿上厕所，一会儿去洗脸，后来他猛喝了一杯酒，就匆匆离开了。主人送他出去，在巷口，他愤愤地说："老吴会赚钱也不必那么神气地炫耀啊！"

主人了解他的心情，因为多年前他也遇到过低潮，正风光的亲戚在他面前炫耀他的薪水、年终奖金，那种感受，就如同把针一根根插在心上一般，要多难受就有多难受。

如果你不想失去朋友或客户，就要时刻注意把得意放在心里，而不是放在嘴上，更不会把它当做炫耀的资本，这样只会令你失去更多。

法国哲学家罗西法古说："如果你要得到仇人，就表现得比你的朋友优越；如果你要得到朋友，就要让你的朋友表现得比你优越。"当我们让朋友表现得比我们优越时，他们就会有一种得到肯定的感觉，但是当我们表现得比他还优越时，他们就会产生一种自卑感，甚至对我们产生敌视情绪。

在这个世界里，那些胸怀豁达的人总能赢得更多的知己；相反，那些小看别人、高看自己的人总是令别人反感，最终在交往中使自己到处碰壁。

何先生是一位很得人缘的骨干，按说搞人事调配工作很难不得罪人，可他却是个例外。他刚到人事局时，几乎在同事中连一个朋友都没有。因为他正春风得意，对自己的机遇和才能十分满意，所以每天都使劲吹嘘自己在工作中的成绩，每天有多少人找他帮忙，哪个几乎记不清名字的人昨天又硬是给他送了礼等等。但同事们听了之后不仅不赞赏，而且还极不高兴。

后来还是由当了多年领导的老父亲点拨，他才意识到自己的毛病到底出在哪里。从此以后便很少谈自己而多听同事说话，因为他们也有很多事情要吹嘘，把自己的成就说出来，远比听别人吹嘘更令他们兴奋。以后在工作当中，每当他与同事闲聊，总是先请对方滔滔不绝地表现自己的优越感，只有在对方停下来问他的时候，才轻描淡写地说一下自己的情况。过了一段时间，有几位同事成了他的朋友，大家在一起十分开心。

我们必须适当地抑制自己的优越感，收敛锐气，学会谦虚，只有这样，我们才会永远受到别人的欢迎。

卡耐基曾有过一番妙论："你有什么可以值得炫耀的吗？你知道是什么原因使你没有成为白痴的吗？其实不是什么了不起的东西，只不过是你甲状腺中的碘而已，价值并不高，才五分钱。如果别人割开你颈部的甲状腺，取出一点点的碘，你就变成一个白痴了。在药房中五分钱就可以买到这些碘，这就是使你没有住在疯人院的东西——价值五分钱的东西，有什么好谈的呢！”

不要总在别人面前炫耀自己的成就和好运，自恃才高而目空一切的人令人讨厌，而那些因身居高位、大权在握而自傲的人更是令人讨厌。不要动不动就摆出一副“伟人”的架势，以免令人作呕；也不要因为有人羡慕你而不可一世。你越是挖空心思地想得到别人的崇拜，你就越不能得到它。

想得到他人的崇拜，得看你值不值得别人尊重。你想靠巧取豪夺是不成的，尊重难以强求，必须得之无愧，且得耐心等待才行。重要的职位要求你具备相当的威仪与得体的礼仪风采与之相配。你只需要具备你的职位要求你具备的东西，和你用以完成职责的东西，此外不必多求。不要竭泽而渔、不留余地，应该顺势而为。

一心想在他人面前表现出竭力苦干的人，反而给人一种不胜其任的感觉。如果你想获得成功，要凭借自己的天赋，而不是凭借华而不实的外表。即使是一个国王，他之所以受人尊敬，也应该是由于他本人当之无愧，而不是因为他至高无上的权力和堂而皇之的排场。

不要在同事面前炫耀自己的得意之事，因为他们也有很多事情要吹嘘，把自己的成就说出来，这比听别人吹嘘更令他们兴奋。所以，当你有时间与同事闲聊的时候，你尽可以让对方滔滔不绝地把他们的得意之处炫耀出来，与其分享，久而久之，你的同事们就都成了你的好朋友。

第十五章　升职加薪的博弈应用

◎抓住亲近老板的机会

【老板也是人，也需要在业余时间轻松一下，那些见到老板就像老鼠见到猫，总想绕道走的人，只会与机遇擦肩而过。】

在现代办公室里，许多非常优秀的员工并没有得到老板的赏识，主要原因是与老板过度疏远，没有找到合适的机会向老板表现和推销自己，没有把自己的能力和才华介绍给自己的老板。

有些人到一家公司上班几年了，老板对这个人都没有什么深的印象，这就在于他们对老板有生疏及恐惧感。他们见了老板噤若寒蝉，一举一动要么不自然，要么想办法躲开，或者装作没有看到，这样消极地与老板相处，尤其在大公司里，老板又怎么可能留意到你呢？

要想在办公室得到老板的赏识，就需要平日多与上司接触和沟通，懂得主动争取每一个机会。事实证明，很多与老板匆匆一遇的场合，可能决定你的未来。

比如，在电梯间、走廊上，吃工作餐时，遇见你的老板，你要主动迎上去并微笑着谈几句，或者说几句工作上的事。千万不要像其他同事那样，极力避免让老板看见，即使与老板擦肩而过也一言不发。

如果你自信地主动与老板打招呼，主动与老板交谈，你大方、自信的形象，会在老板心中留下印象。

有一个员工，工作非常出色，老实正直，只知道埋头苦干，缺乏与上司沟通，因此他根本不在上司的视线之内。有一次，公司举行联欢会，老板的兴致很好，很快加入到了他们中间，他见到老板，一举一动就不自然起来，没过多久就逃出老板的视线，独自坐在一个角落里喝饮料。

不知为什么，他好像天生就有畏惧老板的毛病。在走廊上、电梯间或在餐厅里，遇到老板，他都不是主动打招呼，而是迅速离去。即使自己的主管不在，老板找上门来，他也缩在一旁，一概扮作不知，马虎应付了事。

这样一来，他和老板的距离越来越远，甚至产生了隔膜，他给老板唯一的印象就是怕事和不主动。老板怎么会把升职的机会给一个不敢和自己说话、交往的人呢?

不主动与老板交往，是一种对自己的前程和发展不负责的态度，一个不在老板视线范围内的员工，根本就没有担当重任的机会，又何谈成功呢?

人与人之间的好感是通过实际接触和语言沟通才能建立起来的。一个员工，只有主动与老板面对面地接触，让自己真实地展现在老板面前，才能让老板充分认识到你的才能，你才会有被赏识的机会。

李强和另外七八个年轻人一同被一家正向集团化迈进、急需大批新生骨干力量的公司聘用。为了表示对这批“新鲜血液”的厚望和鼓励，老板决定单独宴请他们。

酒店离公司不远，新人们三三两两结伴而行，唯独将老板抛在了一边。李强看在眼里，不禁替老板尴尬。

进入酒店落座之前，李强借故先去了趟洗手间。回来一看，果然不出他所料，同事们或正襟危坐、谨口慎言，或低头相互私语窃笑，不仅没人上前跟老板搭话，更将其左右两边的座位空了出来。

看见老板强挤出笑容的样子，李强赶紧说：“我建议咱们都往一起凑凑吧!”说完，便很自然地坐在了老板左边的座位上，并对老板投来的赞许目光报以会心一笑。

李强的做法周全大方，相信就连再尖酸的人也没道理指责他在“拍马屁”。本来这次老板就是想和新员工亲近一下，说不定还想借此发掘人才呢！可多数腼腆木讷的年轻人却辜负了老板的美意，把他晾在一边，他能高兴吗?

其余的人可能也想在老板面前好好表现，但碍于脸面，怕别人说是“马屁精”，所以退缩了。一个不能主动为自己争取机会的人，如果被提升，将来管理公司、面对客户或参加为公司争取利益的谈判时怎么能有魄力和手段呢？如果换成你是老板，你会提拔这样的人吗?

那次晚宴，李强给老板留下了非常好的印象，但毕竟只是一次饭局，何况李强初进公司，还只是一只“菜鸟”，他实在没有更多的机会接触老板。俗话说：做事不看东，累死也无功。要是没有老板的赞赏和支持，就算拼死拼命地干，要想超越上面层层“屏障”，也实在是太难、太慢。

李强是个肯干会干的人，他知道只有自己制造机会才能接近老板。经过努力，李强不止一次在电梯里与老板“不期而遇”。

有备而来的李强没有像其他人一样硬着头皮和老板没话找话，而是笑吟吟地和老板打着招呼。要是老板问他最近工作如何，他自然是有条不紊、对答如流，但大多时候老板都会和他聊一些轻松休闲的话题，李强总是表现得很健谈，而且还了解了好多老板的个人爱好，更以此加深了老板对他的印象。

聪明的老板愿意给员工留下一个和蔼可亲的印象，他也希望员工对他亲近围捧。可因为自卑心和恐惧心在作祟，许多人见到老板都避之唯恐不及，殊不知老板面对一个拘谨无措、憋得脸红脖子粗的人，也会觉得很尴尬!

所以，你根本不用害怕没话说，因为在这种场合下，老板为了打消你的顾虑是会和你主动闲话家常的，你只要把这当做是一次亲近老板的机会，别战战兢兢的就行了。

◎如何说服老板给你加薪

【在老板最担心人才流失的时候，向他提出加薪，不失为一招。但专家提醒，要说服老板，不仅需要你底气十足，还要掌握一定技巧。】

说服老板给你加薪确实不是一件易事，万一操纵不好，就有可能破坏自己在老板心中的良好形象，影响日后的工作。因此，在开口向老板要钱时，最好先制定一个谈话要点，然后有理有据地展开。

只有当老板意识到给你加薪有百利而无一害，甚至还能憧憬到不久就能收获到滚滚财源时，你的目的才能达到。一般来讲，提出加薪的策略有以下几个方面需要把握：

索求有度。人力资源专家在研究中发现，人们提出的高薪请求在许多时候都会跟实际可达到的高薪程度有很大差距。因此，在提出加薪要求前，一定要先研究同行业相关职位薪酬的大体数目，再大胆索求，这样成功的几率会更大些。

说话语调适中。你肯定希望老板能心平气和地听取你要加薪的理由，那么反过来，当他陈述他的理由时，你也要心平气和地倾听，然后再寻找突破口，协调一致。切记不要一时心急，就采用下通牒、恐吓或别的强迫方式令对方就范，这样只会适得其反。

明确目的所在。也许加薪并不是唯一解决问题的办法？是否其他方式也一样能让你达到目标？其实，能让你达到目标的方法还有很多，如分红、股票期权、奖金、晋升、长长的年假、灵活的工作时间等等。没准这些其他的选择会让你觉得比加薪来得更实惠呢。

投老板之兴趣所在。你有你的要求和目标，你的老板也有自己的要求和关注点。那么，在跟他交谈时，何不投其兴趣之所在，大谈特谈，说不定目的达到不说，还会有意外收获呢。

向同行看齐。如果老板认为你的加薪要求并非信口诌来，他也许能更容易接受些。多收集一些相关数据来说服他，比如说其他类似公司同职位人员所拿薪水的大致数额啦，你所了解到的本公司相关职位人员的薪金水平啦等等，这样一来，他想不同意都不行了。

想好退路。万一你的请求老板不同意，怎么办？为此，你得事先想好对策，选择好退路。是去是留，怎么去，怎么留，一定要考虑仔细了。

准备充分。精心做好谈判准备，这是你唯一能够控制的。这一点非常关键。只是准备要做得充分，需要花费一定的时间和精力。

总结经验适时再战。谈判的经验每次都要总结，才能达到质的飞跃。因此，在谈判结束之后，不论是成是败，都要认认真真做好总结，列出闪光点，也找出不足之处，学会从失败中找到成功的亮点。

◎广结善缘是成功的保证

【广结善缘，于人于己都有好处。如果你人际关系好，在工作竞争中会明显占优势，别人不仅会支持你的工作，还会处处为你着想，处处维护你的利益，这无疑是你成就事业的可贵基础。】

广结善缘是成功的基础和保证。也许有人会以为，好心不一定有好报。的确，如果你只是偶尔行善一下，真的不一定会有好报。但如果你是常常行善的人，获得好报的机会就很高了。道理其实很简单，不论好心获得好报的几率是多少，60%也好，40%也罢，总之，你越好心，帮助别人的次数越多，获得好报的次数也一定会越多，所以广结善缘总是错不了的。

美国《财富》杂志对美国500位年薪50万美元以上的企业高级管理人员和300名政界人士进行了调查，结果表明：93.7%的人认为人际关系畅通是事业成功的最关键因素。

在中国，历来就有重视人际关系的传统，特别强调人与人之间要和睦相处、共享利益。据一份调查报告显示，在中国每100位头脑出众、业务过硬的人士中，就有67位因人际关系不畅而在事业中严重受挫，难以获得成功。

上面的两份调查，从正反两个方面证明了这样一个结论：人际关系的成功与否在很大程度上决定着事业成功与否。

“30岁以前靠专业赚钱，30岁以后靠人脉赚钱”，这话不无道理。在一个关于哪类因素对职业生涯影响最大的调查中，“个人能力”被大家公认为第一要素；其次有30.77%的受访者认为机遇起着决定性的作用。人脉关系的因素被排在了第三位，有17.35%的受访者感受到了人脉的重要性。其实这三种因素并不矛盾，往往具有累积加倍的效果。如果你有能力，而且在能力之外还有良好的人际关系、人脉优势，那么结果往往是一分耕耘，数倍的收获。

不论创业人士，还是职场中人，几乎所有成熟练达、凡事成功的人，都有一个共通的特质，就是他的人际关系处理得非常成功。这包括与上司、下属的默契，与平级同事之间的和谐。现代职场中，除了专业知识技能之外，个人绩效的好坏，与他在群体中的人缘，关系非同一般。若是能做到每个人对他的印象都是正面的、肯定的，自然而然，这个人在职场上就成为高手了。

好人缘有利于建立完善的人际关系网。在很多时候，你的朋友的推荐和说服，往往比你“王婆卖瓜、自卖自夸”要有说服力得多。

华达国际投资集团董事局主席李晓华的经商秘诀之一，是建立良好的人际关系。国际上很多风云人物都与李晓华有私交，其中包括安南、老布什、叶利钦、普京、内塔尼亚胡、海部俊树等政要。澳大利亚前总理霍克先生是国际上著名的政治家和经济学家。李晓华聘请霍克先生为自己的经济顾问，霍克为他提供了许多独到见解，还帮他筹划远景。聘请外国前政府首脑为中国私营企业家服务，这在中国是史无前例的。这些海外关系，也为李晓华开拓国际市场提供了一张特殊的“通行证”。

美国心理学家L·凯利和J·卡普兰在贝尔实验室做过一项研究，结果说明了良好的人际关系对于一个人事业成功和生活舒畅的重要性。

该实验室里的人员都是学术、智商很高的工程师和科学家，但他们之中有的人出类拔萃，有的人却碌碌无为。原因就在于那些有突出成就的人人际关系良好、交游广阔、拥有稳定的交际网，他们遇到困难时，可以随时寻求他人的帮助，并且很快就有结果，因为他们平时就建立了可靠的关系网。而那些表现平庸的人，由于没有较好的人际关系，碰到困难时就一筹莫展，虽然也会寻求他人的帮助，但效果不大。良好的人际关系，对一个人的成功来说，其好处是不言而喻的——不仅带给你工作上的成功与顺利，还带给你安宁、愉快、轻松、友好的心境。

有人说：“看一个人的人际关系，就知道他是怎样的人，以及将会有何作为。大多数人的成功，都源于良好的人际关系。”

美国前总统克林顿能够成功地赢得竞选，也与他拥有广泛的人际关系分不开。在竞选过程中，他的拥有高知名度的朋友们扮演着举足轻重的角色。这些朋友包括他小时候在热泉市的玩伴、年轻时在乔治城大学与耶鲁法学院的同学，及日后当罗德学者时的旧识等。他们为了能够让克林顿竞选成功，四处奔走，全力地支持他。克林顿在任总统后，还不无感慨地说：朋友是他生活中最大的安慰。

俗话说：一个篱笆三个桩，一个好汉三个帮。有了丰富的人际关系网络，才能网罗到更多的机会。作为一个职场人，如果能在工作中交一些朋友，是幸运的。从个人职业发展角度看，职场中的朋友之间可以相互交流工作经验、互相学习、互相鼓励，同时，在生活上可以互相帮助。总之，保持良好健康的朋友关系，在工作上和生活上都是有益的。

平时多烧香，才有贵人帮。身在职场的人，在上升的每一个阶段都会有贵人相助，只不过自己没有觉察而已，师长、上司、朋友轻轻一点拨，你的命运就发生了改变。

你的贵人就在你的关系网中。在这个关系网中，有各式各样的朋友，他们能够从不同的角度为你提供不同的帮助，有许多机遇就是在与朋友交往中出现的。有人做过统计，90%的中高层领导有被贵人提拔的经历；80%的总经理要得贵人赏识才能坐上宝座；自行创业成功的老板100%受恩于贵人。

某单位新来一位主要领导，需要配备秘书，在许多人跃跃欲试的情况下，小蔡被选中了。原因就在于这位领导委托自己的一个下级王某为自己物色秘书，而王某和小蔡是同学和好朋友，他们都是某大学中文系2004届毕业生。王某自然清楚，小蔡肯定胜任秘书职位，于是就推荐他。

结果，领导本人满意，组织考查合格。正在为前程奔波的小蔡更是欣喜若狂，因为他找到了适合自己的位置，这是他的心愿，也是他成功的一个里程碑。

当然，机遇不会光顾没有准备的人。要想贵人能够出贵言和贵力，至少得让贵人发现你，认为你值得帮助，是可塑之才，而非朽木。

◎主动是特别的行动气质

【主动是一种特别的行动气质，也就是说自己知道做有价值的事，不用别人去催。职场上的主动者，往往得以进入各行各业的高收入者阶层。主动和被动虽然只有一字之差，但是它们对工作的意义完全不同。】

或许现在的你只是公司里的一个小领导，或许你的事业正停滞不前却无计可施，那就尝试体会以下一些方法，定能有所受用。

提前上班，延迟下班。在现代社会里，准时上下班已是过去时，提前打卡并且延迟离开，才证明你对公司鞠躬尽瘁，对工作兢兢业业。有调查结果显示：凡事业有成的企业家都有一项共同的特点，就是早到晚退。你或许会质疑，经常加班或晚退，会不会让老板以为你的工作效率低落，甚至怠惰？其实正好相反，他只会对你埋头工作的身影印象深刻。

兵来将挡，水来土掩。永远要有这样的心理准备：如果上司突然交给你一个任务，并要你在短时间内完成，你必须有兵来将挡、水来土掩的能耐与决心，千万不可表现出不知所措的恐慌状。一般公司老板在提拔人才时，吃苦耐劳的员工是最获青睐的。至于那些老是发牢骚、踢皮球的软蛋，则压根儿也不会放在眼里。

把上司永远放在第一位。千万记住，老板的时间比你的值钱。当他派一项新任务给你时，最好立刻放下手边的差事，以他的指令为优先。比如说，当你正跟别人通电话时，上司刚好要找你，你应该当机立断终止通话。假如通话的对方是公司的重要客户，你不妨以字条或唇形知会老板。总之，尊重老板的存在是属下与上司关系中极为重要的一环。

以上司的事业为己任。在职场上（尤其是在私营和合资公司），能否成功上位，你的主管和上司往往是重要的决定因素。要知道，上司的事情就是你的事情，你的主管和上司发展顺利，你也跟着发展顺利；如果他们失败，你的前途同样一片黯淡。所以说，帮上司，就是帮你自己。

保持大方得体的仪态。在这个物竞天择的时代里，想有一番作为，可得掌握一项基本原则——看场合穿衣服。此外，打扮合宜、修饰整洁并具备良好卫生习惯也同样重要，例如简单有型的头发，适时修剪指甲，避免浓妆艳抹等，都是不可忽视的原则。

遇到问题要临危不乱。惊惶失措是职场中最忌讳的表现，沉着镇静、处变不惊的人，方为职场的最终胜利者。老板都欣赏临危不乱的角色，因为唯有这类员工才有能力乘风破浪，独挑大梁。如果你有天塌下来都不怕的信心，那么出人头地必然指日可待。

洞察先机，未雨绸缪。千万不要以为所有计划都能顺顺利利，事先想好后备方案是发生意外的唯一解救。比如你的上司准备出差，而你必须替他设想可能遗漏的东西以及可能出现的突发状况，不怕一万，只怕万一就是这个道理。如此一来，他不但会衷心感激你，也会对你未雨绸缪的应变能力留下深刻的印象。

合理分配，事半功倍。想要迅速获得上司的赏识，最好的方式是尽可能提高工作效率。尤其当你面对堆积如山的工作时，先不要慌慌张张、如临大敌。只要事先规划好时间分配，并设定事情的优先顺序，就能轻而易举地一一处理。

参与决策，当机立断。想出人头地吗？先改掉你优柔寡断的毛病再说。当你有机会参与公司决策的时候，千万要记得：当机立断、刚毅果决这八字诀。优柔寡断与婆婆妈妈是决策的致命伤。纵观世界成功企业名流，哪一位不是雷厉风行、果敢决断的角色。

经常充电，蓄势待发。现在年轻人最容易出现的毛病是，没有阅读报纸、杂志吸取新知的习惯。如果你不幸也属于同类，那就要改变你的充电方式，常常阅读报章杂志，掌握时代脉向与国际形势，这是跻身高级管理阶层行列的必要条件。

不怕吃亏，善于沟通。在未来领袖的字典里，是没有“对不起，我没空”这样的词句，它是从属关系中的大忌。

想要收获，就必须付出代价。如果你的上司要你负责额外的工作，你应该感到高兴与骄傲，因为这表示他看重你、信任你，且极有可能是他在有意识地考验你承受压力与肩负重责的能耐。凡是不愿意多承担责任的员工只有两种出路，一辈子在原地踏步，或是被别人踩在脚下，永不见天日。

不过，对额外的工作来者不拒者，还是要先权衡一下分内事务与分外事务的界线，如果你觉得实在负荷不了，过度的工作已经明显造成你身体或心理上的不适，而你又不便推却上司交付的任务，不妨试着和上司沟通，妥善解决工作的优先顺序。

出现错误，勇于承担。如果你在工作中犯了比较严重的错误，怎么办？与其逃避责任，不如试着冷静下来，评估事态的严重性，并研究可行的补救措施，然后视情况向上级反应，万万不可在情况未明朗之时告诉上司，而又不知如何解决；更不可装作什么都没发生，企图遮掩过失。有自己的主见，养成临阵不乱的沉着，这才是上司欣赏的特质。

笑脸迎人是不二法门。没有人喜欢和一个整天愁眉苦脸的家伙在一起，原因很简单，因为这种人通常只把悲伤带给别人，而那正是大家最不想要的。俗话说：伸手不打笑脸人。如果你想获得同事基本的喜爱，尽量保持笑口常开。

训练一等表达能力。懂得如何适时在公众场合发表意见，将令你的事业如虎添翼。通常上司都相当重视员工的表达技巧。除了吃苦耐劳能做事之外，磨利你的牙锋，必能在关键时刻发生效用。

以下提供几项清晰及有效表达意见的小秘诀：

开会时，尽量选择靠近会议桌中间的位子，千万别孤零零地坐在别人看不到的边陲地带。

试着在会议一开始就抢先发表意见，先发制人，这样在场听众才会对你印象深刻。切勿等到会议接近尾声时才说话，那时候大家都累了，根本没有人会注意你或你的发言。

不要坐在一边被动等待，一逮着机会就发言。发言时，讲话速度应不疾不徐，尽量陈述重点。只要你言之有物，别人绝对不敢忽略。

发言时，切记把握重点，不要说些拉拉杂杂不相干的琐事。尽量避免使用模棱两可或立场薄弱的措辞，例如“我希望”、“我觉得”或是“这样可能不太对，可是……”等。

◎别被小人钻了空子

【何谓君子？何谓小人？司马光在《资治通鉴·周威烈王》中说：“德胜才谓之君子，才胜德谓之小人。”】

自有历史以来，权贵身边总是聚集一些不学无术却巧舌如簧之辈。就说当今一些企业老板的身边，围绕着的小人也不乏其人。这些小人本身没啥真才实学，却深得老板信任赏识，而这些小人对企业内部的人才发展起到了很大的阻碍作用。

这些小人之所以存在，必然有其存在的理由，很大程度上是因为老板的认可和接受，更进一步地来说，是满足了老板各个方面的需要。那么，作为一个企业老板，具体又存在那些需求呢？

老板的需求一：出于管理的需要。

虽然老板在自己的公司是一言九鼎，但是，并不是所有的话都可以直接说出来的。因为企业管理中有许多玄妙之处，往往曲线表达更胜于直线表达。很多时候，一些话没法直白地讲出来，有的只能说一半，甚至是表面在说东边的事情，实质上却是在指西边的事情。这时候，就需要有聪明人主动能分析出老板未讲出口的话，分析其潜台词所在，并有效地把话承接下去。

老板的需求二：出于间接处理人事问题的需要。

在任何一个企业里，不可能所有的员工都让老板看起来很顺眼，裁人也是经常的事。但是，出于种种原因考虑，很多时候，老板是不方便直接来处理这些人事问题的。得有人出来做恶人，来替代老板做这些员工辞退降级之类的事情。

老板的需求三：出于老板个人的需求。

老板也是人，也存在着这样那样的矛盾、问题、苦恼的方面，需要有人来理解他，安慰，与之沟通，乃至帮助他想一些解决办法。

老板的需求四：个人价值认定的需求。

员工打工，解决的是经济问题；老板做事业，解决的是精神问题。老板比员工更为注重精神层面上的东西，例如自己的价值被肯定，自己创新的思维被接受，自己的成就被认可等等。老板之所有成为老板，必有其过人之处，也就是存在其独特的价值，人的价值，是需要别人来认定的。并且，这还是个不断持续的过程，需要有人不断地肯定老板的价值所在。

老板的这些需求，有谁去发现并设法满足了呢？一般员工是以企业价值为自己工作奉献的目标所在，而这些小人是以老板本人的需要作为工作奉献的目标所在。从这个核心出发，我们也就不难理解为什么老板重小人而轻才子了。

那么，小人为什么要来发现并满足老板的这些需求呢？仔细观察一下这些小人，我们不能发现，这些小人大多有个特性，自身才疏学浅，缺乏足够的专业技能，要是完全靠真才实学恐怕难以在企业立足。为了生存，为了发展，小人们得从其他方面想办法了，既然是满足不了企业价值的需求，那自然就得去设法满足企业老板个人的需求了。

反过来，我们又得考虑一个问题，为什么小人满足了老板的这些需求，而一般员工或是有才能的员工却没能满足呢？许多人认为，在企业工作，只要把自己手头工作做好就行了，凭本事吃饭，没有刻意向老板展现自己的必要，甚至潜意识里对老板还有些敌对的情绪。同时，越是有才的人，往往越是将自己看得很重，认为自己是才子是金子，认为老板得有求贤若渴的精神，主动来找我，主动来给我机会。其实，在企业内部，有才没才，有价值没价值，是老板定的，不是员工自己确定的，你有才，那也得设法包装展现出来。其实，打工这回事，实质性的内容是一方面，形式又是另外一方面，两者都是不可少的。

老板和员工之间，永远做不到亲密无间，这不仅仅是地位的关系，更是利益的关系。说透了，员工和企业老板之间也就是互相交易的关系，员工贡献出自己的专业知识或是劳动，老板付出相应的薪水。也可以说，员工对于企业老板而言，也存在一种自我销售的行为，而作为销售，就得有自我包装，自我展现的意识，主动地向采购方（企业老板）展现出你的价值所在。并且通过深入了解你的老板，做出更有针对性的自我销售方案，争取把你自己卖个更好的价钱。问题是，许多员工是不屑于做这种事情的，只顾埋头工作，却被许多不学无术的小人钻了空子。

第十六章　人才管理的博弈应用

◎把人才放到最合适的岗位

【管理者的核心任务是选贤任能，那么就不可避免地面临一个巨大的挑战，那就是如何才能让人才满意、把人才留住。】

古时候，有一个老先生，养了两匹千里马，准备在适当的时候出手卖个好价钱。养马必须要勤快，要每晚起来给马喂草添膘。尽管老先生很勤快、很努力，但是他很快还是发现了问题，这么辛苦了几个月下来，两匹马没有长膘反而掉膘了。原因何在呢？有问题找专家，他于是请来了“马博士”。“马博士”来了一看就明白了，他告诉老先生，马不好好吃东西，关键就是因为把两匹千里马养在一个马厩里，让它们在一个槽里吃东西。每次吃东西的时候，两匹马又踢又挤，你争我抢，根本不能安心吃草料。解决方案很简单，就是把马分开，为两匹千里马准备两个食槽，让它们分开吃。一试果然有效，两匹马很快就变得膘肥体壮。

卖了马之后，老先生决定养点省事的，晚上不用添草料就能上膘的，于是养了两头猪。但令他困惑的是小猪越来越挑食，而且不上膘。有问题找专家，把“猪博士”请来了。“猪博士”来了一看就乐了，他跟老先生讲，哪有养猪还打隔断分开养的啊，要让猪上膘，办法很简单，把两个猪圈合成一个，让两头小猪在一个槽里吃东西就可以了。道理其实很简单，两个小猪在一个槽里吃食，有了争抢，于是就会吃得更香。老先生一试，果然灵验。

把猪卖了以后，老先生想了，“马博士”说分开好，“猪博士”说合起来好，那到底是分好还是合好呢？答案很清楚，要看对象。独当一面的千里马需要分槽喂养，各有所专，各负其责；而正在成长中、尚未成熟的小猪却需要合槽，给它们一个竞争的平台，让它们快速成长，等成熟后可以独当一面了再分槽。这就是用人策略之一：“分槽合槽”。

能者要想才尽其用，不但要分而并之，还必须善用之。因为不同的贤能，各有其能，有的适合彼工作，有的适合此工作，把各种能力放在适合它们的土壤里才能生存成长。养可分，用必合方能各自协调，发挥合力。

去过庙里的人都知道，一进庙门，首先是弥勒佛，笑脸相迎，而在他的北面，则是黑口黑脸的韦陀。但相传在很久以前，他们并不在同一个庙里，而是分别掌管不同的庙。

弥勒佛热情快乐，所以来的人非常多，但他什么都不在乎，丢三落四，没有好好管理账务，所以依然入不敷出。而韦陀管账是一把好手，但成天阴着个脸，太过严肃，搞得人越来越少，最后香火断绝。

佛祖在查香火的时候发现了这个问题，就将他们俩放在同一个庙里，由弥勒佛负责公关，笑迎八方客，于是香火大旺。而韦陀铁面无私、锱铢必较，则让他负责财务，严格把关。在两人的分工合作下，庙里呈现出一派欣欣向荣的景象。

分槽喂马和佛祖派工，说的都是一个问题，就是如何把最合适的人放到最合适的岗位上去。如果在用人中组合失当，常失整体优势；安排得宜，才成最佳配置。在这方面，柳传志成功地用“分槽喂马”的策略，不仅化解了这个难题，而且将企业的发展推向一个新的高度。

2001年3月，联想集团宣布“联想电脑”、“神州数码”分拆进入资本市场，同年6月，神州数码在香港上市。分拆之后，联想电脑由杨元庆接过帅旗，继承自有品牌，主攻PC、硬件生产销售；神州数码则由郭为领军，另创品牌，主营系统集成、代理产品分销、网络产品制造。至此，联想接班人问题尘埃落定，不负众望的“双少帅”一个握有联想现在，一个开往联想未来。

在实行“分槽喂马”的过程中，还有一个如何进行搭配，使每个人才相得益彰而不是相互妨碍的问题。这就需要管理者对“千里马”有深刻的洞察力，最好使他们彼此所负责的事务具有互补性。

◎实施行之有效的人才战略

【一个企业在事业上所取得的成功，无不是其人才战略的成功。企业要想巩固已取得的成果，并在更高的起点上有所作为，有赖于坚持不懈地实施行之有效的人才战略。而要实施好人才战略，企业首先要营造一种尊重劳动、尊重知识、尊重人才、尊重创造的氛围。】

英国著名历史学家诺斯科特·帕金森写过一本名叫《帕金森定律》的书。他在书中阐述了机构人员膨胀的原因及后果：

一个不称职的官员，可能有三条出路：一是申请退职，把位子让给能干的人；二是让一位能干的人来协助自己工作；三是任用两个水平比自己更低的人当助手。从这位官员本人的角度来看，这第一条路是万万走不得的，因为那样会丧失许多权力；第二条路也不能走，因为那个能干的人会成为自己的对手；于是，两个平庸的助手分担了他的工作，他自己则高高在上发号施令，助手不会对自己的权力构成威胁。两个助手既然无能，也就上行下效，再为自己找两个更加无能的助手。如此类推，就形成了一个机构臃肿、人浮于事、相互扯皮、效率低下的领导体系。

帕金森定律与“武大郎式”的用人政策很是相像，如出一辙——比自己个高的人一概不用。长此以往，必将导致恶性循环：平庸的人启用比自己更平庸的人，更平庸的人再启用比自己更平庸的人，一如黄鼠狼下耗子

——一窝不如一窝。

企业和行政部门都存在帕金森定律的现象。帕金森定律的核心内涵有两点：一是不称职者的为官之道，并且因为非常“有效”，所以普遍存在；二是这种不称职者所在单位的破落之因。具有这种领导体系的单位，多数都是“当一天和尚敲一天钟”的无激情团队，在固有的管理体制下，这种团队是难有作为的。

一个具有本科学历的一把手，往往对具有博士学历的二把手抱有戒心，从而在商量相关事情时，往往喜欢和具有专科学历的三把手在一起，而不喜欢二把手参与，向上一级汇报工作时，更是不允许二把手随从，如果有可能，总是会选择一个冠冕堂皇的理由，将这个博士调离本单位，甚至逼其辞职。

一个在大企业干过营销总监的管理干部，即使是到了一个中小企业，如果不是老板先把原来的营销主管调离，这个新来者，即使有再高的水平，也不会干出优异的成绩，因为那个“老人”在不断地“帮忙”。

帕金森定律发生作用的条件有哪些呢？

必须要有一个团体，这个团体必须有其内部运作的活动方式，其中管理占据一定的位置。这样的团体很多，大的来讲，如各种行政部门；小的来讲，如只有一个老板和一个雇员的小公司。

寻找助手的领导者本身不具有权力的垄断性，对他而言，权力可能会因为做错某事或者其他的原因而轻易丧失。

这位领导者对他的工作来说是不称职的，如果称职就不必寻找助手。

这三个条件缺一不可，缺少任何一项，就意味着帕金森定律会失灵。可见，只有在一个权力非垄断的二流领导管理的团体中，帕金森定律才起作用。那么，在一个没有管理职能的团体——比如网络虚拟学术组织、兴趣小组之类，不存在帕金森定律描述的可怕顽症；一个拥有绝对权力的人，他不害怕别人攫取权力，也不会去找比他还平庸的人做助手；一个能够承担自己工作的人，没有必要找一个助手。

帕金森定律告诉我们这样一个道理：不称职的行政首长一旦占据领导岗位，庞杂的机构和过多的冗员便不可避免，庸人占据着高位的现象也不可避免，整个行政管理系统就会形成恶性膨胀，陷入难以自拔的泥潭。这样就会在官场中形成类似“鲜花”插在“牛粪”上的现象，“鲜花”就好比是那些公司中的领导职位，“牛粪”就是那些公司中平庸的领导者，而这种“鲜花”插在“牛粪”上的危害是相当大的。

权力的危机感，是产生帕金森现象的根源。恩格斯曾经说过：“自从阶级社会产生以来，人的恶劣的情欲——贪欲和权势欲就成为历史发展的杠杆。”人作为社会性和动物性的复合体，因利而为，是很正常的行为。假设他的既有利益受到威胁，那么本能会告诉他，一定不能丧失这个既得利益，这也正是帕金森定律起作用的内因。

一个既得权力的拥有者，假如存在着权力危机，不会轻易让出自己的权力，也不会轻易地给自己树立一个对手。在以不害人为底线的良心监督下，会选择两个不如自己的人作为助手，这种行为是自然而然、无可谴责的。

要想解决帕金森定律的症结，必须把管理单位的用人权放在一个公正、公开、平等、科学、合理的用人制度之下，不受人为因素的干扰。最需要注意的，是不将用人权放在一个此权力可能会直接影响或触犯其自身的人的手里，问题才能得到解决。

◎对“小过错”不容忍

【破窗理论告诉我们，在企业管理中，对待随时可能发生的一些“小奸小恶”的态度，特别是对于触犯企业核心价值观念的一些“小奸小恶”，小题大做的处理是非常必要的。】

美国斯坦福大学心理学教授詹巴斗曾做过一项试验：他找来两辆一模

一样的汽车，一辆停在比较杂乱的街区，另一辆停在中产阶级社区。他把停在杂乱街区的那一辆的车牌摘掉，车顶打开，结果一天之内就被人偷走了。而摆在中产阶级社区的那一辆过了一个星期也安然无恙。后来，詹巴斗用锤子把这辆车的玻璃敲了个大洞，结果，仅仅过了几个小时，它就不见了。

政治学家威尔逊和犯罪学家凯琳依托这项试验，提出了破窗理论。这一理论认为：如果有人打坏了一个建筑物的窗户玻璃，而这扇窗户又未得到及时维修，别人就可能受到暗示性的纵容去打烂更多的窗户玻璃。久而久之，这些破窗户就给人造成一种无序的感觉。那么在这种公众麻木不仁的氛围中，犯罪就会滋生、蔓延。

在日常工作中，经常可以发现这样一些现象：一个人带头摘取商店门口摆放的鲜花，其他人就群起而效仿，将数个花篮中的鲜花一抢而空；桌上的财物、敞开的大门，可能使本无贪念的人心生贪念；有的员工工作中违反程序，还称“都是这样干的!”或者“上次就是这样做的”；对于违反公司程序或廉政规定的行为，有关组织没有进行严肃处理，没有引起员工的重视，从而使类似行为再次发生甚至多次重复发生；对于工作不讲求成本效益的行为，有关领导不以为意，使下属员工的浪费行为得不到纠正，反而日趋严重……

破窗理论在社会管理和企业管理中给我们的启示是：必须及时修好“第一个被打碎的玻璃窗户”。我们中国有句成语叫“防微杜渐”，说的正是这个道理。

时任纽约市交通警察局长的布拉顿受到破窗理论的启发。他在给《法律与政策》杂志写的一篇文章中谈到：“地铁无序和地铁犯罪在20世纪80年代后期开始蔓延。那些长期逃票的、违反交通规则的、无家可归的、骂街的、站台上非法推销的、墙壁上涂鸦的……所有这些加在一起，使得整个地铁里弥漫着一种无序的空气。我相信，这种无序就是不断上升的抢劫犯罪率的一个关键动因。因为那些偶然性的犯罪，包括一些躁动的青少年，把地铁完全看成可以为所欲为、无法无天的场所。”

布拉顿采取的措施是号召所有的交警认真推进有关“生活质量”的法律，他以破窗理论为师，虽然地铁站的重大刑案不断增加，他却全力打击逃票。结果发现，每7名逃票者嫌疑犯中，就有一名是通缉犯；每20名逃票者嫌疑犯中，就有一名携带武器。结果，从抓逃票开始，地铁站的犯罪率竟然开始下降，治安大幅好转。

1994年1月，布拉顿被任命为纽约市的警察局局长，就是因为他对破窗理论的出色阐释。而布拉顿开始把这一理论推广到纽约的每一条街道、每一个角落。他指出，这些小奸小恶正是暴力犯罪的引爆点。针对这些看来微小，却有象征意义的犯罪行动大力整顿，结果带来了很大的效果。

“警局的最高领导居然要关心街头那些‘毛毛雨’犯罪，这在纽约市是史无前例的，甚至在美国绝大多数警察局也是史无前例的。”马里兰大学政策研究专家沙尔曼感慨地说。

在破窗理论的指导下，纽约市的治安大幅好转，甚至成为全美大都会中治安最好的城市之一。人们把这个庞大的都市几十年来从没有过的崭新气象都归功于布拉顿。“功高震主”，1997年3月，布拉顿被当初任命他的纽约市长朱利安尼请出了警察局。

破窗理论在社会治安综合治理以及反腐败中的应用效果是显而易见的，在企业管理中也有重要的借鉴意义。

在日本，有一种称作“红牌作战”的质量管理活动。

清理：清楚地区分要与不要的东西，找出需要改善的事、地、物。

整顿：将不要的东西贴上“红牌”。将需要改善的事、地、物以“红牌”标示。

清扫：有油污、不清洁的设备贴上“红牌”。藏污纳垢的办公室死角贴上“红牌”。办公室、生产现场不该出现的东西贴上红牌。

清洁：减少“红牌”的数量。

修养：有人继续增加“红牌”，有人努力减少“红牌”。“红牌作战”

的目的是，借助这一活动，让工作场所变得整齐清洁，塑造舒爽的工作环境，并进而养成企业内成员有讲究地做事的心态，久而久之成了习惯，大家遵守规则，认真工作。

许多人认为，这样做太简单，芝麻小事，没什么意义，而且劳师动众，没有必要。但是，一个企业产品质量是否有保障的一个重要标志，就是生产现场是否整洁。这应该是破窗理论比较直观的一个体现。

公司对员工中发生的“小奸小恶”行为，要引起充分的重视，“小题大做”，加重处罚力度，严肃公司法纪，这样才能防止有人效仿、积重难返。特别是对违犯公司核心理念的行为要严肃查处，绝不姑息养奸。

美国有一家以极少炒员工著称的公司。一天，资深熟手车工杰瑞为了赶在中午休息之前完成2/3的零件，在切割台上工作了一会儿之后，就把切割刀前的防护挡板卸下放在一旁，没有防护挡板，安放收取起加工零件来更方便、更快捷一点。

大约过了一个多小时，杰瑞的举动被无意间走进车间巡视的主管逮了个正着。主管雷霆大怒，除了目视着杰瑞立即将防护板装上之外，又站在那里控制不住地大声训斥了半天，并声称要作废杰瑞一整天的工作量。事到此时，杰瑞以为结束了，没想到第二天一上班，有人通知杰瑞去见老板。

在那间杰瑞受过好多次鼓励和表彰的不规则形状的总裁办公室，杰瑞听到了要将他辞退的处罚通知。总裁说：“身为老员工，你应该比任何人都明白安全对于公司意味着什么。你今天少完成了零件，少实现了利润，公司可以换个人、换个时间把它们补起来，可你一旦发生事故失去健康乃至生命，那是公司永远都补偿不起的……”

离开公司那天，杰瑞流泪了，工作了几年时间，杰瑞有过风光，也有过不尽如人意的地方，但公司从没有人对他说不行。可这一次不同，杰瑞知道，他这次碰到的是公司灵魂的东西。

这个故事告诉我们，对于影响深远的“小过错”，“小题大作”去处理，以防止“千里之堤，溃于蚁穴”，正是及时修好“第一个被打碎的玻璃窗户”的明智举措。

另外，公司要鼓励、奖励“补窗”行为。不以“破窗”为理由而同流合污，反以“补窗”为善举而亡羊补牢，这体现了员工高尚的道德情操和自觉的成本意识。公司要提倡这种善举，通过表扬、奖励措施使之发扬光大。

孔子说：“工欲善其事，必先利其器。”未雨绸缪，防患于未然，是领导应该做好的工作。平时不烧香，临时抱佛脚，只能让自己陷于被动之中。

◎利用“马蝇效应”

【越是有能力的员工越不好管理，因为他们有很强烈的占有欲，或既得利益，或权势，或金钱。如果他们得不到想要的东西，他们要么会跳槽，要么会捣乱。要想让他们安心、卖力地工作，就一定要有能激励他的东西。】

没有马蝇叮咬，马慢慢腾腾，走走停停；有马蝇叮咬，马不敢怠慢，跑得飞快。马蝇效应给我们的启示是：一个人只有被“叮”着、“咬”着，他才不敢松懈，才会努力拼搏，不断进步。企业也是这样。

一天，银行家巴恩到林肯的总统办公室拜访，正巧看见参议员萨蒙·蔡思从林肯的办公室走出来。于是，巴恩对林肯说：“如果您要组阁的话，千万不要将此人选入您的内阁。”“为什么？”林肯奇怪地问，巴恩说：“因为他是个自大成性的家伙，他甚至认为他比您伟大得多。”林肯笑了：“哦，除了他以外，您还知道有谁认为他自己比我伟大得多？”“不知道，不过，您为什么要这样问呢？”林肯说：“因为我想把他们全部选入我的内阁。”

事实证明，蔡思果然是个狂态十足、极其自大而且忌妒心极重的家伙。他狂热地追求最高领导权，本想入主白宫，不料落败于林肯，只好退而求其次，想当国务卿，林肯却任命了西华德，无奈，只好坐第三把交椅——当了林肯政府的财政部长。

为此，蔡思一直怀恨在心，激愤不已。不过，这个家伙确实是个大能人，在财政预算与宏观调控方面很有一套。林肯一直十分器重他，并通过各种手段尽量减少与他的冲突。后来，目睹过蔡思种种形状并收集了很多资料的《纽约时报》主编亨利·雷蒙顿拜访林肯的时候，特地告诉他蔡思正在狂热地上蹿下跳，谋求总统职位。

林肯以他一贯特有的幽默对雷蒙顿说："亨利，你不是在农村长大的吗？那你一定知道什么是马蝇了，有一次，我和我兄弟在肯塔基老家的农场里耕地，我吆马、他扶犁，偏偏那匹马很懒，老是磨洋工。但是，有一段时间它却在地里跑得飞快，我们差点都跟不上它。到了地头，我才发现，有一只很大的马蝇叮在它的身上，于是我把马蝇打落在地。我的兄弟问我为什么要打掉它，我告诉他，不忍心让马被咬。我的兄弟说：'哎呀，就是因为有那家伙，这匹马才跑得那么快。'"

然后，林肯意味深长地对雷蒙顿说："现在正好有一只名叫'总统欲'的马蝇叮着蔡思先生，那么，只要它能使蔡思那个部门不停地跑，我还不想打落它。"

林肯的胸襟和用人能力，使他成为美国历史上最伟大的总统之一。

某种程度上说，企业组织类似于马群。而那些个性鲜明、我行我素同时又能力超强、充满质疑和变革精神的员工，就是企业中的"马蝇"。在一些组织中，他们被叫做"问题员工"，甚至上了"黑名单"，因为他们难以被管理。

"如果把'马蝇'看做是对组织的一种刺激，那么 IBM 公司确实也有很多这样的员工，因为 IBM 公司的核心理念之一就是'创新'。要创新，就必须要有这样的员工来经常刺激整个组织。" IBM 华东区人力资源经理姜雅玲这样说，“IBM 不会简单地将这样的员工当做问题员工。”

“马蝇也要分两种，有的马蝇会传染疾病。”姜雅玲说，“个性化员工也要分两种，应区别对待。IBM 每年都要与员工签订一份《员工行为准则》，其中包括遵纪守法、诚实、正直等。那些违反了行为准则的‘马蝇’，比如作假的员工，会通过正当程序被 IBM 辞退。”

有一个经典故事经常被管理界引用，这个故事来源于 IBM “商业魔戒三部曲”之《小沃森传》中：

1947 年，小沃森刚刚接手 IBM 销售副总裁。一天，一个中年人沮丧地来到他的办公室，提出辞职，因为他原来的导师柯克和小沃森是竞争对手，他确信小沃森主政后会把他挤垮。这个中年人就是曾任销售总经理的伯肯斯托克，其人才华横溢但一度受挫。

没有想到，小沃森对他笑着说：“如果你有才华，就可以在我的领导下展现出来，在任何人的领导下，而不光是柯克！现在，如果你认为我不够公平，你可以辞职。但如果不是，你就应该留下来，因为这里有很多机会。”伯肯斯托克留下来了，并在后来为 IBM 立下了卓著功勋。

小沃森说，“在柯克死后，留下他是我最正确的做法。”事实上，小沃森不仅挽留了伯肯斯托克，他还提拔了一批他并不喜欢但却有真才实学的人。

这个故事体现的精髓，后来构成了 IBM 企业文化的一个重要营养来源。“吸引、激励、留住行业中最好的人才”如今已成为 IBM 人力资源工作的宗旨。而从另外一个角度来说，伯肯斯托克是 IBM 历史上一只很大、很厉害的“马蝇”。

人的工作是最难做的。很多时候公司无法取得更大的发展，甚至分崩离析，树倒猢狲散，其根源就在于没有做好人的工作。

作为一个管理者，最大的成就就在于构建并统率一支由各种不同的专业知识及特殊技能的成员组成的、具有强大战斗力与高度协作精神的团队，不断挑战更高的工作目标，不断创造更大的绩效。为此，可能需要超越旁人的勤奋，需要更多的知识，需要更强的资源支持。

更重要的是，还需要像林肯一样，善于运用自己的智慧，利用“马蝇效应”，把一些很难管理然而又十分重要和关键的员工团结在一起，充分发挥他们的作用，不断为公司创造更大的绩效。

人的干劲和潜能是无限的，只要环境条件适宜，属下的才能自然生根发芽、开花结果，取得更大的成绩，促进自身改变，变成更加理想的人才。要使管理工作进入“自动化”快车道，只有一个办法——“领”与“导”，这将完全取决于领导如何将属下渴望成功的动机诱导出来。

◎抓住他人的弱点

【俗话说，“牛，必须穿着鼻子；马，必须戴着勒口。”你如果能把握住他人的弱点，则一切自能称心如意。当然，你可以利用对方特有的弱点来控制他，他也会利用你特有的弱点来控制你。人类是互相利用的，只看你技术的高下如何，来决定你成败得失之果。】

人们无时不在为名而生存，无时不在为利而生存。世间有为名甚于为利的人，有为利甚于为名的人，有既为名又为利的人。有名义上是为名，实际为利的人；有名义上是为利，实际是为名的人。你需要做精到细致的观察，使利用的技巧有新的提高。

自从汉二年（前200）五月开始，楚、汉在荥阳一带展开拉锯战，谁也没有占到多大优势。于是双方约定，以鸿沟为界，中分天下，其西归汉，其东归楚。

汉四年九月，项羽解围东撤，刘邦也要引兵西归。张良充分认识到此时的项羽因刚愎自用，到了众叛亲离、捉襟见肘的地步。于是，张良、陈平二人同谏刘邦，希望他趁机灭楚，免得养虎为患。刘邦从谏，亲统大军追击项羽，另遣人约韩信、彭越合围楚军。

汉五年十月，汉军追至固陵，却不见韩信、彭越二人前来驰援。项羽回击汉军，刘邦又复败北。刘邦躲在山洞中，不胜焦躁，询问张良道："诸侯不来践约，那将怎么办?"张良是一位工于心计的谋略家，他时刻关注着几个影响时局的重要角色的一举一动，探索着他们心灵深处的隐秘，并筹划着应对之策。

当时，虽然韩信名义上是淮阴侯，彭越是建成侯，实际却只是空头衔，没有一点实际利益。因此，张良回答刘邦道："楚兵即将败亡，韩信、彭越虽然受封为侯，却未有确定疆界，二人不来赴援，原因就在于此。您若能与之共分天下，当可立招二将。若不能，成败之事尚无法预料。我请您将陈地到东海的土地尽划归给韩信，睢阳以北到谷城的土地尽划归给彭越，让他们各自为战，楚军将会很容易被攻破。"刘邦一心要解燃眉之急，听从了张良的劝谏，不久，韩信、彭越果然率兵来援。十二月，各路兵马会集垓下，韩信设下十面埋伏大阵，与楚决战。项羽兵败，逃至乌江自刎。长达四年之久的楚汉战争，以刘邦的胜利而告终。

在处理韩信、彭越索要实惠这件事情上，张良做得十分周到，也充分利用了人性的弱点——好名、好利。划归一些封地给他们，就满足了他们的心愿，使他们各自为战，尽力而战。

人没有不自私的，与其让他为你办事，不如让他为自己办事。后者比前者的成功率要高得多。

周文王在渭水北岸见到了正在直钩钓鱼的姜太公，太公说，用人的道理和钓鱼有点相似之处：一是禄等以权，即用厚禄聘人与用诱饵钓鱼一样；二是死等以权，即用重赏收买死士与用香饵钓鱼一样；三是官等以权，即用不同的官职封赏不同的人才，就像用不同的钓饵钓取不同的鱼一样。姜太公接着说："钓丝细微，饵食可见时，小鱼就会来吃；钓丝适中，饵食味香时，中鱼就会来吃；钓丝粗长，饵食丰富时，大鱼就会来吃。鱼贪吃饵食，就会被钓丝牵住；人食君禄，就会服从君主。所以，用饵钓鱼时，鱼就被捕杀；用爵禄收罗人时，人就会尽力办事。"

一个人有特殊的欲望，这个特殊的欲望，就是他特有的弱点，你抓住了他的弱点，并满足了他的欲望，他就乐于效用，乐于效力。下面将大多数职员的共同欲望总结出来，领导者对此要谙熟于心。

1. 干同样的活儿，拿同样的钱

大多数员工都希望他们工作能得到公平的报偿，即同样的工作得同样的报酬。员工不满的是别人干同类或同样的工作，却拿更多的钱。他们希望自己的收入符合正常的水平。偏离准则是最令人恼火的，很可能引起员工的不满。

2. 被看成是一个“人物”

员工希望自己在伙伴的眼里显得很重要。他们希望自己的出色工作能得到承认。鼓励几句、拍拍肩膀或增加工资都能有助于满足这种需要。

3. 步步高升的机会

多数员工都希望在工作中有晋升的机会。向前发展是至关重要的。没有前途的工作会使员工产生不满，最终可能导致辞职。

4. 在舒适的地方从事有趣的工作

许多员工把这一点排在许多要素的前列。员工大都希望有一个安全、清洁和舒适的工作环境。但是，如果员工们对工作不感兴趣，那么舒适的工作场所就无济于事了。

5. 被你的“大家庭”所接受

员工谋求社会的承认和同事的认可。如果得不到这些，他们的士气就可能低落而缺乏效率，使工作受到损害。员工们不仅需要感到自己归属于员工群体，而且还需要感到自己归属于公司这个整体，是公司整体的一部分。

6. 领导别是“窝囊废”

所有的员工都需要信赖他们的领导者。他们愿意为那些了解他们的职责、能做出正确决策和行为公正无私的人工作，而不希望碰上一个“窝囊废”来当他们的领导。

不同的员工对这些需要和愿望的侧重有所不同。作为领导人，应该认识到员工的不同需要。对这一位员工来说，晋升的机会或许最为重要，而对另一位来说，工作保障可能是第一重要。

我们要承认这样一个大前提，即无论谁都是有弱点的，而且有其特有的弱点。领导的艺术，就是制服这些弱点的技术。

第十七章　激励员工的博弈应用

◎制定共赢的薪酬体制

【经过改革开放大潮的洗礼，“主人翁精神”这一说法在现今物欲横流、“金钱至上”的社会现实中，很少有人再提起它了。现今，许多员工对企业的“人身依附”心理已经大大减弱。】

“公司不是我的家”的观念已经深入人心，为广大的打工一族所普遍接受。付出就要求回报，并不过分。而从公司的角度出发，付出薪酬的前提，是要求员工为公司做出相应的贡献。在公司和员工既“相互依赖”、又相互争斗的博弈中，最直接的表现形式就是薪酬。

薪酬是员工与企业之间博弈的对象，这一博弈的过程与“囚徒困境”很相似，主要表现为：由于员工和企业很难有真正的相互认同，双方始终在考察对方而后决定自己的行为。员工考虑：拿这样的薪酬，是否值当付出额外的努力？企业又不是自己的，老板会了解、认同自己的努力吗？公司会用回报来承认自己的努力付出吗？公司方面考虑：员工的能力，是否能胜任现在的工作？给员工的薪酬待遇，是否物有所值？员工会否对公司保持持续的忠诚？

有这样一个真实的故事：

一位管理者某次跟朋友闲聊时抱怨说：“我的女秘书来了两个月了，

什么活都不干，还整天跟我抱怨工资太低，吵着要走，烦死人了。我得给她点颜色尝尝。”

朋友说：“那就如她所愿——炒了她呗！”

管理者说：“好，那我明天就让她走。”

“不！”朋友想了想又说“那太便宜她了，应该明天就给她涨工资，翻倍，过一个月之后再炒了她。”

管理者问：“为什么，既然要她走，为什么还要多给她一个月的薪水，而且是双倍的薪水?”

朋友解释说：“如果现在让她走，她只不过是失去了一份普通的工作，她马上可以在就业市场上再找一份同样薪水的工作。一个月之后让她走，她丢掉的可是一份她这辈子也找不到的高薪工作。你不是想报复她吗？那就先给她加薪吧。”

一个月之后，该管理者开始欣赏女秘书的工作，尽管她拿了双倍的工资。因为她的工作态度和工作效果和一个月之前不可同日而语。所以这个管理者并没有像当初说的那样炒掉她，而是重用。

从这个管理者角度看，这个管理者可以说是运用博弈的理论，通过增加薪酬使员工发挥出的实力。如果当初他就把女秘书炒掉，这势必给双方都带来一定的不利。而所谓的博弈就是双方实现共赢。

如果从公司的管理角度看，这个故事说明了一个现象：许多员工在企业工作中，经常不断地在衡量自己的得失，如果认为企业能够提供满足或超过他个人付出的收益，他才会安心、努力地工作，充分发挥个人的主观能动性，把自己当做企业的主人。但是，很难判断、衡量一个人是否有能力完成工作，是否能够在得到高薪酬后，实现老板期待的工作成绩。老板经常会面临决策的风险。

由于员工和企业都无法完全地信任对方，因此就出现了“囚徒困境”一样的博弈过程。企业只有制订一个合理、完善、相对科学的管理机制，使员工能够获取应得报酬，或让员工相信他能够获得应得报酬，这样员工就能心甘情愿地努力工作，从而实现企业和员工的双赢结局。

在博弈的过程中，员工在衡量个人的收益与付出是否相符合时，会有三个衡量标准：个人公平、内部公平和外部公平。

所谓的个人公平就是员工个人对自己能力发挥和对公司所作贡献的评价。是否满足于自己的收入标准，取决于自己对个人能力的评价。如果他认为自己是高级工程师的水平，承担着高级工程师的工作任务和责任，而公司给予的却是普通工程师的薪酬待遇，员工自然就会产生怨气，就会出现两种结果：或是消极怠工，或是选择离开。

企业要想保证个人公平，最重要的就是量才而用，并为有才能者创造脱颖而出的机会。一味地说教强调奉献不但无济于事，更是对员工的欺骗和不尊重。海尔的人才观是“赛马不相马”，说的并不是不需要量才而用，而是说不以领导对个人的评价作为竞争评价标准，而是以一套公正透明的人才选拔机制，用个人在工作中的实际绩效作为评价机制和评价标准。要保证个人公平，还应该事先说明规则，保证让双方明白相互间的权利和义务。

员工相互之间的比较衡量就是所谓的内部公平。对于企业的分工来说，个人是无法完成工作的各个工序，需要团队间的相互协调、配合完成的。很难判断一个员工对企业做出的贡献，也很难在岗位相近的员工之间，进行横向比较。而过多人工干预、领导主观对员工的评价，进而反应在薪酬待遇上，常起不到激励员工的积极作用，而多是消极作用。公司只有统一的薪酬体系，科学的岗位评价和公正的考核体系，才能保障内部公平。

外部公平主要是员工个人的收入相对于劳动力市场的水平。

科学管理之父泰勒对此有深刻的认识，他认为，企业必须在能够招到适合岗位要求的员工的薪酬水平上增加一份激励薪酬，以保证这份工作是该员工所能找到的最高工资，这样，一旦员工失去这份工作，将很难在社会上找到相似收入的工作。因此，一旦员工失去工作，就承担了很大的机会成本。只有这样，员工才会珍惜这份工作，努力完成工作要求。

很多公司在招聘人才时，都强调公司实行的是同行业有竞争力的薪酬待遇。什么叫有竞争力的薪酬待遇？就是在同业之间的薪酬比较。比如说，一个软件架构设计师，在外企的薪酬是每月三万元人民币，而同一行业、同一相类产品的国内公司，要想聘请到同档次的软件架构师，你的薪酬水平就不能低于外企的薪酬水平。

以上三方面也是员工对于企业不满的主要原因，其中薪酬设计的关键考虑因素是内部公平与外部公平，个人公平虽然难以从外部表现来衡量，但对于员工积极性的影响也是实实在在的，企业需要通过与员工的沟通，缩小双方的认识差距。让员工认识到自己劳动的价值，市场上的真正价值，珍惜自己的工作岗位，满意于企业给予自己的待遇。只有双方实现互信，才能保障共赢。

在员工与企业的博弈中，员工要满足企业给予的薪酬水平，企业也要对优秀的员工给以薪酬上的回报。这样，双方的博弈就能达到阶段性的力量均衡，从而实现共赢。

◎尊重和关心下属

【高效能生活最主要的、也是唯一的因素是平衡，平衡工作做得越好，效能、热诚和创造力也就越大。】

北风和南风比威力，看谁能把行人身上的大衣脱掉。北风首先来一个冷风凛冽寒冷刺骨，结果行人把大衣裹得紧紧的。南风则徐徐吹动，顿时风和日丽，行人因为觉得春意上身，于是解开纽扣，继而脱掉大衣，南风获得了胜利。

这则寓言形象地说明了一个道理：温暖胜于严寒。得人心者得天下，企业家与员工的关系是鱼水的关系，企业家是离不开员工的。因此，一定要在企业内部搞好员工关系，增强企业的凝聚力。

正泰集团主要生产经营高低压电器、输变电设备、仪器仪表、建筑电器、通信设备、汽车电器等产品。集团综合实力已连续5年名列全国民营企业500强前10位。正泰集团董事长南存辉认为："企业讲究以人为本，全员参保是企业凝聚人心的重要措施，是企业应尽的社会责任，关乎国运，惠及子孙，恩泽本人，有利于企业的发展。"于是，2001年年末，作为民营企业的正泰集团，率先搞起了员工社会养老保险。这项工作被誉为正泰集团的"人心工程"。因为，在南存辉眼里，为员工做好社会保险工作，是一项吸引人、凝聚人、激励人、留住人的重要手段。

到2002年年底，正泰集团总部所属各公司参保人数已达6000多人，正泰集团为此支出了上千万元的资金。

南存辉的估计是正确的，社保的推行，不仅体现了企业的关爱，稳定了员工的人心，激发了大家的热情，更重要的是，还推动了企业的发展。2002年，正泰经济效益同比增长39%，取得了可喜的成绩。

南存辉注重保障员工的利益，这是人人皆知的。在他的企业里，如果员工的利益受到了侵犯，他会毫不犹豫地站在员工这边；如果员工遇到了困难，他会毫不犹豫地帮助员工解决困难，顺利渡过难关。

华人首富李嘉诚曾说："虽然老板受到的压力较大，但是做老板所赚的钱，已经多过员工很多，所以我事事总不忘提醒自己，要多为员工考虑，让他们得到应得的利益。"这也许应该是每一位创业者都应该持有的待人之道吧。

领导者在管理中运用南风法则，就是要尊重和关心下属，以下属为本，多点人情味，使下属真正感觉到领导者给予的温暖，从而去掉包袱，激发工作的积极性。

领导可以从两个方面努力：

1. 使员工感到愉快

如果公司成天暮气沉沉，各成员之间“鸡犬之声相闻，老死不相往来”，如何能激发员工的热情，钟爱企业呢？如果公司不能激发快乐气氛和振奋精神，又怎么能使员工全心全意地工作呢？有人问比尔·盖茨，如果让他重新开始，他会去哪家公司上班？盖茨没有直接回答这个问题，而只是谈了使人高兴和令人感到工作有趣的重要性。为了吸引和留住那些最好的职员并激发他们的工作激情，老板们需要在工作场所营造一种振奋精神和令人愉快的氛围。

2. 兼顾工作和家庭

家庭是社会的细胞，稳定家庭对工作有很大促进作用。一份调查报告中说：“有90%的高层领导将工作带回家去做，他们呼吁要更好地注意兼顾员工们的工作和家庭，否则，企业有可能失去一些人才。”

由于社会竞争越来越激烈，人们生存的压力也越来越大，在日本，许多人因过度劳累而猝死在工作岗位上。这种现象的发生，就是日本政府和企业领导未能协调好员工工作和生活需要之间的平衡。要赢得职员的心，就必须采取积极的方法兼顾他们的工作和家庭。

没有领导者对下属的真正关心，也就不可能出现下属对公司集体的真正忠诚。现代公司文化要求加强公司全体人员的一体化意识和共存共荣的观念，而这种公司文化的建立在很大程度上依赖领导者和公司员工的情感交流。这种情感交流所形成的牢固纽带，不是金钱可以比拟和替代的。

◎身教重于言教

【孔子曰：“其身正，不令而行；其身不正，虽令不从。”】

美国行政管理学家切克·威尔逊提出：如果部下得知有一位领导在场负责解决困难时，他们会因此信心倍增。因此说：身教重于言教。

日本本田技研工业公司的创始人和总经理本田宗一郎以对人太粗暴而闻名。他一看见员工做得不对，拳头立刻就会飞过去。虽没有做错但只是照葫芦画瓢、没有一点创新的人和做错事闯大祸的人一样，同样会遭一顿好打。

有的人挨打后还不知道是怎么一回事，认为老板大概是发疯了，但事后本田宗一郎还是会告诉员工挨打的原因。由于一般都是不知不觉动手的，所以事后本田宗一郎会马上反省，但也只是在脸上稍有点对不起的表情。

尽管如此，年轻人并不讨厌他，反而更加佩服他的表率作用。总之，本田宗一郎一直都是自己率先去干棘手的事、艰苦的活儿，亲自做示范，无声地告诉人们，你们也要这样干。

玫琳凯在这个问题上更有自己独到的见解。她认为领导的速度就是众人的速度，称职的经理应该以身作则。她说：

一个称职的经理必须能以实际行动激励部下，经理不但应在工作习惯方面，而且应在衣着打扮方面为众人树立一个好榜样，经理形象是十分重要的……

我只是在自己的形象极佳时才肯接待光临我家的客人，我认为，自己是一家化妆品公司的创始人，必须给人留下好的印象。因此，与其不能给人留下好印象，不如干脆闭门谢客。我甚至不得不限制自己最喜爱的消遣方式：养花。我认为，要是让我们公司的一个人看见我身上沾满了泥浆，那多不好。我的这些做法已被传扬出去了。有人告诉我，我们的全国销售主任中有许多人在学着我的样子，都穿得十分漂亮，成了各自地区成千上万的美容顾问在穿着方面效法的榜样……

人们常常模仿经理的工作习惯和修养，不管其工作习惯和修养是好还是坏。假如一位经理常常迟到，吃完午饭后迟迟不回到办公室，打起私人电话没完没了，不时因喝咖啡而中断工作，一天到晚眼睛直盯着墙上的挂钟，那么，他的部下大概也会如法炮制。值得庆幸的是，员工们也会模仿一个经理的好习惯……

作为一名经理，重任在肩，职位越高，越应重视给人留下适当的印象。因为经理总是处于众目睽睽之下，所以在采取行动时务必要考虑到这一点。

在企业管理中，身教不仅起到了导向和示范作用，而且还有凝聚人心、化解矛盾、鼓舞士气、催人奋进的特殊功能。

长期经验教训证明：身教是密切管理人员与员工的黏合剂。管理人员的职位越高，身教影响力的涉及面越宽。管理人员只有自身过硬，才能引起见贤思齐的广泛思想共鸣，带出过硬的团队。而且，从某个或某些管理人员身上往往可以看到一个企业的前途与希望。

现在有很多领导者嘴上总挂着这句口头禅："照我说的做。"这是领导的下下之策。领导的上上之策是——照我做的做。领导不能做到公正，原因是无法端正自己的内心。内心端正了，处世就没有了偏私。

◎学会赞美下属

【作为管理者，首先应该明白员工的心理；其次，学会赞美下属。做到这些，其实是很不容易的。】

领导人能让员工达到巅峰状态的重点是"激励"。领导者懂不懂专业技术这不是重点，懂得如何凝聚适合的人才，如何改善缺点，如何发挥优点，如何激励别人达到巅峰状态，这才是领导的重点，利用赞美激励员工的士气往往会起到事半功倍的效果。

韩国足球队前主教练希丁克激励团队的风格是，随时鼓励并称赞球员。希丁克一般不用直接的批评，而是以直接或间接的鼓励，来刺激球员兴奋起来。

他上任后，给教练组声明的第一个原则就是"千万不要责备球员"。意思是说，即使球员做错了，也要让球员自己说出来，这样他们才不会再犯同样的错。

选拔球员时，他也不用“那个球员不行”之类的否定话语，相反他会非常积极地寻找每个人的潜能及特长。

希丁克一直说：“我会随时称赞球员，绝不会当众指责他们。指出错误、骂一通，也只会在球队内部。那是我和球员之间的约定，也是我的原则！”

对于球员的失误，他也绝对不会当面发火，相反会通过耐心的说明使球员领悟。但如果给了一次机会，球员还没有“听话照做”，该球员的机会也许就会到此结束。

在言论上，希丁克不管是称赞某个球员，还是指出某个球员的错误，从不指名道姓，而是针对问题，就事论事，而且总是先称赞后批评，或者先批评紧跟着称赞，来激励球员。

比赛结束后，要指出球员的错误时，他开头会说：“只是要分析比赛情况，而不是为了责怪谁，所以请不要紧张！”接着他会让所有记者退出，然后一条条分析比赛内容。

希丁克不一样的心胸，为球员们的自信心和斗志奠定了坚实的基础，大大提高了球队的士气。美国篮球界大名鼎鼎的K教练率领杜克大学队在NCAA叱咤风云多年，他曾这样说：“球队的‘士气’是胜利的第一要素！”希丁克能让所有球员在所有比赛中感觉自己是球队中最棒的球员。他随时在鼓励球员：“你刚才太棒了！”

赞美的力量是不容忽视的，有时甚至比金钱更重要。

战国时，秦欲统一六国、独霸天下。燕国不甘败北，此时民间有位侠士，叫荆轲，此人勇力过人，而且相当自负。燕王想让此人去刺杀秦始皇，但人们心里都清楚，此次行动，不是凶多吉少，而是有去无回。怎么办呢?

燕王便利用了荆轲自负的特点，为他广为宣扬，说此人如何高尚、如何侠义，总之扣了好多的大帽子，最后在民间形成了极佳的口碑。然后再聚众宴请他，当着百姓的面请求他去刺杀秦王，才有了“荆轲刺秦”的历史典故。就是这块“贞节牌坊”，使这位勇士乘着萧瑟的秋风，长眠于他乡。

把赞美运用到企业管理中，会起到意想不到的激励效果。林肯说过：“人人都喜欢受人称赞。”员工当然也不例外。不可否认，有很多领导者，他们的心态就没有端正，认为员工是自己的手下，在手下面前要耍威风，是天经地义的事情，要让他们来赞美下属，比登天还难。所以说，学会赞美下属，是一门艺术。

学会赞美下属，必须掌握以下几点：

1. 发自肺腑的称赞

假装出来的赞美或不切实际的赞美都会起到反作用。

2. 赞其长，避其短

人无完人，赞美他，就要赞美他的长处。如果专拿他的短处赞美，就成了讽刺。

3. 称赞要及时

员工做出成绩后，想得到第一时间的称赞，如果因为领导工作很忙，一个星期后想起来了，表扬几句，效果等同于不赞美。

工作成绩被肯定，是人的价值得到了最期望的肯定，当他们得到赞赏和鼓励后，会本能地焕发出更多的光和热。为什么我们不能学得慷慨一些呢？试着去寻找部属身上值得你赞赏和称颂的东西，并且真诚地告诉他。一开始也许不容易，但不久就会习惯的。

◎对事对人进行奖励

【在批评人时，我们常常听到的一句经典语言是“对事不对人”，借以说明和保持批评的客观态度。那么在奖励人时又当如何呢？】

从资本的本性出发来看，激励员工必然是对事不对人的。但是，管理者要和具体的人打交道，尤其是在激励中要具体问题具体对待，必须处理好“对人”的个案，“各个击破”。因此在奖励时既要对事也要对人，将两者有机地结合起来。

在实践中，确实存在着叶公好龙式的经营管理者，声称要奖励职员的积极性，而一旦职员的积极性极大地涌现出来时，自己却乱了手脚，有时还会产生“功高盖主”的恐惧。但这只是问题的一个方面；问题的另一个方面是叶公确实好龙，于是龙种与跳蚤都跳出来，活灵活现地要在奖励的殿堂里登堂入室，于是便演绎出一幕幕企业监管的悲喜剧，使得管理者不得不认真对待其间的是是非非。

美国安然公司的财务丑闻就说明了这一点。允许企业高管持股并授以期权，作为一种制度安排并不是针对某一个“千里马”而授予的特权，安然公司也不例外。但是安然公司的高管们正是利用这种制度安排，聘请财务公司做假账，制造泡沫业绩，抬高股价，然后迅速抛出所持股票，发了一笔大财，而公司的资金链条终于出现裂痕，导致破产。

从激励的角度汲取教训，就需要认真研究安然公司高管们在股权激励中作假的个案，在聘用或考核企业高管时，就应当认真考量其个人的诚信度；而加强对企业高管诚信度的考核，又不是对某一个高管过不去，对每一个人的考核的严格又是一视同仁的。这就是对事与对人两个方面的相互过渡，作为管理者对职员的奖励也是一样。管理者实施奖励时当然不愿意把事情弄得这么复杂，但现实却要求管理者必须这么做。正如美国管理专家米契尔·拉伯福所说的那样，“我们宣布讲究实绩，注重实效，却往往奖励了那些会做表面文章，投机取巧的人。”为了减少这种现象，管理者在实施奖励时，必须警惕职员以人谋事，或者以事盖人的对策。

所谓职员以人谋事或者以事盖人的对策，是指当管理者奖励绩效时，职员就拼凑绩效，或者没有达到绩效时就以自己有特殊情况，需要照顾为由要求享受奖励待遇；而当管理者针对某种人群的特殊性实施奖励时，职员就努力挤进这种人群，挤不进去时就以大家都在辛苦做事，自己也取得了一定成绩为由要求得到“公平”的奖励。面对这两种倾向，管理者都要保持清醒的头脑，将奖励的对人与对事有机结合起来。这样做也是由奖励的规律决定的，既重视奖励的系统性又要保持奖励的针对性。

在奖励中将对事与对人有机结合起来，在逻辑上并非不可能，其出发点是相信每个人都可以进行激励。应当承认，一般工薪阶层是为自己而工作的，这固然增加了奖励的难度，但恰好也说明了不同类型的职员的一个重要共性：为了自己必须工作。那么，管理者只要让职员明白为企业做事就是为自己做事，每个职员都有可能得到激励。管理者要让职员看到，他们为企业付出努力，同时得到回馈，是一个双赢的结果。除了基本物质的回馈外，回馈可以是认同、成就感，也可以是收入的提高，都可以看做是奖励的部分。当然，仅仅让员工了解企业的诚意并不够，还要让员工找到说服自己为企业效命的理由，这样每个人身上都存在的激励因子就有可能被激活。

在奖励中将对事与对人有机结合起来，并不是说不讲人与事的区别，奖励为企业的目标服务首先要保证企业的事业有所成，在确定了对事的原则后，在适用具体人时要有所区别和甄别。在现代企业中，企业激励的对象可以具体划分为权益层、经营层和操作层，对不同的层次实施不同的奖励。不同层次的奖励根据不同的分工和环节还可以进一步细化，对于操作层面的员工，可以具体到为每个员工设定恰当的目标，直至要考虑到为员工安排的职务与其性格相匹配。员工的个性各不相同，他们从事的工作也应当有所区别。与员工个人相匹配的工作能让员工感到满意、舒适，这本身对他们就是一种激励。如果让一个喜欢冒险的人从事一成不变的审计工作，而让一个风险规避者去炒股票，他们可能都会对自己的工作感到不满，工作绩效自然不会好，或许管理者越激励，他们越烦躁。在符合每个职工性格特质的情况下，为员工设定一个明确的工作目标，通常会使员工创造出更高的绩效。目标会使员工产生压力，从而激励他们更加努力地工作。这样实际上也是为了防止实施奖励时职工强调自己的现实差别，对管理者提出这样那样的要求，便于对个案的处理。

明确了对每个人的个别激励方案后，还要回到注意掌握处事公正的原则上。美国的一个心理学家分析，员工的工作动力来源于两个方面：第一是自己的付出和收入成正比，这个是最基本的，对于员工的影响是初级的；第二就是相对平衡报酬的影响，他会自己比较周围同事或者对社会环境中可比较人员的综合付出和收入，如果领导者有一些偏心，那么他也会感到不够公平公正，而这会使管理者前期的激励措施功效消失殆尽。管理者通过奖励，给下属创造一个公正公平的环境预期是非常重要的，可以由此让他们有一种安全感，感到跟着这样的领导自己不会吃亏，这样才不会费尽心机在激励中与管理者博弈，即使他们提出一些问题，管理者有的放矢，也能圆满化解可能出现的矛盾，保持竞争和按劳分配的合理性。

管理者很难做到百分之百对事不对人，一定要既对事又对人。

第十八章　组织协调的博弈应用

◎企业中的博弈关系

【一般来讲，企业之中存在两对博弈关系：一种是企业与员工的博弈关系；一种是员工与员工之间的博弈。】

我们知道，企业中存在两对博弈关系：企业与员工的博弈关系；员工与员工之间的博弈关系。

在第一种关系中，企业与员工的关系是相互对等的，是相互选择的博弈，即：员工可以选择企业，包括员工作为投资人选择企业和员工作为就业者选择企业。也就是说，员工可以在企业之间充分流动；同时，企业也可以选择员工，包括出资人和就业者，也就是既可以辞退就业者，也可以放弃出资人。总之，企业对员工的选择，或者员工对企业的选择，都应具有流动性和动态性，而不应是固态性和僵化性的。但是从企业所需要的应有的稳定性，以及企业充满活力的要求这些角度来看，员工对企业的选择，或者企业对员工的选择，都需要有相互的稳定性，也就是说员工和企业的相互关系应该是一个强调和谐与合作的良好组合关系。

博弈是一个参与各方相互作用的过程。人才与组织都是依据自己的成本收益来决策和行动的，是以自己的利益为导向的。组织采取各种措施，以期留住对自己有用的人才，而人才却在不断追求更有利于个人价值实现的工作环境、工作状态和工作待遇。人才做出流动决策并最终发生流动的过程就是双方博弈的过程。

企业和人才之间之所以出现博弈的原因有二：一是企业和人才之间目标不一致。人才是具有多维需求即企业角色需求、社会角色需求和家庭角色需求综合作用的结果。而且在某一特定阶段，人的某一方面需求占据着主导地位。而企业考虑的目标则不同，他们关心的是员工给企业带来高的营业额、高的利润、高的经济回报率等指标。二是企业和人才的信息不对称。我们知道，现实世界除了信息不完全以外，还存在信息分布不对称的问题，即博弈双方拥有的信息量是不对等的。企业没有营造一个充分沟通，信息共享的环境，使得企业和人才之间信息交流很不流畅，在这样的情况下，企业和人才在做决策时都会依据各自的利益为导向采取各自的博弈行为。

随着知识经济的到来，企业和人才关系向着契约式和交易性方向发展。企业和人才必须充分考虑对方的利益，否则，契约就无法达成，交易不能实现。同时，企业和人才也必须对对方可能采取的行动保持高度的警觉。

同时，建立企业和人才之间的合作性博弈，以减少人才流失的途径：

首先，树立企业与员工是合作伙伴关系的理念。该理念承认人才在企业中的地位，能够对人才产生持久的激励效应，从而降低其离职意愿。使人才自身利益与企业长远利益结合起来，从而提高人才对企业的忠诚度，降低人才的离职意愿。

其次，营造一个充分沟通、信息共享的环境，建立一个信息共享的电子化互动平台，使人才能够自主方便地了解到各种所需的信息和知识；一方面增加了人才的知识，另一方面加强了人才之间、人才与管理者之间的交流。通过这种开放式沟通，还可以随时了解和关注人才中存在的各种问题，有利于对人才流失的防范。使企业和人才双方的利益都达到最大。

企业中存在的第二种博弈是员工与员工之间。在这里把相对“资源不足”甚至很少的员工喻为“穷员工”，而相对拥有“资源比较多”的员工喻为“富员工”——相对有残疾的跛子，我们这样可以自由行走的人；外地员工和相对优越的本地员工的比较；相对一个失败过、受过挫折的人和热情高涨、有心志的人来说。

当然，“富员工”和“穷员工”的泛指还不尽这些。还比如：一个成长环境一直不错的员工和还“没见过世面”的员工，或者一个在城里长大的年轻人和一个来自农村的年轻人相比。前者常以为，小事情何必那么认真干，后者是看到一丝希望，便想办法在此突破；一个高学历的员工和一个相对学历较低的员工相比，总是发现前者不愿沉下去工作，认为这不是他们想要的，后者便想这就是起点；甚至是一个外貌条件优越的女性员工与一个面貌朴素的女性员工，前者总是路子多多或者想着嫁个富人就是终极目标了，后者也许会多了几份安分；还有那些已经获得过一些成绩的资深人士和还没有经验的新手，前者获得一些成绩后就止步不前，做人做事的态度都变了，所以后者往往很快就能将其超越；能力较强的“聪明”员工和能力相对弱的“愚蠢”员工，前者总是在心里想其实这个能力我是有的，后者则会努力的表现，把“愚蠢”这个帽子扔掉。

或许吧，“富员工”先前已经有了“成功的经验”——其实获得“成功”不用那么费力，在他们的印象中，“实干”就是一种苦力，是一种比较低廉的“付出”。就如同你让一个刚毕业的大学生老老实实地一家一家地去拜访客户，他会认为你们把销售工作搞得太低廉了，说：“销售又不是卖体力的”；或者你给他们一些训练，他们会认为你是在故弄玄虚，是没有必要的。他们想象的都是富丽堂皇的建筑和潇潇洒洒空中飞行部队。他们“下乡”来干活，不是想创造什么，而是求明星型的体验式工作。他们往往会说其实这些我都懂，但是我缺乏实际体验！于是他们养成了任何事情都是镀金式的工作，这种镀金式工作方式会让他们对任何事情都停留在面上，可怕的是他们以为已经下过水了，并亲眼看到的“冰山的一切”，可是对于“冰山”的真实面貌却永远无从得知了！

还或许，“富员工”已经拥有资本，他们不再为“生存”而拼搏，所以他们会好好的“生存”着。有时候他们也想不通，怎么没有先前那么有力量了，想不通是什么限制了他自己。可是看看身后的“靠背”，还是不自觉地靠了上去——既然有，又是自己努力得来的为什么不靠呢，而且只是稍息一下。一开始他们不会“靠”的太久，可是后来他们探头看看还有好多人还在“后面”，安逸的时间长一点点也没什么了，于是在“温水”里心安理得地打发时光。

◎管理者预期决定博弈结果

【在中国企业发展的进程中，管理者更应该从博弈论中学习到发挥更大作用的方法与技巧。当然，由于职业化管理的条件不成熟，因此，企业家主导经营管理的管理模式还将一直持续相当的时间。】

人们一般认为，在计划经济时代，企业员工缺乏激励，偷工减料，效率低下，因为都是吃大锅饭没有足够的动力；而在市场经济下，企业有赚取利润的驱动力，自然企业都会努力降低成本，提高效率以赚得更多的利润。

但是，有一次，某知名食品公司的老领导却颇有些无奈地感叹，实际上，即使在市场经济体制下，企业员工并不都是个个勤奋，人人努力。一般的企业管理者采用的还是自古以来的“胡萝卜加大棒”的策略来统驭下属。

管理学家孔兹对领导的界定是：“领导可定义为影响力。它是影响他人，并使他们愿意为达成群体目标而努力的一种艺术或方法。这种观念可以更扩大到不仅是使员工愿意工作，同时也愿意热诚而有自信地工作。”其中最关键的理念是“影响他人使他们愿意为达成群体目标而努力”。管理者为了对组织的目标负责，达成企业“群体目标”，必然用一种艺术或方法去影响被领导者，使之愿意工作，甚至是热情而自信地工作。

对于下属来说，管理者的信用、权威必须要通过管理者长时间发给下属的各种信号与相互之间的良好交流才能达到。比如一个民营企业的老总若要建立起良好的名誉，必须乐意给下属高出劳动力市场上一般的福利待遇，让下属认识到企业对员工的关心与认可。

权威本身也要具有伟大的人格，优良的品质和出众的才能。权威并不是脱离群众的，他也要采纳群众的意见。只有部属能尊重上司的权威，而上司也能采纳部属意见的公司，一切才可以顺利推动。

管理者与员工交流能够大大提高领导者建立信誉的能力。如果员工发现分享管理者的私人信息和代价很高的努力是值得而理性的，这种信任就是必不可少的。管理者若无法得到员工的尊敬，上下级之间就会相互猜疑，信息沟通极少。用于尊敬员工以及敢于谈论他们自身缺点的领导者将赢得下属的尊重。一旦员工信任并尊敬一个管理者，真正的进步就成为可能。

管理者应该能够帮助员工建立对未来的预期。对未来的预期，是影响员工行为的重要因素。预期分为预期收益和风险，也就是员工这样做将来会有什么好处，同时这样做又可能面临某些问题。这些将影响员工个人的策略，如员工是否会将精力真正地投入到企业的成长中。

从前，一群老鼠被一只老猫打得溃不成军，老鼠家族几乎销声匿迹了，残存下来的几只躲在洞里不敢出来，差点要饿死。老猫在这帮悲惨的老鼠看来，根本不是猫，而是一个恶魔。但这只老猫毕竟上了年纪：每天将几乎一大半的时间都用在打瞌睡上。

有一天，趁着这只猫又在打瞌睡，那些残存的老鼠来到了一个角落里，就当前的迫切问题召开了一个紧急会议。以谨慎闻名的老鼠“军师”担任会议主席，在别的老鼠一筹莫展的时候，它高声建议在这只猫的脖子上系一只铃铛。它说，当猫进攻的时候，铃声会发出警报，这样大伙儿就可以逃到地下躲藏起来。其他老鼠一听，热烈鼓掌，觉得再没有比这个更好的办法了。但问题是怎样把铃铛系上去。没有哪只老鼠愿意去栓这个铃铛。到了最后，大伙儿就散了，什么也没做成。

给猫系上铃铛本是一个绝妙的主意，但对于一群已经被吓破胆的老鼠来说，这个主意意味着只是无法实施的美好梦想而已。在企业中，也是一样的道理。

对于一个管理者来说，应该本着务实的精神，制订切实可行的计划，让他的团队有一个可以实现的目标，而不是做出一个不可能实现的决定，同时管理者要对这个目标做出承诺。在承诺的同时，上下级之间要能够相互沟通，建立一个交流网络来寻求共同的价值观与信念。同时，管理者能够以身作则，以自己的个人行为作为员工学习的典范。

许多公司现在也开始在一些社会议题上彼此互相合作，同时也透过一些公有与私有合伙关系的重组，以及制作各种保护环境，改善教育水准，发展提升医疗保健等计划，来回馈社会。在这里，就有许多机会，可以吸引各行各业以及各层面的优秀分子的注意。

通过领导者自己与下属之间的"互动过程"，有效地协调了子系统之间的竞争与合作关系，树立了领导权威，促进了系统的有序化，这才是现代领导的本质所在。显然这种领导权威不是领导者个人素质的单独结果，而是领导者与下属双方相互作用的结果。这也是有别于传统的新理念。

◎中层管理不容易

【做个优秀员工并不算难，只要肯付出、有能力、不断进步，具备很好的执行力，同时与同事搞好人际关系就是一名非常优秀的员工了。但是要做好管理者，尤其是中层管理者就不那么容易了，可以说非常难。】

中层管理者有其位置上的难处。比如，与下属的关系，走得太近，很多制度难以执行，也会引起上司的怀疑和不满；要求太高，会被员工认为是苛刻，会被孤立起来，高处不胜寒，用不了多久，也会产生负面影响，不是员工反抗厉害，就是该管理者丧失继续做下去的激情和勇气。

与上司相处也要注意很多问题，如果自己做主太多，难免会有越权的嫌疑，但是汇报过多，也同样免不了能力有限的定论，还要注意自己的下属、同级是否会有小人存在，全力工作的同时还要注意平时的一言一行，既不能太张扬，又不能默默无闻，做了工作还要善于汇报，否则领导也许会忘了你在辛辛苦苦的工作。与同级别的管理者也要注意言行的分寸。

中层管理者的管理价值的体现，一是实现目标，二是培养人，三是树立并弘扬价值观。众所周知，管理一半是科学，一半是艺术。以八卦阴阳图类比，黑白之间“度”的把握，不仅反映出中层管理者的个人水平，更是管理价值发挥的关键。

“实现目标”的管理原则：

中层管理者的目标责任，首先是那些对公司整体目标影响最为直接、重要的目标，这些目标直接对外部客户价值产生作用；其次，才是作为“运作单元”在运营系统和内部流程中的角色和功能的发挥；最后，才是作为组织中的一名“员工”个体角色与责任的履行。

原则一：理解先于管理，多与上级交流，少与内心对话。

中层管理者工作的有效性，首先来源于对“目标”的认识。中层只有站在“高层”——企业高度、战略层面，才能认清楚本部门的目标必须是什么、必须在哪里、必须达到怎样的目标状态，才能准确把握部门的工作方向和重点，而这是实施管理行为的起点。做到这一点，一定需要与上级，或者高层领导团队多沟通、多交流，而不是拿着文件机械地阅读和思考——认为自己想明白了就可以了。即使是自己想得明白，也需要在与上级的沟通中获得共识、共鸣。

原则二：管理先于执行，多一份精力把握整体，少一份心思关注微观。

中层管理者对部门的整体目标负责，工作的重点，管理“目标”先于管理“工作”，界定成果先于盲目行动。因此，应多花时间与团队就部门目标的意义与内涵达成共识，就目标分解与行动计划达成共识，更应多花时间从整体目标衡量个体工作的成效，围绕成果评估业绩、制定改进计划。中层管理者不能忘记了“最终目标”和“部门责任”，否则容易陷入细节，容易热衷于获得个人成就，容易过度关注控制员工的具体行为，也容易因个别人、偶然事件做出错误的影响全局的决策。

原则三：长、短期价值并举，多一分重视组织能力，少一分得意当期成果。

中层管理者个人的发展——诸如工作回报的递增、职业能力的提升，源于个人对组织的贡献，以及能够创造未来贡献的、更能获得他人（组织）信任的可能性。因此，不仅要有能力获得当期业绩，更要有能力创造预期业绩。中层管理者必须注重如何在实现当期业绩的过程中，积累和培育可持续发展的组织能力。这种组织能力，可能是一些有形资源，如客户、人才、技术等，也可能是诸如团队士气、组织氛围等等。一个只能管理好有形业绩、达到能量化的“结果”的人，仍然不是真正的管理者。

“培养人”的管理原则：

培养适应组织明天需要的人才，是中层管理者“领导力”提升的非常重要的标志。培养人才，第一步要识别人才，洞悉组织“明天”的人才标准，明晰管理的方向；第二步“选对”人才，能够发现有潜质的员工，并将他作为“因材施教”的对象与部门目标相联；第三步才是培养人才，培养的重点在于“用”，在任用中观察、评估、锤炼、激励。

原则一：人才标准，应多与外部对标，少与内部对标。

中层管理者看人、选人的标准，首先，决不能是个人的标准——源于个人偏好的管理者对员工而言甚至意味着职业灾难；其次，不能局限于部门内部——不能限定在完成岗位或部门工作产生的要求范围内。完成部门或岗位工作的要求，仅仅是人才标准最基本的内容；第三，这种标准不能与企业的标准、外部市场的标准相违背，即这种人才标准必须包含着企业的特定要求，必须体现出与外部市场通行标准的一致性（比如职业素养）。

原则二：培养人才，多“用其所长”，少“急其所短”。

对于大多数管理者而言，“把人用好”是最现实、最重要，也是最有难度的工作。在绝大多数的企业里，找到完全满意的人才更多是一种期望。因此，“用人”成为重心。传统的管理经验是“关注失败”，即从“病态模型”出发，选拔人时根据他的经验、智力和决心，提出要求时规定“正确的步骤”，通过帮助其识别和克服习惯弱点以激励人，通过帮助其学习和获得提升以培养人。现在的管理理念更关注人的成功和优势。即选拔人时，重在选才干——不是仅仅看经验、智力或决心；提出要求时重在界定正确的结果——而不是正确的步骤；激励人时，重在发挥优势——而不是克服弱点；培养人时，重在帮助他寻找最适合他的位置——而不是一味“升职”。因此，识别员工特殊的才干、赋予恰当的任务、在承担责任中历练，成为有效的人才培养方式。

“树立并弘扬价值观”的管理原则：

组织文化与工作氛围是知识工作者创造价值的必要条件，树立并弘扬明确的价值观，是管理者建设文化、营造氛围最重要的任务。这种价值观，不仅指那些有利于催化智慧、创造业绩的观念与行为，更包括人性向善的道德修养和社会责任感，同时也包括指引个体追求有意义人生的理想和追求。

原则一：多说也要多做，明确标准与管理活动并重。

有句话说得好：“思想决定行为、行为决定习惯、习惯决定性格、性格决定命运”。发挥思想、意识、观念这些意识形态的巨大能量，一方面需要将无形的思想“有形化”，即树立明确的价值标准，阐明价值观的内涵，并深入人心，更重要的是体现于人物（员工）、事件、活动的管理过程中（这些管理活动诸如员工绩效沟通、年度先进评选、竞聘上岗等），将价值标准表现在活生生的管理活动中。企业倡导的价值观、部门倡导的工作文化，需要中层管理者既要“摆事实”，也要“讲道理”，结合每一天要做的工作、已经发生的事情重复、重复、再重复。

原则二：多一点言传身教，少一点权势压人。

改变和强化员工的意识和观念，毫无疑问是管理者面临的挑战。这种挑战不仅要将弘扬价值观视为管理者的使命，更是将学习——思考——实践、检讨——反省——磨砺作为每一天的必修课，严于律己，以身作则。要求员工以客户为中心，自己却对其他部门的要求推三阻四；要求员工提高“执行力”，自己却为没做完的工作找借口……此类言行不一的管理无异于掩耳盗铃——自我感觉良好却身陷困境。因此，培养人才，同时也包含了管理者“自我发展”的责任，实现发展必须在个人修炼与管理他人两个领域获得成果。

实际上，中层管理者的三大任务，从三个贡献领域界定了中层管理者的“管理价值”之所在，这三个方面，是三位一体而非完全相互独立的领域，坚持这些有价值的管理原则，在创造某一方面价值的同时，也在另外两方面获得了成就。

◎领导与管理之间的关系

【老板与经理人的关系其实就是领导与管理之间的关系。两者间最大区别体现为：领导是一种变革的力量，而管理则是一种程序化的控制工作。管理者和领导者是两类完全不同的人，他们在动机、想问题、做事情的方式上都存在着差异。】

在老板和职业经理人合作的过程中，会发生很多利益、情感等各方面的问题，他们之间这些不尽如人意的关系似乎是必然的。既然老板与职业经理人之间是一种博弈关系，那么如何建立一个良好的老板与经理人合作机制是非常必要的。

首先要在博弈的基础上建立良好的声誉，这就代表着一种有效的信任机制的建立。通过建立这种机制，不但可以用对未来惩罚的恐惧约束自我的机会主义行为，还可以用重复博弈，提高退出成本的办法约束别人的行为。这有两方面的意义，对于企业来说，在一个信息迅速流动、重复博弈的市场经济体制下，无法做到长期欺骗；对于经理人而言，声誉的好坏将决定其身价的高低。其次，要建立合理的股权激励。第三，我国还处于经理人阶段，经理人还存在道德风险问题。对于这个问题的解决，要采用大股东入注的方式，加大监督力度；另一方面，要采取缓慢进入，经过较长时期的磨合再签订合约的方式。

在研究出资人与经理人合作机制时，理论上比较偏重于关注如何保护出资人的利益，但如果从我国的现实来看，那么就存在着经理人利益得不到保证的情况。对于一个市场经济发展初期的国家来说，相对于老板，经理人是弱势群体。由于这个群体还没有形成统一的社会机制，所以其集团利益是无法保证的。

由于市场机制是一种均衡机制，所以只有双方的利益达到均衡点，才能实现交易。因此，在一个经理人处于弱势的市场环境中，合作机制的取向应当偏重于经理人。

从以上的结论可以看出，老板与经理人博弈问题的核心，实际上是一种经济利益的规范，即老板与经理的权责分担和利益分配的规范。

在这样一个规范下，合约的规则问题是所面临的第一个核心问题。由于交易容易产生纠纷，所以交易的双方要事先签订合约。合约是交易的法律基础。但是合同是对将来可能发生的事情的规定，它无法防止意外。因此在老板与经理人的交易中既要有合约，又不能完全依赖合约。交易的双方要有合作精神。但是在现实中，由于合同的不完善与合作精神的缺乏，经理人往往会吃亏。

某个大型私营企业，由于老板对总经理产生了不信任感，而合约中将总经理的业绩与收益挂钩，于是老板采取明升暗降的办法想使总经理达不到业绩而无法拿到报酬。总经理一怒之下愤然辞职并带走了企业的 100 多位员工。另一个企业登广告以年薪 50 万元聘请销售部经理，但 3 个月试用期一满，就立即辞退了他。

由这两个案例得出，经理人在签订合约时，不仅要规定合约的结果，还要规定执行的过程。只有通过合约建立一个公平、合理的机制，最终才会达到所要的目的。

企业核心资源的垄断性与替代性是第二个核心问题。企业发展的关键是企业的核心资源，谁掌握了它，谁就把握了企业发展的命脉。经理人的普遍想法是努力做大自己的一块，使自己所掌握的部门成为企业的核心资源。这样就具有与老板谈判的能力，从而获得企业决策权。所以营销经理成为总经理以后，往往会加大对营销部门的投入，而研发部门的经理上台后，也会加强对研发部门的投入。老板要想消除经理人对企业核心资源的垄断，就必须寻找一个替代品。比如说在每个关键部门安插几个副手，以便降低经理人的讨价还价的能力。

短期与长期的问题是第三个核心问题。对于一个注重长期行为的企业来说，股权的激励是不重要的，更重要的是以人际关系为代表的非正式制度规则对个人所带来的意义。例如，日本的企业不鼓励流动，经理人的退出成本很高，一个总经理如果离开原来的企业，他是不可能立刻就在其他企业做到总经理的。经理人与工人的工资差别也很小。起关键作用的是，退休金十分高。这就以长期收益补偿制约了短期行为。而与此相反的是，在一个注重短期行为的企业中，更多正式的契约，更少非正式的规则。所以美国的企业中，经理人频繁地跳槽不但不会降低他们的身价，反而会被视为具有丰富经验的表现。从以上两种企业的对比来看，短期博弈的关键是合约，而长期博弈的关键是非合约的非正式制度规则。

◎末日管理的意义

【国外有一句俗语，“日头正午，是最辉煌的时候，也是西下的开始。”】

巴尔扎克有一句名言：一个商人不想到破产，如同一个将军永远不准备吃败仗，只能算“半个商人”，是不成功的商人。怎样才能成为“一个商人”，即成功的商人呢？巴氏名言给出的答案是：要想到破产。

答案近乎荒谬，可它是正确的。无论过去、现在还是将来，已被或将被成功与失败的商人、优秀与拙劣的企业反复验证：只有准备吃败仗的将军才是好将军，只有想过破产的商人才是成功的商人。

把“商人要想到破产”放到现代商业领域来理解，就是，在经营过程中应时刻怀有一种高度的危机感，警惕“企业末日”（破产）的到来。如果从未有过这种警惕，一旦遭遇事关企业未来巨大危机的突然袭击，必然缺乏应对之策，在无准备之仗中毁掉自己和企业的未来。

现代企业管理者将谨防企业破产的思想，演变成为一种备受中外企业家推崇的企业管理理念——末日管理。其核心内容是“企业最好的时候往往是最不好的开始”，或“企业最好的时候往往是走下坡路的开始”。

韩国的三星电子公司近年来获得了巨大的成功，取代日本索尼公司成为全球居于统治地位的消费类电器公司。其首席执行官兼副董事长尹钟龙认为：“成功是好事，是人们向往和追求的事情，但也会增加自满和最终失败的危险。”这位企业末日管理理念的成功实践者，在每月向员工发表的讲话中一再警告说：我们正处于十字路口，要么继续成为世界领先者，要么成为大失败者。某个竞争对手——可能是重振旗鼓的索尼公司，也可能是中国某家不出名的新公司，会很快结束三星在行业中短暂的领先地位。事实向世人昭示，有如此睿智的充满忧患意识的领导者，三星公司就能够避免走到“末日”成为“大失败者”。

在企业界，此种现象屡见不鲜，那些风光一时的企业刚步入辉煌不久，由于没有做好末日管理，有的陷入困境，有的濒临破产甚至破产，于是昙花一现，最终被市场淘汰出局。然而，优秀的企业重视并做好了此项工作，实现了企业的长盛不衰。

末日管理要求企业经营者和所有员工面对市场和竞争，都要充满危机感，要理解企业有末日、产品有末日，既不能把宏观的不景气作为自己无法振兴的理由，也不要陶醉在一度的“卓越”里。

进行末日管理可以从以下几个方面着手：

1. 成立“末日管理研究所”或“企业发展战略研究所”，专门研究如何使企业规避一些“短命企业”曾经误入的旋涡，并针对市场的变化制定科学的应对战略，牢牢稳住企业的正确航向。

2. 组织专家认真收集分析国内外一批知名大企业的兴衰得失，把企业的每一天都当做末日来管理和研究。

3. 建立全球性“横向比较”信息体系，比出差距、比出危机。与国际名牌比，从中找出与世界水平的差距，争创国际名牌；与国内同行比，学习兄弟企业的长处，保持国内领先；以己之短比人之长，避免因一得之功而自矜；与市场需求相比，目光紧紧瞄准服务消费者，把握市场命脉。

4. 为最大限度地避免决策失误，保持决策行为的民主化、规范化、科学化，并使之落到实处。可以制定决策实施程序和管理操作细则，为企业的“长寿”夯实基础，积蓄后劲。

企业实行末日管理绝非消极地等待、无奈地观望，而是要发挥主观能动性，运用智慧，去开拓、去创新，努力消除“末日因素”。

实行此项管理理念的意义就在于：让企业的全体从业人员时刻怀有一种高度的危机感，自觉地为公司的前途拼搏，主动地为公司做好自己应做的事情，并以灵活的运作机制适应新形势的变化，不断增强企业抗风险的能力，永远地远离“末日”那一天。

末日管理的方法是根据人人皆知的现象提炼出来的，即大多数企业组织像大多数人一样，除非迫不得已，否则不会做出彻底变化的决定。然而，精明的经理不会等到危机爆发才被动地去应战，而是在危机爆发之前就先动手，他们总是提早看到危机的到来，并以十分令人信服的口气向员工说明这种危机的潜在，以及一旦危机爆发时后果的恐怖，使人人都感到担心害怕，从而使各位员工奋力为公司拼搏。

百事可乐负责人韦瑟鲁普担心，汽水等饮料会趋于不景气，竞争会变得更加激烈。那么，如何来激发公司员工的工作积极性，使百事可乐公司的员工们相信，他们需要拆散这部金钱机器，并重新把它建立起来，否则百事可乐公司就有可能会走向衰亡呢？于是，韦瑟鲁普制造了一场危机。韦瑟鲁普和销售部经理重新设计了工作方法，重新规定了工作任务，要求年收入增长率必须达到15%，否则企业就会失败，百事可乐公司也许不复存在。这一要求可能有些危言耸听，但也一定程度上反映了市场竞争的激烈程度及由此可能会产生的后果。

韦瑟鲁普的方案，是完成其在百事可乐公司任职生涯中一次最艰巨的行动，即被他称为末日管理的战略。百事可乐公司的末日管理法，充分运用了各类资产，使公司的现有设备等得到了最大限度的利用，减少了资金等的占用，使得资产的循环周转顺畅起来，一些日常管理的节奏也快速起来，公司的经济效益不断提高，事业也蒸蒸日上。

◎实行韬光养晦的策略

【韬光养晦，“韬光”是隐藏自己的光芒，“养晦”是处在一个相对不显眼的位置。它和低调的意思基本相同，也是一种优秀的策略。】

历史上最有名的有关“韬光养晦”的典故，出自《三国演义》。其中

第二十一回“曹操煮酒论英雄，关公赚城斩车胄”载：玄德为防曹操谋害，就隐居后园种菜，亲自浇灌，以为韬晦之计。关、张两人曰：“兄不留心天下大事，而学小人之事，何也?”玄德曰：“此非二弟所知也”。两人乃不复言。一日，曹操摆下酒宴来试探刘备的野心，问刘备天下有哪些英雄，刘备列举了当时叱咤风云的一些名人，就是不提自己。《三国演义》载：操以手指玄德，后自指曰：“今天下英雄，唯使君与操耳。”玄德闻言，吃了一惊，手中所执匙箸，不觉落于地下。时正值天雨将至，雷声大作。玄德乃从容俯首拾箸曰：“一震之威，乃至于此。”操笑曰：“丈夫亦畏雷乎?”玄德曰：“圣人迅雷风烈必变，安得不畏?”将闻言失箸缘故，轻轻掩饰过了。操遂不疑玄德。

人类社会的发展一直都处在一种竞争状态，为了生存，每一个人都有自己独特的生存本领。在自然界中，当相对弱小的动物受到强大对手的攻击时它往往会以假死来蒙骗敌人、保护自己。同样，韬光养晦实际上也是一种类似假死的行为，人类社会和动物界一样处在竞争的状态，由于人比动物更聪明，这种竞争也更加复杂和残酷！

在人类社会的生存竞争中，几乎所有的人都想往高处爬，这过程要牺牲许许多多弱小或者不幸的人！每当这种生存竞争经历过一次较大的动荡之后，社会会走向有序化和规范化，社会或者国家的组织秩序、尊卑贵贱也都已经确立下来，按理说至此天下就该太平无事了，可是问题的复杂性在于这种生存竞争的延续性和永恒性，高高在上的统治者虽然大权在握，但是因为担心周围的人侵犯到自己、把自己拉下马，故时时充满恐惧、没有安全感！他们警惕四周的人，看哪些人可能对自己构成威胁！如果他发现目标，就会展开清洗，这种流血事件在历史上举不胜举。

比如说，曹操就是一个极其多疑而没有安全感的人，为了防止别人暗杀自己，他连给他盖被的侍卫也杀了，且说：“吾梦中好杀人!”可见在古代和帝王权贵相处的危险性，难怪古书上有伴君如伴虎之说，真的一点都不为过。由于帝王权贵缺乏安全感，生性好疑，常好杀人！

在其身边相对弱小的群体为了保护自己，韬光养晦这种生存艺术就诞生了。

实现韬光养晦的要旨在于：实施对象没有安全感、怕人谋害，就向他表示最大的忠诚和善意；实施对象怕有人威胁到他的位置，就向他表示自己淡泊名利的态度；实施对象害怕失去权威，就向他表达最大的敬畏与尊崇！当你成功地让实施对象相信你的这种意图，你就是一个成功掌握韬光养晦这种艺术的人。

如果说弱势群体为了保护自己有向强势群体示弱的必要，强势群体何必韬光养晦呢？这里面也有很多奥妙。一般来说，强势群体大权在握，处在比较显眼的位置。这样，他受人关注的就必然多，所要应付的事情也必然多。这样，会让他把许多的精力分散在与人周旋、应付上。一个人如果没有安静思考的时间，长期处在显眼的位置指挥、领导、周旋、应付。久而久之，精力、健康、知识、智慧，都会受到亏损！这就要求处在领导位置的人，避开众人的焦点，避开不必要的繁杂事物，回到比较隐蔽的位置。这样的位置有助于修身养性、恢复精力，有助于不断反思、不断调整，拓展自己心灵的空间，强大自己灵魂的力量。这样，当人再一次投入到工作中，就会获得足够的智慧和精力去面对。所以，强势群体也常常会运用“韬光养晦”这种生存策略。只不过强势群体和弱势群体运用韬光养晦的手段和目的不一样。

韬光养晦还包括谦卑的意思，就是甘愿让对方处在重要的位置，让自己处在次要的位置。《易经》谦卦就是说：谦卑是指人因为虚心所以能进入对方的心，被别人接纳。而在沟通时彼此接纳是很重要的，因此谦卑作为一种品格也非常重要。如果你不谦卑，就不能够被别人接纳。不被别人接纳你就无法与别人沟通，无法与别人沟通你就什么事也别想做！如果人与人之间能够相互谦卑、互相尊重，那人与人之间的关系就会很好，大家团结一致就没有做不成的事情。

因此，韬光养晦不只是一种生存策略，也是一种美德。一个甘愿处于次要位置的人，一个谦卑的人，最后会赢得大家的尊重和爱戴，这样的人在领导位置上也能好好地服务他人。而一个骄傲的人，一个锋芒毕露的人，常常因为无法接纳他人的意见，从而失去他人的支持，最终常常被降到卑贱的地步。

第十九章 谈判交涉的博弈应用

◎谈判需要博弈的运用

【在竞争激烈的商场中无时无处不存在着谈判，谈判或者说博弈的技巧重要性，在现代社会日益突显。】

在商业谈判中，有一种“情侣博弈”谈判的模型。“情侣博弈”说的是一对热恋中的情侣，在如何安排度周末方面出现难题：男士想看球赛，女士要听歌剧。对于这样一个模型，博弈论告诉我们，双方都去看球赛或者双方都去听歌剧，是博弈的两个“纳什均衡”，也就是对双方整体而言，满意程度最高的两个结局。

如果从其中的某个个体看，或许这样的结局不是最优，但是如果有一方的稍许让步，就可以换来情侣组合整体的最佳满意度，同时自己也得到相对较佳的满意度；反之，如果男士单独去看球赛而女士单独去听歌剧，由于缺少情侣陪伴，必然会造成满意度的急剧下跌。

有个专业人士曾说过：“谈判的基本原则是，如果合作型与合作型谈判，这会是一个共赢的局面；如果竞争型与竞争型谈判，要达到共赢会很难；如果合作型与竞争型谈判，通常情况下，合作型都会处于劣势。”

谈判时，如果你在和一个竞争型的人谈判，一定要小心，你必须表现得比他更加具有竞争意识，要比他更加强硬。竞争性谈判一般是一个零和游戏。这样的谈判可能会产生挤牙膏式的压力，使对方永远存在压价或抬价的幻想。

在谈判中，共赢是最理想的结果，而合作性的谈判是一个共赢的游戏。但是，所谓的共赢，也是一个非常危险的词汇。即使是一个共赢的买卖，你的谈判空间仍然很大，天平依然会偏向另一方。

1985 年，在美国彼得斯堡的一家美式足球俱乐部里，发生了一场很有意思的球员薪水谈判。

球员弗兰克的代理人正在和球队老板谈判。此前，弗兰克在该球队每年能够拿到 38.5 万美金。一开始，事情进展得非常顺利。代理人要求 1985 年，弗兰克的年薪要达到 52.5 万美金，老板同意了。接着代理人要求这笔年薪必须被保证，老板也同意了；然后代理人要求 1986 年弗兰克的年薪要到 62.5 万美金，老板思考后同意了；接着代理人要求这笔年薪也必须被保证，这下老板不干了，并且否定了之前谈妥的所有条件。谈判彻底崩溃，弗兰克最后到西雅图的一个球队，年薪只有 8.5 万美金。

在这个谈判过程中，哪里不对劲了呢？代理人显得太过贪婪，并且在一次谈判中不断更新自己的要求。而真正的关键在于：“谈判是一个战略性沟通的过程”。这也是罗仁德对谈判的定义。你必须很好地管理谈判过程。在任何一个谈判中，你都不能只关注所谈的内容，而忽略每一位律师都会在谈判之前认为自己已经有了正确的答案，但是事实上，在谈判结束之前，并不存在正确的答案。因此，你需要花更多的时间来制订谈判战略。

龙永图是一位谈判高手，曾任我国外经贸部副部长、入世谈判首席代表，在入世谈判中他总结出一条这样的经验：要对谈判内容排出优先次序。“要知道对自己来说，哪些是可谈的，哪些是不可谈的，哪些是可让的，哪些是不可让的。不单要知道自己的次序，还要知道对手的次序。”

在入世谈判中，1999 年，中国已经非常清楚自己的底线，那就是不能开放资本市场。但是在这个问题上，美国不断施压，甚至给出了一个要求中国开放汇率的时间表。后来，中国渐渐发现，汇率似乎对美国来说非常重要，但美国真正关心的是，中国最有竞争力的产业会不会对美国市场造成冲击。

当理清了谈判的千头万绪后，中国入世谈判代表团对三个条款稍微地让步，即特保、纺织品配额和非市场经济地位。尽管今天纺织品行业由于配额取消出现了问题，但是龙永图认为当初自己所做出的决定是正确的。“中国入世，停止了美国每年对中国最惠国待遇的审查。把大歧视变成小歧视，这是值得的。而且，与美国的关系是最重要的关系。”

谈判可以说是像跳舞一样的一种艺术。这种艺术的成功并不是消灭冲突，而是如何有效地解决冲突。因为每个人都生活在一个充满冲突的世界里，这就需要博弈的运用，如果你能运用博弈，那么你就会在这场谈判中成为一个真正的成功者。

◎讲究谈判的策略

【在西方发达国家中，越来越多的人直接或间接地跨进了谈判领域，英美等国仅商务谈判人员就占人口的 5% 以上。谈判策略在西方现代管理教育中越来越受到人们的普遍重视。】

谈判的策略很有讲究，在谈判之前一定要了解对手，知己知彼，有针对性的谈判才是成功的基础；在谈判中也要想好三种谈判的策略，即与对手相比，自己这方是处于哪一种状态，是上、中还是下，依据自己的状态优势来决定跟对手的谈判策略。谈判一定要尊重对手，彼此尊重才能营造良好的谈判氛围，为谈判的成功做好铺垫。当然，如果自己优势很大，也不要把对手逼得太急。谈判毕竟是合作，是为彼此共赢创造条件，因而在一定的范围内也得让步，让对手有利可图。

首先，事前充分准备是谈判成功的先决条件。千方百计尽可能搜集对方资料和信息，全面立体掌握情报，组织顾问团队深入分析，客观判断，“知彼知己、百战不殆”。

有针对性的拟定上中下三套谈判方案，既相对独立，又能相互组合搭配，以适应谈判中变化。从最坏处着眼，往最好处努力。

谈判团队应做到风格各异、优势互补。凌厉的打前锋，稳重的做后卫；既有唱黑脸的，又有唱红脸的。前后搭配、黑红组合。谈判之前一定要统一思想；谈判过程中必须统一指挥，步调一致，密切配合；结束之后及时总结、归纳、整理、提高。

其次，尊重对手是取得共赢的重要因素。“和气生财”、“诚信为本”是中华民族的传统经营理念。天下皆朋友，没有永久的敌人。在交通发达便捷、信息高速传播的今天，上午的对手下午或更短的时间内就有可能变成朋友，同时谈判两个项目都有可能既是对手又是朋友，相互交叉，错综复杂。

不要把对手当弱智，人的智力相差无几。不要忽视谈判对手中的任何一个人，每一个人都应得到应有的尊重，最不重要的角色不仅可能影响本次谈判结果而且将来都有可能变成主谈角色，注意不要把谈判对手培养成潜在敌人。

不要想一口吃成胖子，欲速不达。给谈判对方预留一定的利润或生存空间。亦要经常换位思考，替对手着想，立足竞和共赢。即使最具竞争性的谈判也需要一定的合作。

不到万不得已不置对手于绝境。对手破产了，没路可走时很可能破釜沉舟，鱼死网破，两败俱伤。逼对手走上绝路是最不明智的选择，最终自己早晚也会被逼上绝路。

再次，独特的谈判风格直接影响谈判成败。要将原则性与灵活性相结合。光有原则性没有灵活性，势必导致谈判陷入僵局，无法进展和突破，最终破裂；光有灵活性而无原则性，势必造成过快让步，损失己方重大利益。即使谈成也易被上级否决或执行不了。

稳健、轻松。不管多紧张、多严峻的谈判，都应始终保持绅士风度，有板有眼，喜怒不形于色。台下像刘伯承元帅一样“举轻若重”，台上像邓小平同志一样“举重若轻”。一环紧扣一环，稳扎稳打，步步为营。

谈不下去时不强谈，及时休会，这也是在施加无形的压力。

幽默、诙谐、风趣。这种风格要素不仅可以调节紧张的气氛，化解误会，缓和冲突，还具有很强的穿透力，形成人格魅力，迅速感染对方，形成谈判中心，把控局势，赢得主动。

胜不骄，败不馁。谈判结束即成历史，胜利只能说明过去，未来肯定更加严峻。失败不必懊悔，没有任何意义；吃一堑长一智，来日方长；不经历风雨哪能见彩虹，不交学费难成谈判专家。

第四，正确的战略战术组合是谈判成功的关键。长期战略与短期战略。若是竞争性的“一次性”谈判，今后不会或不想再发生合作，“一锤子买卖”，那就要狠一些，不达目的不罢休，宜将剩勇追穷寇，争取利益最大化。若是立足今后长期合作，那就要在尽可能达成有利于己方最好协议的同时，留有充分的合作余地；有时取中间方案；必要时还可主动让步或放弃，取下策以换取长远利益，为未来合作奠定扎实的基础。

进攻战术与防守战术。一般需求方或利益受损方采用进攻型战术，供应方或被告采用防守型战术。

“进攻”战术与“短期”战略经常搭配，“防守”战术与“长期”战略经常组合。有时为了迷惑对手，出奇制胜，也反其道而用之。不按常理，打破常规。正所谓“水无常形、着无定式”，让对方开局就乱，疲于应付，取得先机，牢牢地控制谈判主动权。

第五，拥有坚持、创新、突破的能力是决定谈判成功的最终因素。办法总比困难多。逆（困）境考验意志和毅力，越是逆（困）境越应坚定信心，怨天尤人毫无意义，等、靠、要一事无成，天上不会掉馅饼，利益不会自然来。最成功的谈判结果往往就在最后一刻的顽强坚持中，拂晓的阳光终究会划过黎明前的黑暗！这一点对主谈判者至关重要。

目标要灵活而合理，为找到创造性的解决方案留有余地。有时制订一揽子计划，捆绑起来更易实现目标；即使放弃一些，得到的也比单独制订计划得到的要多。研究政策，搞懂法律法规，可打一些擦边球，这是创新突破的良招。

多倾听团队成员的意见，有利谈判困境中创新。有时好招出自善于思考、沉默寡言的人 。绝不能忽视少数人意见，真理有时就在他（们）脑中。

适当借助西方经济学模型进行科学分析，可降低谈判创新中的误差。

借鉴中外谈判成功与失败案例可减少谈判失误。有时历史会惊人地相似，让我们规避失败，修正曾经犯下的错误。

找到破局办法要果断出手，一旦有百分六十的胜算几率就毫不犹豫地决断并迅速行动。优柔寡断肯定贻误战机，雪上加霜，深陷谈判僵局泥沼中不能自拔，最后错失一线破局良机，无法走出谈判困境。

◎讨价还价分蛋糕

【生活在社会中的各方行为人，有共同的利益要寻求合作，同时他们对于如何合作以分配利益又有分歧，这就是讨价还价的境况。】

有一家外企招聘员工面试时出了这样一道题：要求应聘者把一盒蛋糕切成八份，分给八个人，但蛋糕盒里还必须留有一份。面对这样的怪题，有些应聘者绞尽脑汁也无法完成；而有些应聘者却感到此题很简单，把切成的八份蛋糕先拿出七份分给七个人，剩下的一份连蛋糕盒一起分给第八个人。应聘者的创造性思维能力从这道题中就显而易见了。

分蛋糕的故事在很多领域都有应用。无论在日常生活、商界还是在国际政坛，有关各方经常需要讨价还价或者评判对总收益如何分配，这个总收益其实就是一块大“蛋糕”。

这块大“蛋糕”如何分配呢？我们知道最可能实现一半对一半的公平分配的方案，是让一方把蛋糕切成两份，而让另一方先挑选。在这种制度设置之下，如果切得不公平，得益的必定是先挑选的一方。所以负责切蛋糕的一方就得把蛋糕切得公平，才能让博弈的双方都满意。

但是，这个方案极有可能是无法保证公平的，因为人们容易想象切蛋糕的一方可能技术不老到或不小心切得不一样大，从而不切蛋糕的一方得到比较大的一半的机会增加。按照这样的想象，谁都不愿意做切蛋糕的一方。虽然双方都希望对方切、自己先挑，但是真正僵持的时间不会太长，因为僵持时间的损失很快就会比坚持不切而挑可能得到的好处大。也就是说，僵持的结果会得不偿失，会出现收益缩水的现象。

对于处于蛋糕博弈局面的人来说，无非就两种选择：第一是将现有的蛋糕分配得尽量公平，让大家满意；第二就是想办法将蛋糕“做大”，让每个人都能分到更多的蛋糕，大家就都满意了。

在分蛋糕的过程中，一定要注意讨价还价，千万不要让自己应得的利益白白被别人侵占。这就需要动用智慧，维护自己的权利和利益。事实上，当分蛋糕博弈成为一个“动态博弈”时，就形成一个讨价还价博弈的基本模型。在经济生活中，不管是小到日常的商品买卖还是大到国际贸易乃至重大政治谈判，都存在着讨价还价的问题。

古时候有个穷书生王二，穷得实在没有办法过下去，不得不将家中祖传的玉佩拿到大财主赵四家去卖。这个玉佩在王二看来至少值200两银子，财主赵四认为最多只值300两银子。

这样看来，如果顺利成交，玉佩的成交价格将在200~300两银子之间。这个交易的过程不妨简化为这样：首先由赵四开价，王二选择成交或还价。这个时候，如果赵四同意王二的还价，交易顺利结束；如果赵四不接受，则交易结束，买卖没有做成。这是一个很简单的两阶段动态博弈的方案。

我们应该用解决动态博弈问题的倒推法原理来分析这个讨价还价的过程。首先看第二轮也就是最后一轮的博弈，只要王二的还价不超过300两银子，赵四都会选择接受还价条件。

回过头来，我们再来看第一轮的博弈情况，王二拒绝由赵四开出的任何低于300两银子的价格，这是很明显的。比如赵四开价290两银子购买玉佩，王二在这一轮同意的话，只能卖得290两；如果王二不接受这个价格反而在第二轮博弈提高到299两银子时，赵四仍然会购买这个玉佩。两项比较，显然王二会还价。

细心的读者可以发现，这个例子中的财主赵四先开价，穷书生王二后还价，结果卖方王二可以获得最大收益，这正是一种后出价的“后发优势”。这一优势在这个例子中相当是分蛋糕动态博弈中最后提出条件的人几乎霸占整块蛋糕。

事实上，如果财主赵四懂得博弈论：他可以改变策略，要么后出价，要么是先出价，但是不允许王二讨价还价。如果一次性出价，王二不答应，就坚决不会再继续谈判，来购买王二的玉佩。这个时候，只要赵四的出价略高于200两银子，王二一定会将玉佩卖给赵四。因为200两银子已经超出了王二的心理价位，一旦不成交，那一文钱也拿不到，只能继续受冻挨饿。

在博弈理论中已经证明出，当谈判的多阶段博弈是单数阶段时，先开价者具有“先发优势”；它是双数阶段时，后开价者具有“后发优势”。

从另一个角度看，谈判博弈的重要因素之一在于“时间就是金钱”，假如谈判越拉越长，谈判的对象——分割的“蛋糕”可能会开始缩水。一旦各方不愿意妥协，坚持谈成一个对自己更加有利的结果，那么好处或许将不敌谈判的代价。

狄更斯的文学名著《荒凉山庄》就描述了极端的情形：围绕贾恩迪斯

山庄展开的争执变得没完没了，以至于最后整个山庄不得不卖掉，用于支付律师们的费用，而争执的双方由于各不相让什么也没有得到。

按照同样的思路，假如不能达成工资协定就会引发罢工，那么公司将会失去利润，工人将会失去工作，也是两败俱伤。同样，假如两国陷入一轮旷日持久的贸易自由化谈判，他们就会在争吵收益分配的时候赔上贸易自由化带来的好处。

◎以合作求双赢

【企业集团之间的战略性合作，是以基于企业战略的考虑和为企业长期发展进行的合作行为。通过合作及随之进行的整合，实现两个企业的资源与能力的互补和共赢，从而实现整体能力的提升。】

一个企业按照系统论的说法，是一个开放耗散结构系统，与外部环境不断发生联系与交换。企业总是要在外部环境中，寻找供应商采购，寻找销售商销售，寻找合适人选招聘，以及与其他企业进行合作等，探取合作双赢的结果。

在企业合作推出品牌的例子中，最典型的莫过于英美烟草（香港）有限公司与芜湖卷烟厂的合作。1990 年 4 月，由安徽省烟草专卖局（公司）大力推荐，国家烟草专卖局（总公司）出面牵线搭桥，两个公司开始了合作了历程。1991 年，双方合作生产的“都宝”牌卷烟非常顺利地占领了首都市场，成为北京的畅销品牌，并远销内蒙古、河北等 18 个省市自治区。

一般来说，两家企业达成合作协议，推出双方共同拥有的新品牌，就意味着在很大程度上，合作双方开始相互依赖。没有任何一方可以在不牺牲自身利益的情况下回到原来独立经营的轨道上去。芜湖烟厂与英美烟草合作的“都宝”就是这样，如果其中有一方放弃合作，希望从对方身上榨取好处，整个合作的进程就会中断，造成许多不必要的损失。

我们不妨认为，英美烟草公司的技术水平要高于芜湖烟草，而芜湖烟草本土化的营销手段与网络则是英美烟草所缺乏的。因此，英美烟草与芜湖烟草之间的合作主要是英美烟草提供技术，而芜湖烟草开发市场。

设想英美烟草支持芜湖烟草的技术开发分为低技术开发与高技术开发两种，技术开发成本分别为9000 万人民币与1.5 亿人民币；芜湖烟草上新生产线的投入也分为低投入与高投入两种，开发成本分别为1.8 亿人民币与3.0 亿人民币。因此，我们可以得到双方合作的总成本有四种可能。

如果双方合作都预期到，“都宝”香烟的市场利润在一年内可以达到3.9 亿人民币。双方都以一年内收回成本为目标，但赚取多少钱并不在考虑之列，主要是试探性地进行这个项目。很显然，芜湖烟草高投入上生产线，英美烟草采用高技术投入，此时的总成本达到4.5 亿，明显一年内这个合作项目的成本无法收回。

我们不妨假定合作双方采用两种策略的概率都是1/2，由此，双方总成本为3.3 亿、2.7 亿、4.5 亿和3.9 亿的概率都是1/4。那么，双方总成本的期望值为（3.3 亿 + 2.7 亿 + 4.5 亿 +3.9 亿）×1/4 =3.6 亿元，因此双方的预计利润为3.9 亿 –3.6 亿 =0.3 亿元。

那么，在英美烟草与芜湖烟草进行合作协商的时候，就要考虑到项目启动成本是否高于0.3 亿元。这个例子中的项目启动成本包括双方谈判成本、人员培训成本、沟通成本等。如果项目启动的初期投资超过3000 万，双方就没有合作的可能性，项目自然被否定掉。

在企业的实际合作中，最大的困难并不是作出这样的预期，关键在于每个企业是否真实地提供自己所负担的投入成本。比如这个例子中，英美烟草可以将其技术开发成本报为最高的2.5 亿元，芜湖烟草报为最高的3.0 亿。这种情况下，很明显合作双方的项目第一年的目标无法达到，更谈不上弥补先期的项目启动成本。自然，项目只会泡汤，双方无法达成合作。

看来让两个公司有效地合作一个项目，并不是一个简单的事情。我们不妨采取这样一种策略：假如芜湖烟草决定将合作项目继续下去，它必须要补偿英美烟草的成本，然后保有余下的利润。无论双方的成本总和是不是低于利润目标，芜湖烟草都将决定继续下去，它的收入为总收入减去自身上新生产线的成本，再减去对英美烟草的补偿之后的剩余。

双方不妨同时宣布自己投入的成本，并且在总成本低于利润目标的前提下，项目才能进行下去。对于芜湖烟草来说，补偿英美烟草成本的剩余利润必须要高于它实际付出的成本，它才能继续这个项目。由此看来，芜湖烟草最好的做法就是报出真实的投入成本。如果芜湖烟草所报的是虚假数字，很有可能这个项目就无法进行，芜湖烟草就失去了一个赚钱与技术更新的好机会。因此，芜湖烟草报出真实成本是一个优势策略。

同理，这种激励机制当然也可以用在英美烟草身上，报出真实成本自然也是英美烟草的一个优势策略。

然而，这种方法的局限在于，不管用在哪一方身上，都只能保证其中一方报出的是真实成本，无法约束另一方也是说真话。为了让双方都能够真实报出真实成本，在设计合作协议的时候是最重要。

这份协议要能够激励两家公司都报出真实成本，还要有确保有效继续项目或取消的决策，能够让大家精诚团结的协议，就是要使公司将他们通过自身行动加在对方身上的成本考虑进去。比如在这个例子中，一旦公司夸大自己的成本，项目不得不取消，反而自己所获收益减少。

◎深入了解对方底价

【“讨价还价”实际上是两个行为主体之间的博弈问题，也可以把它看作为一个策略选择问题，即如何分配两个对弈者之间的相互关联的收益问题。】

现实经济中充满了为探知底价而“讨价还价”的情形，大到国与国之间的贸易协定，小到个体消费者与零售商的价格商定，还有厂商与工会之间的工资协议、房产商与买者之间关于房价的确定、各种类型的谈判等等。为探知底价的讨价还价作为市场经济中最常见、普通的事情，也是博弈论中最经典的动态博弈问题。在此以采购人员采购货物为例，探讨几种快速地探知底价的方法和策略，从中可以吸取一些经验。

通常询价之后，可能有数个厂商报价。经过报价分析与审查，然后按报价之高低次序排列（比价）。议价究竟先从报价最高者着手，还是从最低者开始？是否只找报价最低者来议价？是否与报价的每一厂商分别议价？事实上，这并没有标准答案，应视状况而定。

一般采购人员工作均相当忙碌，若逐一与报价厂商议价，恐怕“时不我待”。且议价的厂商愈多，通常将来决定的时候困扰就愈多。若仅从报价最低的厂商开始议价，则此厂商可能倨傲不训，降价的意愿与幅度可能不高。故所谓“借刀杀人”，即从报价并非最低者开始。若时间有限，先找比价结果排行第三低者来议价，探知其降低的限度后，再找第二低者来议价，经过这两次议价，“底价”可能就浮现出来。若此一“底价”比原来报价最低者还低，表示第三、第二低者承做的意愿相当高，则可再找原来报价最低者来议价。以前述第三、第二低者降价后的“底价”，要求最低者降至“底价”以下来承做，达到“借刀杀人”的目的。若原来报价最低者不愿降价，则可交予第二或第三低者按议价后的最低价格成交。若原来最低价者刚好降至第二或第三低者的最低价格，则以交给原来报价最低者为原则。

达到合理的降价目的，应即见好就收，免得造成报价厂商之间的“割颈竞争”，致延误时效。此外，摒除原来报价偏高的厂商之议价机会，可以鼓舞竞争厂商勇于提出较低的报价。

过关斩将。所谓“过关斩将”，即采购人员应善用上级主管的议价能力。

通常供应商不会自动降价，必须采购人员据理力争，但是，供应商之降价意愿与幅度，视议价的对象而定。因此，如果采购人员对议价的结果不太满意，此时应要求上级主管（科长）来和供应商（业务员或科长）议价，当买方提高议价者的层次，卖方有受到敬重的感觉，可能同意提高降价的幅度。若采购金额巨大，采购人员甚至进而请求更高的主管（如采购经理，甚至副总经理或总经理）邀约卖方的业务主管（如业务经理等）面谈，或直接由买方的高阶主管与对方的高阶主管直接对话，此举通常效果不错。因为，高阶主管不但议价技巧与谈判能力高超，且社会关系及地位崇高，甚至与卖方的经营者有相互投资或事业合作的关系，因此，通常只要招呼一声，就可获令人料想不到的议价效果。

业务人员若为回避“过关斩将”而直接与对方采购经理或高阶主管洽谈，势必会得罪采购人员，将来有丧失询价机会之虞，所以通常会接受此种逐次提高议价者层级的安排。

化整为零。采购人员为获得最合理的价格，必须深入了解供应商的“底价”究竟是多少？若是仅获得供应商笼统的报价，据此与其议价，则吃亏上当的机会相当大。若能要求供应商提供详细的成本分析表，则“杀价”才不至于发生错误。因为真正的成本或底价，只有供应商心里明白，任凭采购人员乱砍乱杀，最后恐怕还是占不了便宜。因此，特别是拟购之物品是由几个不同的零件组合或装配而成时，宜要求供应商“化整为零”，列示各项零件并逐一报价，并另洽制造此等零件的专业厂商独立报价，借此寻求最低的单项报价或总价，作为议价的依据。

压迫降价。所谓压迫降价，是买方占优势的情况下，以胁迫的方式要求供应商降低价格，并不征询供应商的意见。这通常是在买方处于产品销路欠佳，或竞争十分激烈，致发生亏损或利润微薄的情况下，为改善其获利能力而使出的杀手锏。由于市场不景气，故供应商亦有存货积压，急于出脱产品换取周转资金的现象。因此，这时候形成买方市场。采购人员通常遵照公司的紧急措施，通知供应商自特定日期起降价若干；若原来供应商缺乏配合意愿，即行更换来源，当然，此种激烈的降价手段，会破坏供需双方的和谐关系；当市场好转时，原来委曲求全的供应商，不是“以牙还牙”抬高售价，就是另谋发展，供需关系难能维持良久。

总之，在采取“压迫降价”时，必须注意切勿“杀鸡取卵”，以免危害长期的供应商关系或激起对抗的行动。

第二十章　良性竞争的博弈应用

◎正和博弈争共赢

【为获取最大利益，企业必须学会与对手共赢，把竞争变成是一场双方得益的“正和博弈”，以较小的代价换取更大的利益。】

博弈根据是否可以达成具有约束力的协议分为合作博弈和非合作博弈。

合作博弈亦称为正和博弈，是指博弈双方的利益都有所增加，或者至少是一方的利益增加，而另一方的利益不受损害，因而整个社会的利益有所增加。合作博弈研究人们达成合作时如何分配合作得到的收益，即收益分配问题。合作博弈采取的是一种合作的方式，或者说是一种妥协。妥协之所以能够增进妥协双方的利益以及整个社会的利益，就是因为合作博弈能够产生一种合作剩余。这种剩余在博弈各方之间如何分配，取决于博弈各方的力量对比和技巧运用。因此，妥协必须经过博弈各方的讨价还价，达成共识，进行合作。在这里，合作剩余的分配既是妥协的结果，又是达成妥协的条件。

合作博弈强调的是集体主义、团体理性（collective rationality），是效率、公平、公正；是研究人们达成合作时如何分配合作得到的收益，即收益分配问题。

近几年，跨国科技公司与高校研究机构合作共同开发新技术，成为一种新的趋势。

清华大学在计算机架构、通信工程和软件工程学科技术堪称中国前列，自然成为众跨国公司寻求合作的对象。

清华大学已经培养出1110多位博士。2000年，清华大学专门设立了与外国研发合作伙伴公司协调的四人工作组，职能类似美国的技术转移办公室。目前，海外研发管理办公室已经把一些合作伙伴和研发项目融合在一起，包括通用电气、朗讯科技、阿尔卡特、宝洁和BP等。

紧随清华大学步伐的是北京大学，以及上海交通大学。这两所大学在计算机架构、软件工程和嵌入式系统方面也在全国名列前茅。

对于这些跨国公司，与国内大学研究机构合作是他们扩张全球研发力量战略的重要一步。例如，IBM已经在全球设立八个研发中心，其中一个就在中国，其余在美国、印度、以色列、日本等。IBM中国研究实验室主管James Yeh说“我们把研发中心设立在中国和印度，不是因为这些地方成本较低，而是我们需要聆听来自不同地方的对IBM产品要求的声音。”

获得当地技术支持可能是这些跨国公司寻求高校合作的一个重要原因。这也为身处在象牙塔中的大学生接触实践机会提供了很好的平台。例如，清华大学曾经为英特尔的研发机构工作过的学生中，有30名毕业生已经顺利进入英特尔公司或者他的研发实验室。

其实，这是双赢的局面。如果没有理论联系实际，这些学生也不可能那么快熟悉和掌握科技前沿技术，而跨国公司也借此扩大他们技术和产品在中国的影响力。IBM高校关系主管裘小平说：“在中国建设整个IBM系统是很重要的，如果这些高智商的学生不知道IBM技术，我们未来潜在的客户也就没有了。”

同时，高校合作也为跨国公司加强与中国政府相关部门的联系提供渠道。例如教育部、信息产业部等。顶级高校的知名教授往往能够为国家发展的政策或标准出谋献策，这些公司也从中获得某些先机。

◎遵守游戏规则

【在现实生活中，非合作的情况要比合作情况普遍。“纳什均衡”就是一种非合作博弈均衡，它是对冯·诺依曼和摩根斯特恩的合作博弈理论的重大发展，甚至可以说是一场革命。】

非合作博弈是指一种参与者不可能达成具有约束力的协议的博弈类型，这是一种具有互不相容味道的情形。非合作博弈研究人们在利益相互影响的局势中如何选决策使自己的收益最大，即策略选择问题。非合作博弈分为负和博弈和零和博弈。

所谓负和博弈，是指双方冲突和斗争的结果，是所得小于所失，就是我们通常所说的其结果的总和为负数，也是一种两败俱伤的博弈，结果双方都有不同程度的损失。

例如：在生活中，兄弟姐妹之间相互争东西，其结果就很容易形成这种两败俱伤的负和博弈。一对兄弟，爸爸给他们买了两份礼物，一份是精美的邮票纪念册，一份是厚重的百科全书。兄弟俩不约而同地都看上了那本邮票纪念册。他们一致认为，那本百科全书既不实用也很过时，所以，兄弟俩都想独自占有那本邮票纪念册，于是矛盾便出现了，哥哥想要这个，弟弟偏不让，弟弟也想独占，哥哥偏不同意。于是，在双方争夺中，干脆把邮票纪念册撕掉，谁都别想要。

这种情况，在我们的生活中是经常出现的，在相处过程中，由于交往双方为了各自的利益或占有欲，而不能达成相互间的统一，使交际产生冲突和矛盾，结果是交际的双方都从中受到损失，“博弈论”把这种情况叫“负和博弈”。如上面所举的例子，兄弟俩互不让步，最后，干脆撕掉，谁都别想得到，这样造成的后果是：其中一方的心理不能得到满足，另一方的感情也有疙瘩，可以说，对双方而言都受到损失；双方的愿望都没有实现，剩下的也只能是兄弟关系的不和或冷战，从而对兄弟间的感情造成不良的影响。

零和博弈（Zero Game）又称“零和游戏”，是博弈论的一个概念，属非合作博弈，指参与博弈的各方，在严格竞争下，一方的收益必然意味着另一方的损失，博弈各方的收益和损失相加总和永远为“零”。双方不存在合作的可能。可以说：幸福是建立在对方的痛苦之上，二者的大小完全相等，因而双方都“损人利己”。零和博弈的结果是一方吃掉另一方，一方的所得正是另一方的所失，整个社会的利益并不会因此而增加一分。

当你看到两位对弈者时，你就可以说他们正在玩“零和游戏”。因为在大多数情况下，总会有一个赢，一个输，如果我们把获胜计算为得1分，而输棋为-1分，那么，这两人得分之和就是：1+（-1）=0。

这正是“零和游戏”的基本内容：游戏者有输有赢，一方所赢正是另一方所输，游戏的总成绩永远是零。

零和游戏原理之所以广受关注，主要是因为人们发现在社会的方方面面都能发现与“零和游戏”类似的局面，胜利者的光荣后面往往隐藏着失败者的辛酸和苦涩。从个人到国家，从政治到经济，似乎无不验证了世界正是一个巨大的“零和游戏”。这种理论认为，世界是一个封闭的系统，财富、资源、机遇都是有限的，个别人、个别地区和个别国家财富的增加必然意味着对其他人、其他地区和国家的掠夺，这是一个“邪恶进化论”式的弱肉强食的世界。

好在，20世纪人类在经历了两次世界大战，经济的高速增长、科技进步、全球化以及日益严重的环境污染之后，“零和游戏”观念正逐渐被“双赢”观念所取代。人们开始认识到“利己”不一定要建立在“损人”的基础上。通过有效合作，皆大欢喜的结局是可能出现的。但从“零和游戏”走向“双赢”，要求各方要有真诚合作的精神和勇气，在合作中不要要小聪明，不要总想占别人的小便宜，要遵守游戏规则，否则“双赢”的局面就不可能出现，最终吃亏的还是自己。

◎寻找实力相当的竞争对手

【如果把竞争对手比作是“狼”，你就得“与狼共舞”，最好的办法就是把自己也变成“狼”，然后变成比“狼”更“聪明”的“狐狸”。】

为了规划有效的竞争策略，公司必须尽可能寻找有关竞争对手的资料，经常与那些实力相当的竞争对手在产品、价格、渠道、促销方面进行比较。只有这样，公司才能对竞争对手施以正确的攻击，并且能够准备较为坚强的防卫以防攻击。

假如你是营销人员或者是营销公司，一般来讲，确定竞争对手可从下面几个方面来做起，效果比较明显。

第一，确认公司的竞争对手。确认竞争对手对公司而言不是一件很容易的事，最容易确认竞争对手的情况，就是其他公司以类似的价格提供类似的产品和服务给相同的客户。但是，公司所面临的竞争对手的范围确实越来越广泛。广义而言，公司可将制造相同产品或同级产品的公司都视为竞争对手。

公司应当避免“竞争者近视症”。公司可能被潜在的竞争者而非现在的竞争者打败。而这种打击对公司来说，很可能是致命的。

第二，确认竞争对手的目标。

竞争对手在市场里找寻什么？竞争对手行为的驱动力是什么？

所有的竞争者都要为追求最大利润而选择适当的行动方案。但是，各个公司对短期利润和长期利润重视的程度各不相同。有的竞争对手可能只倾向于“满意的”利润而非“极大化”，目标不同，相应的策略也会不同。

营销者还必须考虑到竞争对手在利润目标以外的目标。每一个竞争者均有目标组合，其中每一个目标有不同的重要性，公司应当了解竞争对手对目前的获利能力、市场占有率的成长、现金流量、技术领先、服务领先以及其他目标的相对重视程度如何。了解竞争对手的目标组合，就可知道竞争对手是否满足其目前状况，以及对不同的竞争行动的反应如何。公司还必须注意竞争对手用于攻击不同产品/市场细分区域的目标，

第三，确定竞争对手的策略。公司策略与其他公司的策略越相似，公司之间的竞争越激烈。在多数行业里，竞争对手可以分成几个追求不同策略的群体

策略性群体即在某一行业里采取相同或类似的策略的一群公司。确认竞争对手所属的策略性群体将影响公司某些重要认识和决策。

根据策略群体的划分，公司可以明确：

1. 进入各个策略群体的难易程度。一般小型企业适于进入投资和声誉较低的群体，因为这类群体较易打入；而实力雄厚的大企业则可考虑进入竞争性强的群体。

2. 进入某一策略群体之后，先确定主要的竞争对手是谁，然后决定自己的竞争策略。只有在策略上占有优势，公司才能吸引相同的目标顾客。

策略性群体内的竞争非常激烈，各群体之间的竞争也相当激烈。原因有：某些策略性群体可能涉及重叠的消费者细分区域；消费者可能看不出各个群体所提供的产品之间的差异；策略性群体的成员可能拓展新的策略群体。

公司也需要考察用于确认行业内各策略性群体的因素。它还必须了解每一个竞争对手的产品质量、特色、组合、顾客服务、价格政策、经销范围、销售人员策略、广告和销售促进方案。除此以外，还必须研究各个竞争对手的研究与发展、制造、购买、财务及其他策略的细节。

第四，确认竞争对手的长处和弱势。竞争者的优劣势将影响并最终决

定了竞争者是否能实施其策略并完成其目标。要想成功，公司必须知道竞争对手的目标、策略和执行能力。这就需要收集竞争者几年内的资料，一般地，公司可以通过第二手资料、个人经历、传闻来弄清楚其竞争对手的强弱。也可以实施顾客价值分析来了解这方面的知识。

在寻找竞争对手的弱点时，要注意发现竞争对手对市场或策略估计上的错误。如果发现竞争对手的主要经营思想有某种不符合实际的错误观念，企业就可以利用这一点，出其不意，攻其不备。

第五，确定竞争对手的反应模式。了解竞争对手的目标、策略、强弱，都是为了解释其可能的行动，以及其对公司的减价、增加促销、介绍新产品等的反应，也就是确定竞争对手的反应模式。

此外，竞争对手特殊的经营哲学、内部文化、指导信念也会影响其反应模式。如果营销经理想要预测竞争对手的行动与反应，则必须深入了解其心理。

第六，确定公司的策略。公司可以根据以下情况，就攻击或避开竞争者作出决定：竞争者的强弱；竞争者与本企业相似程度的大小；竞争者的表现良好还是具有破坏性。

◎强强联合优势互补

【经济学界讲的强强联合，指大企业之间为了增强市场竞争力，获得更大的经济效益而实行合并的经济现象。】

大企业之间的强强联合，可以实现合并企业的优势互补，优化资源配置，降低生产成本，提高劳动生产率，促进先进技术的研究和开发，达到扩大市场占有额，获取更大的经济效益的目的。同时还能够提高企业的国际竞争力，促进国民经济的发展。

强强联合与企业兼并不同，企业兼并是建立在通过以现金方式购买被兼并企业或以承担被兼并企业的全部债权债务等为前提下，取得被兼并企业全部产权，剥夺被兼并企业的法人资格。通常是效益较好的优势企业兼并那些效益较差的劣势企业。也就是说，兼并之后，劣势企业将不再存在。而强强联合则是建立在大企业相互合作的基础上的合并，不存在剥夺另外企业法人资格之说，也就是联合之后，仍是共同发展。

目前，我们所看到的很多品牌营销活动其实并不属于联合品牌传播活动。比如长丰猎豹进行摇滚乐的推广，跟可口可乐当年借助迈克尔·杰克逊进行全球巡演的意义一样，这其实是一种非常简单地借助媒介进行的传播活动。不能把这样的活动都列为联合营销的范围之内，必须要把联合营销看成是一个独立的体系。

怎样才能算是真正的联合营销？一个典型的案例是几年前奔驰和乔治·阿玛尼的合作。

阿玛尼是代表欧洲豪华服装和时尚产品的品牌，其设计理念是前卫和创新，而奔驰汽车的 CLK 品牌则希望通过跑车的模式，吸引那些富有创新精神并愿意尝试新事物的年轻人士。这两者整合在一起，至少可以获得两个方面的好处：

一是可以实现品牌策略上的延伸、扩展。阿玛尼品牌的消费者会自然地将奔驰 CLK 看成是阿玛尼时尚精神的一种延伸或者是一种扩展，如果他深信阿玛尼精神，那么在一定程度上，他对于这款汽车的态度就延续了自己对阿玛尼品牌精神的认同和体验。

品牌发展到一定阶段之后就演变成消费者价值的象征，即消费者选择阿玛尼品牌，主要是希望借助阿玛尼品牌，彰显自己所接受和认可的阿玛尼精神——“时尚、创新、激情”。所以，在这个意义上讲，服装更多时候是一种自我精神的外在表现，而不是简单的认可或者接受阿玛尼品牌，这就是品牌的本质特征。

假如消费者认定了阿玛尼所代表的精神，从阿玛尼的价值特征和品牌精神出发，在舆论下也会自然地接受奔驰品牌，把奔驰看成是阿玛尼精神的一种延伸，或者是在运动方面的一个补充。

这样一来，CLK 品牌就会得到最大程度的传播，而奔驰 CLK 本身也在积极地吸引具有创新精神和创新文化的年轻人士，把他们变成自己品牌的消费者。

在阿玛尼品牌和奔驰品牌传播的过程当中，由于消费者媒介的选择性，总是会导致相当一部分目标消费者并没有注意到这个品牌，或者因为种种因素，不能够完全接受或者全面接受该品牌所彰显的文化价值或者精神理念。

通过整合联合营销，双方都能弥补媒介传播上的不足，并最大限度地使自己的品牌得到发挥和发扬。

二是双方的联合可以大幅降低成本，同时整合延长自己单一品牌的宣传和传播的时间与成本投入。

事实上，联合营销等于做了一个加法。在实际操作特别是在品牌传播当中，所有的企业都会花掉大量的费用，如果联合营销则可以大大降低这些费用的开支。

当然，联合品牌有一个非常明显的特征，那就是不能任何时候都可以使用，而必须注意以下几个方面的问题：

第一，要精选合作对象，最好有共同的消费人群、文化理念和精神理念，以及共同的价值特征、属性。

第二，一般企业可能很少注意到，在成为知名品牌以前，联合品牌很难操作成功。所以要找到一个适当、对等的品牌进行合作，而不能够期望借助远高于自己价值特征或者社会影响力的品牌提升自身的影响力。联合营销追求的是相互之间的平等合作，而不是借一个品牌去拉动另外一个品牌。

东风雪铁龙和卡帕的合作就是非常典型的例子。雪铁龙是一个欧洲品牌，而卡帕是一个意大利运动品牌，这两者都是当地具有一定影响力的品牌。卡帕刚在香港上市后，就取得了服装行业第一品牌的位置，这种影响力对东风雪铁龙来说，无疑具有实际意义和平等价值。

第三，联合品牌最主要的还是巩固品牌的形象，而不是塑造品牌形象，因此联合品牌传播，并不能替代单一品牌的传播。即使联合品牌能够降低成本，也必须在整体战略上把它作为辅助性战略，不能作为根本性战略。

◎价格战没钱赚

【在任何一个领域，我们几乎都可以用“价格战”来描述公司之间的竞争。很难想象，如果没有价格的竞争手段，许多企业还能依靠什么在市场竞争中取得优势。而同样难以预料的是，如果企业在“攻城略地”中使用熟练的“价格战”一旦失灵，那么一些企业在抵御竞争风险时是否会变得不堪一击。】

我们经常会遇到各种各样的家电价格大战，彩电大战、冰箱大战、空调大战、微波炉大战……这些大战的受益者首先是消费者。每当看到一种家电产品的价格大战，百姓都会“没事儿偷着乐”。

这几年，各类产品降价频频，价格战越打越猛，究其原因，大概是行业的成长空间和价值空间的大小、技术进步速度的快慢、价值链的长短等都会影响产品价格的变动。

例如，早期的手机市场成长空间和价值空间都很大，手机的技术进步快，产业价值链长，每一款新的机型几乎都可以卖到很高的价格。随着行业竞争的加剧，技术进步的速度加快，从1998年至今，同样的手机价格已经降了60%以上。再如移动通信市场，随着竞争机制的引入，市场逐渐启动并步入正轨，市场的成长和技术的进步，使降价成为可能。

在这里，我们可以解释厂家价格大战的结局也是一个“纳什均衡”，而且价格战的结果是谁都没钱赚。因为博弈双方的利润正好是零。竞争的结果是稳定的，即是一个“纳什均衡”。这个结果短期之内可能对消费者是有利的，但对厂商而言是灾难性的。所以，价格战对厂商而言意味着自杀。

从这个案例中我们可以引申出两个问题：一是竞相削价的结果或“纳什均衡”可能导致一个有效率的零利润结局；二是如果不采取价格战，作为一种敌对博弈论，其结果会如何呢？每一个企业，都会考虑采取正常价格策略，还是采取高价格策略形成垄断价格，并尽力获取垄断利润。如果垄断可以形成，则博弈双方的共同利润最大。这种情况就是垄断经营所做的，通常会抬高价格。

另一个极端的情况是厂商用正常的价格，双方都可以获得利润。从这一点，我们又引出一条基本准则：“把你自己的战略建立在假定对手会按其最佳利益行动的基础上”。事实上，完全竞争的均衡就是“纳什均衡”或“非合作博弈均衡”。

在这种状态下，每一个厂商或消费者都是按照所有的别人已定的价格来进行决策。在这种均衡中，每一企业要使利润最大化，消费者要使效用最大化，结果导致了零利润，也就是说价格等于边际成本。在完全竞争的情况下，非合作行为导致了社会所期望的经济效益状态。如果厂商采取合作行动并决定转向垄断价格，那么社会的经济效益就会遭到破坏。

第二十一章 人际交往的博弈应用

◎给予别人想要的东西

【奥佛史屈教授在他那本启发性的《影响人类的行为》一书中写到："行动出自我们基本上的渴望……而我所能给予想劝导他人的人——不论是在商业界、家庭中、学校里、政治上——最好的一个忠告是：激起对方的急切欲望。能够做到这点的人，就能掌握世界；不能的人，将孤独一生。"】

卡耐基每年夏天都到缅因州钓鱼。他个人非常喜欢的草莓和乳脂作饵料，但他知道，鱼儿较喜欢小虫。因此，每次去钓鱼，他不想自己所要的，想的是鱼儿所要的。卡耐基的钓钩上不装草莓和乳脂，从来都只挂着一只小虫，似乎在说："鱼儿啊，你不想吃吃这只美味的小虫吗？"

卡耐基无疑是擅长洞悉他人心理的专家。他知道如何利用心理学中的"喜好效应"，如何投"鱼"所好，从而获得自己想要的结果——鱼上钩。其实何止是钓鱼，任何人无论做任何事，要想取得成就，首先要获得相关人士的好感和信任，再顺理成章地对他人施加自己的影响。因此如果我们要想获得某种结果时，为什么不同样地使用这种常识呢？

你只有不断给予别人想要的，别人才会一如既往地拥护你。因此，唯一能影响别人的方法，是谈论他所要的，并教他怎样去得到。

在纽约一家银行工作的芭贝拉·安德生，为了儿子的健康考虑，打算搬到亚利桑那州凤凰市。受卡耐基钓鱼论的启发，她写了下面的一封信结凤凰市的十二家银行：

“敬启者：

本人在银行工作已有十年经验，本人曾在纽约银行家信托公司各部门工作，现已升为分部经理，熟悉银行各部门业务，包括与存户之关系、信用、贷款及行政。

本人将在五月迁居凤凰市，深信能有助于贵银行的成长与获利。本人将在四月三日前后一星期到达凤凰市，如能蒙赐机会，使本人显示如何有助于贵银行达到目标，则感激不尽。”

这封信发出后，十二家银行中有十一家来信请她去面谈。为什么会有这样好的效果呢？安德生太太没有说她要什么，而只在信中说她可以在哪些方面帮助他们，是看重他们的需要，而不是她自己的需要。

贪婪是人性的弱点，因此不自私而存心帮助别人的人，就会有很大的收获，因为他没有什么竞争者。欧文梅说：“一个能从别人的观点来看事情，能了解别人心灵活动的人，永远不必为自己的前途担心。”

成功者总是最擅长知道他人的喜好和需要，并巧妙利用这种喜好和需要来达到自己的目的。但有时他人可能会没有某种喜好和需要，这时应该怎么办呢？我们来看看下面这个推销员是怎样做的。

麦克·魏登是壳牌石油公司的一个推销员。他的从业时间虽然不长，可是非常富有野心，一心想成为他所属区域里业绩第一的推销员，因此他不辞辛劳地在各个加油站之间奔波。事实上，在他的努力下，他的业绩很可观，但是有一个加油站却使他的努力受到了影响，这处加油站由一名老人担任经理。由于这位老人有些不太良好的习惯，因此加油站看起来比其他加油站脏乱。麦克用了许多方法，但仍然无法使这位老人改善加油站的脏乱面貌，这直接导致了该加油站的汽油销售量持续下降。经过多次劝导和诚恳地谈话都没有效果之后，麦克决定邀请这位经理去看看他地区内最新的一处壳牌加油站。

这位经理对新加油站的设施印象深刻，而当麦克下一次去看他的时候，他的加油站已变得干净，而且销售量已经增加，从而使麦克达到了成为区域内业绩第一的目标。他过去的谈话和讨论都没有收到效果，但是他引起了那位经理内心迫切渴望的需要，以及邀请那位经理去参观了现代加油站之后，他达到了他的目标，这样那位经理和麦克都得到好处。

这里，有必要再重复一遍佛史屈教授那充满智慧的忠告："首先，撩起对方的急切欲望。能做到这点的人，可以掌握全世界；不能的人，将孤独一生。"

◎在道德和利益间选择

【人生在世，每个人都有自己做人的原则。这是每个人的自由。照理说，任何其他人，都无权干涉他人做人的原则，除非他人的原则触犯了法律。】

每一个人都有面对职业生涯中出现道德危机的时刻。也许你会很自然地选择不违背你的道德观的做法。但当你体面的工作、家庭的幸福、自己的价值感都处在危险中的时候，你能保证你会做什么吗？这又是人生中的一种博弈。

1994年，哈沃德·戴维森就面对了这样严峻的考验。那时，他是一个银行投资家，在不发达地区一个国家工作。他处在将要做成一笔令人眼热的5亿美元投资额的生意中，这项投资用于某国家的公用设施。"我们已经为这笔合同投资了1100万美金，"戴维森先生回忆说，他现在是Redwood城里的一家管理咨询公司的金融咨询师。"在最后一分钟，一位政府官员接近了我。"官员的意思是：给他回扣，否则就不要指望这笔合同。"对他来说，这是像夜晚过后白天就要来临一样的合理。"戴维森说。

本来答应他的要求是很简单的。毕竟，这种交易是很普通的——在某国的文化中甚至是可以被接受的。在某国，戴维森说，为政府官员提供报酬叫做“茶水费”，就像美国饭店中的小费，是对服务的回报，是为了使事情更好办。

这位官员显然对这种交易是很老练的，甚至告诉了具体的处理细节，把钱付给一个中介，不会留下任何书面的痕迹。戴维森先生只需将这笔款子作为一笔某中介为公司提供服务的费用填报。

他花了一天的时间做决定。他打算彻底想个明白，不单是这笔生意，还包括自己内在的职业道德感。“我计算了这笔合同已经发生的总投入，”他说，“还有投入的4个月时间也要灰飞烟灭了。”

但是使他心烦的是他将来的感受。“如果我付了这笔钱，明天或者下个月，我如何来认识自己？”他说。“想象一下3年后你自己不得不在官员调查中作证的场面。”更糟糕的是，他补充道，在某个时候，他将不得不向自己的孩子们做出解释。

戴维森先生的内心反应是拒绝，但他还是花时间考虑能使官员满意的办法，保存生意的同时仍然坚持他的正直。但最终他还是无法绕过他认识到的事实：官员拼命为自己的包里塞钱的时候，他的许多同胞还在挨饿。“我找不到解决这个问题的任何可行的办法，”他说，“如果他们说‘我们想做这笔生意，但我们希望你为我们教育基金捐一笔钱’，这是合法的、光明正大的，我想我还会在那里待着。”

做出这样一个决定的孤独感使他想到了共同为这个合同工作的同事，“我们有想把尽可能多的人引入解决问题的行列的趋势，”他说，“通常作为一个群体做出一个困难的决定会使我们更轻松些。”

他感到他甚至不能同银行的上司分享这个决定，如果他们命令他支付贿金怎么办？如果有更多人的参与，他如何能保证整个肮脏交易不会被泄露给媒体？“一起分享的秘密就不再是秘密，”他说。或者，像一位智者曾经说过的，“3个人守住秘密的前提是另两个人死掉。”

最终，他拒绝了，这笔生意被放弃。结果是为公司招致了来自于不明真相的公众的声讨热浪，新闻评论家大声质问是否这个大公司不知道如何接受这样一笔来自于国外土地上的数额巨大的生意。

然而这个决定为戴维森带来的结果是美好的，他后来向上司吐露了一切。公司高层主管认为他做出了正确的决定，在他的部门度过幸运的一年后，他为自己获得的晋升兴奋不已。

但那也可能成为一场灾难。在另一种不道德的、不择手段获得利润的企业文化中，他可能被冷落到一边，被同事明目张胆地轻视或者贬低，他的职业生涯可能就此走到死亡般的停滞中。即使有这种可能，他仍然感到他做出了正确的决定，“如果我那样做了，我觉得我只能做永远不被人信任的、次要位置的人。”

当然，很多主管处于同样的状况时会做出相反的决定。在随后的进程中他们中的一些人被抓捕、被告发、被唾骂。其他一些人确实已经逃脱了处罚。人们常常对在国外的贿赂丑闻中落网的贿赂者那些毫不悔罪的声音感到震惊。对他们来说，不付回扣对他们国外的主顾是一种侮辱。“那是他们的文化，我们怎么能强加给他们我们的道德标准呢？”

在一个竞争高度激烈的世界上，接受戴维森先生的观点要承受相当大的压力。当老板说“无论做什么”都要完成销售任务的时候，销售人员很快就将此视为一个很容易识别的隐藏代码，翻译出来是：“做你们必须做的，只要它不会危及到我。”还有一种“从众”的社会压力，不“从众”的人会受到排斥。

对于戴维森先生的不从众，我们能从中领悟什么呢？对他，那不仅仅是做出一个正确的决定的例子，而是做出了符合自己道德观的决定。就是要在道德和利益的博弈中，认清自己的选择。

◎威胁与许诺的界限

【博弈论专家认为，威胁与许诺的界限非常模糊，只取决于你怎样称呼当前的情形。】

一个无条件的行动（不计代价、只要胜利）可以使这个参与者获得策略上的优势，抢占先机，率先出招。即使你并未真的先行，仍然可以通过对一个回应规则提出一个承诺，获得相仿的策略优势。虽然你是跟在别人后面行动，但这个回应规则必须在别人开始行动之前就实施。父母对孩子说："除非你做完作业，否则不许出去玩。"实际上就是在确立一个回应规则。毫无疑问，这个规则必须在这个孩子跑出去之前就开始实施，并且明确宣布。

许诺是对愿意与你合作的人提供回报的方式。检察官会向一个被告许诺说，只要他愿意成为公诉方的证人，检举同案中的其他被告，他就会得到宽大处理。

许诺同样可以分为强迫性的和阻吓性的两种。强迫性许诺的用意是促使某人采取对你有利的行动，比如让被告摇身一变成为公诉方的证人；阻吓性许诺的目的在于阻止某人采取对你不利的行动，比如黑帮分子许诺好好照顾证人，只要他答应保守秘密。相仿地，两种许诺也面临同样的结局：一旦采取（或者不采取）行动，总会出现说话不算数的动机。

有时候，威胁与许诺的界限非常模糊。威胁与许诺的界限只取决于你怎样称呼当前的情形。歹徒会威胁说，假如你不给他一点银子，他就要加害你。假如你没有给，他就会动手"修理"你，从而造成一种新的情形，而在这种新的形势下，他又会许诺说只要你给他一点银子，他就会住手。随着形势转变，一个强迫性的威胁会变得和一个阻吓性的承诺差不多；同样，一个阻吓性的威胁与一个强迫性的许诺的区别也只限于当时的情况。

显而易见，在你作出一个许诺的时候，你不应让自己的许诺超过必要的范围。假如这个许诺成功地影响了对方的行为，你就要准备实践自己的诺言。这件事做起来应该是代价越小越好，因此也意味着许诺的时候只要达到必要的最低限度就行了。

不那么容易看到的是，适度原则其实同样适用于威胁。你不应让自己的威胁超过必要的范围。这么做的理由相当微妙。

为什么美国不会威胁日本，假如日本不同意进口更多的美国大米、牛肉和柑橘，美国就要动武呢？虽然动武的想法有可能博得美国一些农场主和政治家的欢心，但同时却存在几个很好的理由，说明不能这么做。

1. 没有人会相信这个威胁，因此这个威胁不会奏效。

2. 哪怕这个威胁真的管用，日本也一定会重新揣摩美国究竟是不是它的盟友。

3. 假如日本不肯进口更多柑橘，美国说到做到，当真实施自己的威胁，其他国家就会谴责美国选择了一个很不恰当的惩罚方式，日本更会怒不可遏。不过，假如美国不实施自己的威胁，又会让自己日后的信誉大打折扣。无论是不是实施自己的威胁，美国都将遭到失败。

4. 这个威胁由于引入了一个本来毫不相干的因素——武力——而使原来的问题变得模糊不清。

上述各点的核心在于，这个威胁大而不当，对方难以置信，而自己又不能说到做到，更别说进一步确立自己的信誉了。

博弈的参与者发出威胁的时候，首先考虑的问题可能恰恰相反，认为威胁必须足够大，大到足以阻吓或者强迫对方的地步。接下来要考虑的则是可信度，即能不能让对方相信，假如他不肯从命，一定逃脱不了已经明说的下场。若是在理想状况下，再没有别的需要考虑的相关因素了。假如受到威胁的参与者知道反抗的下场，并且感到害怕，他就会乖乖就范。

◎诚信是一种策略选择

【信用是难得易失的，费十年工夫积累的信用，往往由于一时的言行而失掉。】

从经济学的角度讲，诚信是人们在重复博弈、反复切磋中谋求长期的、稳定的利益的一种手段。而从博弈的角度讲，诚信是基于利益需求而做出的一种策略选择，而不是基于心理需要而做出的道德选择。

对于“诚信”，其实是一种价值取向，是一种道德规范和行为原则。从经济学的角度讲，人的社会行为的基本动机是谋求个人利益的最大化。诚信也是一样，它是人们在重复博弈、反复切磋中谋求长期的、稳定的利益的一种手段。

从博弈的角度讲，诚信是基于利益需求而做出的一种策略选择，而不是基于心理需要而做出的道德选择。为什么这么说呢？下面用博弈论中一个简单的例子来给大家分析一下。

假定 A 是一名生产商，B 是一名销售商，双方约定做一单 100 万的生意，那么双方博弈后会出现四种情形：

1. 双方都讲诚信，A 按时交货，B 也按约付款，这样两人都会得到 100 万的利益。

2. A 讲诚信，按时交货，而 B 不讲诚信，未付款，这样 B 会得到最大的利益，得 200 万，而 A 吃了亏，得到 -100 万的利益。

3. A 不讲诚信，收了钱不交货，那么 A 会得到最大的利益，得 200 万，而 B 吃亏，得 -100 万的利益。

4. 双方都不讲诚信，互不信任，生意泡汤，各自得到 0 的利益。

从分析中可以看出，为了追求自身的最大利益，双方都希望对方能够讲诚信，而自己则不愿意讲诚信，因为只有在不讲诚信的时候才有机会实现利益的最大化，讲诚信的人很有可能要吃亏，于是，双方都会选择不讲诚信，最后不欢而散。出现这种结果的前提是，双方做的都是“一锤子买卖”，即这种博弈只进行一次，A 和 B 都无法根据这一次的博弈结果再组织一次博弈，再做一次选择。比如在旅游景区的商店，商品价格往往非常贵，偏离商品实际价值，就是因为他们做的基本都是“一锤子买卖”。可假如这种博弈是重复的、连续进行的，这时，如果 A 与 B 想保持长期的合作关系，无论是 A 还是 B 都知道，如果有一次不讲诚信，将会失去以后长期合作的机会，这样，为了获得更长期、更稳定的利益，双方都会理性地克制投机行为，A 会按时交货，B 会按约付款，双方都会选择诚信与合作，于是必然出现第一种博弈结果。这时双方的综合利益最大化，实现了策略上的“合作均衡”。

由此看出，要想使诚信成为博弈者的主动选择，一次性的博弈与重复性博弈是非常关键的。那些专注于一次性博弈的人，肯定是不讲诚信的，比如现在大家经常收的手机中奖短信，你会天天中奖吗？不会，这就是一次性博弈，那么大家都肯定会选择不讲诚信，所以你不会按照短信的要求汇钱，同样对方也不会兑现短信中的承诺。不过现实中，企业之间的生意，则基本上都是重复性的博弈，这样为了获得更长期、更稳定的利益，企业之间必然会选择讲诚信，而那些不讲诚信的企业，或许会一时获得较大的利益，可长远看来，它失去了与其他企业合作的机会，是不会生存下去的。

毫无疑问，诚信是企业的一种无形资产，是企业能够长期稳定发展的重要推动力，它虽然不像有形的物质财产那样能给企业带来直接的市场份额和利润，但是作为企业一种良好信誉的象征，它却能赢得良好的客户资源以及合作伙伴的信赖和尊重，从而节约和降低交易成本，缩小交易范围，它是企业的一笔重要的无形财富。相反如果一个企业不讲诚信或许能使企业在短期内获得一定的利益，但最终必将失去客户的信任和合作伙伴的维护和尊重，作为一个市场主体也必将难在市场中立足，最终损害的也必定是企业自己的利益。

以上对于诚信与企业之间的分析，同样适用于人与人之间的交往合作。总而言之，诚信也是一种博弈，一种看似无形，实际能够带来巨大效益的博弈策略。

◎运用以牙还牙的策略

【“以牙还牙”策略的问题在于，任何一个错误都会犹如回声一般反复出现。一方对另一方的背叛行为进行惩罚，从而引发连锁反应。对手受到惩罚之后，不甘示弱，进行反击。这一反击又招致第二次惩罚。无论什么时候，这一策略都不会只接受惩罚而不做任何反击。】

《旧约全书·申命记》：“以眼还眼，以牙还牙，以手还手，以脚还脚。”比喻针锋相对地进行回击。在博弈中，“以牙还牙”是一个非常著名的策略，最广为人知的一点是这个策略能够促成高度的合作，不仅两个采取“以牙还牙”策略的玩家相遇时会出现稳定的合作，而且“以牙还牙”策略还能诱导或强迫采取其他策略的玩家也和它合作。

一个有名的博弈论试验证实，无限博弈的纳什均衡是“以牙还牙，以眼还眼”策略，英文是“tit－for－tat”。也就是说一个人最优的与人相处的策略，当别人对你好的时候，你就对他好；当别人欺负你的时候，你就欺负他；他永远对你好你就永远对他好；他永远欺负你就永远跟他对抗，直到他开始对你好。这个均衡是依据对很多人的试验得出的，也就是说人们普遍接受这样的相处规则，觉得只有这样大家在一起相处才会愉快，才会长久。

“以牙还牙”是重复囚徒困境博弈时的最好策略。“以牙还牙”是一种和直觉不太一致的方法，在一对一时它没有胜过任何一种规则，因为它首先选择合作，然后复制对手的选择。它最后获胜是因为它总分最高，因为阴险规则相遇时会火并，所以“以牙还牙”渔翁得利，靠敌人消灭敌人。如果我们留意生活的话，在日常生活中可以找到做到“以牙还牙”的人，他一定不是一个要小聪明的人，而且他的原则性很强，熟知“人不犯我我不犯人，人若犯我我必犯人”理论。

做大智慧的人，就要开始选择合作，并内心平气和地接受对方的背叛，然后选择对手上一步一样的选择。如果对手选择合作，就要忘记以前被背叛时的愤怒，选择合作（需要好的心态）。切忌不要产生和对手同归于尽的心态，对手比我们多一点就多一点，我们是靠总体来取胜的。

后　记

◎博弈论不是万能的

【任何理论与方法都不是万能的。博弈论亦然，它不可能包治百病。】

诺贝尔经济学奖得主莱因哈德·泽尔滕说过，“博弈论并不是疗法，也不是处方，它不能帮我们在赌博中获胜，不能帮我们通过投机来致富，也不能帮我们在下棋或打牌中赢对手。它不告诉你该付多少钱买东西，这是计算机或者字典的任务。”

要求博弈论能够完全刻画真实的世界，那么这命中注定是徒劳无功。根据著名的哥德尔不完备定理，任何一个理论体系必定是不完全的，任何理论都包含既不能证明为真也不能证明为假的命题。对这个世界的最好描述可能只有其本身，但是正如罗宾逊夫人的妙语“比例尺是一比一的地图是没用的”。

博弈论也是这样，博弈论是在力图用最简单的假设下得到最大范围的推理应用。博弈论的这种方法与很多应用广泛的学科都是相似的。

如欧几里得几何学是在“两点之间直线最短”的基本假设下，推演出庞大而严密的几何体系。可以说，在生活中或工程应用中，博弈论的思想方法是无处不在、无时不有。博弈论的基本前提假设之一就是：人是理性的。所谓理性的人是指行动者具有推理能力，在具体策略选择时的目的是使自己的利益最大化。

而现实生活中，人们在做决策时往往是有限理性。所谓有限理性，也就是说人不是机器，人的理性是有限度的。

比方说，某人要签署一份合同，有三种方法可供选择：一种是计划好，安排好一切，然后不动脑筋按部就班地照计划进行；另一种是做进度安排的时候都留一点余地，可供签订合同双方私下协商解决：最后一种是完全没有安排，凭着当时的感情与直觉任意为之，这种方法当然不可能是理性的。

后两种一眼就可看出完全不满足博弈论意义上的理性，即使是第一种方法也不是真正意义上的经济理性。

这是因为人们很难对每个措施将要产生的结果，具有完全的了解和正确的预测。人们常常要在缺乏完全了解的情况下，一定程度地根据主观意志进行决策。因此，个人或企业的决策都是在有限理性的条件下进行的。

有这么一个经典的决策实验：研究者告诉一个实验群体，让他们设想美国准备帮某国助应对一种不寻常的疾病，该病可能导致600人死亡。A、B两种备选方案被提出。实验群体被分成两组，每组进行相应的选择。假设对方案实施结果的准确估算如下：

实验群体一的选择：“若方案A被采纳，能拯救200人；若方案B被采纳，有1/3的可能性拯救600人；2/3的可能性一个也不会救”。

实验群体二的选择：“若方案A被采纳，则会导致400人死亡；若方案B被采纳，有1/3的可能性把人全部救活；2/3的可能性导致600人全部死亡”。

如果人们是完全理性的，那么两组人的选择结果应该相同。但实际的实验结果显示，在群体一中，72%的人更偏好方案A；而在实验群体二中，68%的人更偏好方案B。看来，对方案描述的不同影响到人们的选择，大部分人并不是完全理性的。

学者们还做过这样的实验：有两种情况分别如下：

情况一：今天晚上你打算去听一场音乐会。票价100元。在你临出发前，发现自己丢掉100元。你还会去听音乐会吗？

情况二：昨天你花100元买了一张今晚的音乐会票。在你临出发时，发现票被遗失。如果你想听这场音乐会，就要再花100元买票。你还会去听吗？

实验表明，在第一种情况下，大多数人选择要听音乐会。而在第二种情况下，大多数人选择不去听。这明显是受到人们心理作用的结果。而实际上如果人们都是理性的，这两个情况的预期效用是一样的。

完全理性，还意味着对每个抉择的确切后果都有完完全全的了解。事实上，一个人对自己的行动条件的了解，从来都只能是零碎的；至于使他得以从对当前状况的了解去推想未来后果的那些规律和法则，他也是所知甚微的。

人类的精力和时间永远是有限的，人不可能具有完全理性，不可能掌握所有知识和信息。人类也不可能搜寻到所需的全部的信息。另一方面也要意识到信息的搜寻需要成本，而不是毫不费成本的。

因为人类必须为此付出大量的时间、精力和财力等等。意图搜寻到所有信息，企图作出收益最优的决策行为有时反而是最不理性的行为。

但是，当我们退而求其次时，博弈论可以得到对现实的客观世界描述的近似。

所以博弈论仍然是我们目前所能得到的最好但非唯一的工具。就像并不完美的力学是自然科学的哲学和数学一样，博弈论是社会科学的力学和数学。

没有牛顿力学，我们连最简单的物理现象都无法理解。马用了多大的力拉动一车货物？上帝说："让牛顿来做吧！"于是我们知道了马用的力相当于克服摩擦力。同样的道理，没有博弈论我们也无法解释分析很多现实的社会现象。

著名的博弈论大师鲁宾斯坦说过，"一个博弈模型是我们关于现实的观念的近似，而不是现实的客观描述的近似。"

附录：博弈论专家简介

⊙约翰·冯·诺依曼（John Von Neumann）

【回顾20世纪科学技术的辉煌发展时，不能不提及20世纪最杰出的数学家之一冯·诺依曼。众所周知，1946年发明的电子计算机，大大促进了科学技术的进步，大大促进了社会生活的进步。鉴于冯·诺依曼在发明电子计算机中所起到关键性作用，他被西方人誉为“计算机之父”。而在经济学方面，他也有突破性成就，被誉为“博弈论之父”。在物理领域，冯·诺依曼在20世纪30年代撰写的《量子力学的数学基础》已经被证明对原子物理学的发展有极其重要的价值。他在化学方面也有相当的造诣，曾获苏黎世高等技术学院化学系学士学位。与哈耶克一样，他无愧是上世纪最伟大的全才之一。】

天才的一生

约翰·冯·诺伊曼（1903－1957），著名美籍匈牙利数学家。1903年12月3日生于匈牙利布达佩斯的一个犹太人家庭。冯·诺依曼的父亲麦克斯年轻有为、风度翩翩，凭着勤奋、机智和善于经营，年轻时就已跻身于布达佩斯的银行家行列。冯·诺依曼的母亲是一位善良的妇女，贤惠温顺，受过良好教育。

冯·诺依曼从小聪颖过人，兴趣广泛，读书过目不忘。据说他6岁时就能用古希腊语同父亲闲谈，一生掌握了七种语言。最擅德语，可在他用德语思考种种设想时，又能以阅读的速度译成英语。他对读过的书籍和论文。能很快一句不差地将内容复述出来，而且若干年之后，仍可如此。

1914 年夏天，约翰进入了大学预科班学习，那一年的 7 月 28 日，奥匈帝国借故向塞尔维亚宣战，揭开了第一次世界大战的序幕。由于战争动乱连年不断，冯·诺依曼全家离开过匈牙利，以后再重返布达佩斯。当然他的学业也会受到影响。但是在毕业考试时，冯·诺依曼的成绩仍名列前茅。

1921 年，冯·诺依曼通过"成熟"考试时，已被大家当做数学家了。他的第一篇论文是和菲克特合写的，那时他还不到 18 岁。麦克斯由于考虑到经济上的原因，请人劝阻年方 17 岁的冯·诺依曼不要专攻数学，后来父子俩达成协议，冯·诺依曼便去攻读化学。

其后的四年间，冯·诺依曼在布达佩斯大学注册为数学方面的学生，但并不听课，只是每年按时参加考试。与此同时，冯·诺依曼入柏林大学(1921 年)，1923 年又进入瑞士苏黎世联邦工业大学学习化学。1926 年他在苏黎世获得化学方面的学士学位，通过在每学期期末回到布达佩斯大学通过课程考试，他也获得了布达佩斯大学数学博士学位。冯·诺依曼的这种不参加听课只参加考试的求学方式，在当时是非常特殊的，就整个欧洲来说也是完全不合规则的。但是这不合规则的学习方法，却又非常适合冯·诺依曼。冯·诺依曼在柏林大学学习期间，曾得到化学家哈贝尔的悉心栽培。哈贝尔是德国著名的化学家，由于合成氨而获诺贝尔奖。

逗留苏黎世期间，冯·诺依曼常常利用空余时间研读数学、写文章和数学家通信。在此期间冯·诺依曼受到了希尔伯特和他的学生施密特和外尔的思想影响，开始研究数理逻辑。当时外尔和波伊亚两位也在苏黎世，他和他们有过交往。一次外尔短期离开苏黎世，冯·诺依曼还代他上过课。聪明的智慧加上得天独厚的栽培，冯·诺依曼在茁壮地成长，当他结束学生时代的时候，他已经漫步在数学、物理、化学三个领域的某些前沿。

1926 年春，冯·诺依曼到哥廷根大学任希尔伯特的助手。1927 至

1929 年，冯·诺依曼在柏林大学任兼职讲师，期间他发表了集合论、代数和量子理论方面的文章。1927 年冯·诺依曼到波兰里沃夫出席数学家会议，那时他在数学基础和集合论方面的工作已经很有名气。1929 年，冯·诺依曼转任汉堡大学兼职讲师。1930 年他首次赴美，成为普林斯顿大学的客座讲师。善于汇集人才的美国不久就聘冯·诺依曼为客座教授。

冯·诺依曼曾经算过，德国大学里现有的和可以期待的空缺很少，照他典型的推理得出，在三年内可以得到的教授任命数是 3，而参加竞争的讲师则有 40 名之多。在普林斯顿，冯·诺依曼每到夏季就回欧洲，一直到 1933 年担任普林斯顿高级研究院教授为止。当时高级研究院聘有六名教授，其中就包括爱因斯坦，而年仅 30 岁的冯·诺依曼是他们当中最年轻的一位。

在高等研究院初创期间，欧洲来访者会发现，那里充满着一种极好的不拘礼节的、浓厚的研究风气。教授们的办公室设置在大学的“优美大厦”里，生活安定，思想活跃，高质量的研究成果层出不穷。可以这样说，那里集中了有史以来最多的有数学和物理头脑的人才。1930 年冯·诺依曼和玛丽达·柯维斯结婚。1935 年他们的女儿玛丽娜出生在普林斯顿。冯·诺依曼家里常常举办时间持续很长的社交聚会，这是远近皆知的。1937 年冯·诺依曼与妻子离婚，1938 年又与克拉拉·丹结婚，并一起回普林斯顿。丹随冯·诺依曼学数学，后来成为优秀的程序编制家。与克拉拉结婚后，冯·诺依曼的家仍是科学家聚会的场所，主人还是那样殷勤好客，在那里人人都会感到一种聪慧的气氛。

第二次世界大战欧洲战事爆发后，冯·诺依曼的活动越出了普林斯顿，参与了同反法西斯战争有关的多项科学研究计划。1943 年起他成了制造原子弹的顾问，战后仍在政府诸多部门和委员会中任职。1954 年又成为美国原子能委员会成员。

冯·诺依曼的多年老友，原子能委员会主席斯特劳斯曾对他做过这样的评价：从他被任命到 1955 年深秋，冯·诺依曼干得很漂亮。他有一种使人望尘莫及的能力，最困难的问题到他手里。都会被分解成一件件看起来十分简单的事情，……用这种办法，他大大地促进了原子能委员会的工作。

冯·诺依曼的健康状况一直很好，可是由于工作繁忙，到1954年他开始感到十分疲劳。1955年的夏天，X射线检查出他患有癌症，但他还是不停地工作，病势扩展。后来他被安置在轮椅上，继续思考、演说及参加会议。长期而无情的疾病折磨着他，慢慢地终止了他所有的活动。1956年4月，他进入华盛顿的沃尔特·里德医院，1957年2月8日在医院逝世，享年53岁。

生平成就

冯·诺伊曼是20世纪最重要的数学家之一，在纯粹数学和应用数学方面都有杰出的贡献。他的工作大致可以分为两个时期：

1940年以前，主要是纯粹数学的研究：在数理逻辑方面提出简单而明确的序数理论，并对集合论进行新的公理化，其中明确区别集合与类；其后，他研究希尔伯特空间上线性自伴算子谱理论，从而为量子力学打下数学基础；1930年起，他证明平均遍历定理开拓了遍历理论的新领域；1933年，他运用紧致群解决了希尔伯特第五问题；此外，他在测度论、格论和连续几何学方面也有开创性的贡献；从1936至1943年，他和默里合作，创造了算子环理论，即现在所谓的冯·诺伊曼代数。

1940年以后，冯·诺伊曼转向应用数学。如果说他的纯粹数学成就属于数学界，那么他在力学、经济学、数值分析和电子计算机方面的工作则属于全人类。第二次世界大战开始，冯·诺伊曼因战事的需要研究可压缩气体运动，建立冲击波理论和湍流理论，发展了流体力学；从1942年起，他同莫根施特恩合作，写作《博弈论和经济行为》一书，这是博弈论中的经典著作，使他成为数理经济学的奠基人之一。

冯·诺伊曼对世界上第一台电子计算机ENIAC（电子数字积分计算机）的设计提出过建议，1945年3月他在共同讨论的基础上起草EDVAC

（电子离散变量自动计算机）设计报告初稿，这对后来计算机的设计有决定性的影响，特别是确定计算机的结构，采用存储程序以及二进制编码等，至今仍为电子计算机设计者所遵循。

1946 年，冯·诺依曼开始研究程序编制问题，他是现代数值分析——计算数学的缔造者之一，他首先研究线性代数和算术的数值计算，后来着重研究非线性微分方程的离散化以及稳定问题，并给出误差的估计。他协助发展了一些算法，特别是蒙特卡罗方法。

19 世纪 40 年代末，他开始研究自动机理论，研究一般逻辑理论以及自复制系统。在生命的最后时刻他深入比较天然自动机与人工自动机。他逝世后其未完成的手稿在 1958 年以《计算机与人脑》为名出版。

冯·诺伊曼的主要著作收集在《冯·诺伊曼全集》（6 卷，1961）中。

无论在纯粹数学还是在应用数学研究方面，冯·诺依曼都显示了卓越的才能，取得了众多影响深远的重大成果。不断变换研究主题，常常在几种学科交叉渗透中获得成就是他的特色。

1. 集合论，数学基础

冯·诺依曼的第一篇论文是和菲克特合写的，是关于车比雪夫多项式求根法的菲叶定理推广，注明的日期是 1922 年，那时冯·诺依曼还不满 18 岁。另一篇文章讨论一致稠密数列，用匈牙利文写就，题目的选取和证明手法的简洁显露出冯·诺依曼在代数技巧和集合论直观结合的特征。

1923 年当冯·诺依曼还是苏黎世的大学生时，发表了超限序数的论文。文章第一句话就直率地声称“本文的目的是将康托的序数概念具体化、精确。”

强烈企求探讨公理化是冯·诺依曼的愿望，大约从 1925 年到 1929 年，他的大多数文章都尝试着贯彻这种公理化精神，以至在理论物理研究中也如此。当时，他对集合论的表述处理，尤感不够形式化，在他 1925 年关于集合论公理系统的博士论文中，开始就说“本文的目的，是要给集合论以逻辑上无可非议的公理化论述”。

有趣的是，冯·诺依曼在论文中预感到任何一种形式的公理系统所具有的局限性，模糊地使人联想到后来由哥德尔证明的不完全性定理。对此文章，著名逻辑学家、公理集合论奠基人之一的弗兰克尔教授曾作过如下评价："我不能坚持说我已把（文章的）一切理解了，但可以确有把握地说这是一件杰出的工作，并且透过他可以看到一位巨人"。

1928 年冯·诺依曼发表了论文《集合论的公理化》，是对上述集合论的公理化处理。该系统十分简洁，它用第一型对象和第二型对象相应表示朴素集合论中的集合和集合的性质，用了一页多一点的纸就写好了系统的公理，它已足够建立朴素集合论的所有内容，并借此确立整个现代数学。

冯·诺依曼的系统给出了集合论的也许是第一个基础，所用的有限条公理，具有像初等几何那样简单的逻辑结构。冯·诺依曼从公理出发，巧妙地使用代数方法导出集合论中许多重要概念的能力简直叫人惊叹不已，所有这些也为他未来把兴趣落脚在计算机和"机械化"证明方面准备了条件。

20 世纪 20 年代后期，冯·诺依曼参与了希尔伯特的元数学计划，发表过几篇证明部分算术公理无矛盾性的论文。1927 年的论文《关于希尔伯特证明论》最为引人注目，它的主题是讨论如何把数学从矛盾中解脱出来。文章强调由希尔伯特等提出和发展的这个问题十分复杂，当时还未得到满意的解答。它还指出阿克曼排除矛盾的证明并不能在古典分析中实现。为此，冯·诺依曼对某个子系统作了严格的有限性证明。这离希尔伯特企求的最终解答似乎不远了。恰在此时，1930 年哥德尔证明了不完全性定理。定理断言：在包含初等算术（或集合论）的无矛盾的形式系统中，系统的无矛盾性在系统内是不可证明的。至此，冯·诺依曼只能中止这方面的研究。

冯·诺依曼还得到过有关集合论本身的专门结果。他在数学基础和集合论方面的兴趣一直延续到他生命的结束。

1. 量子理论的数学基础，算子环，遍历理论

在 1930 至 1940 年，冯·诺依曼在纯粹数学方面取得的成就更为集中，创作更趋于成熟，声誉也更高涨。后来在一张为国家科学院填的问答表中，冯·诺依曼选择了量子理论的数学基础、算子环理论、各态遍历定理三项作为他最重要的数学工作。

1927 年冯·诺依曼已经在量子力学领域内从事研究工作。他和希尔伯待以及诺戴姆联名发表了论文《量子力学基础》。该文的基础是希尔伯特 1926 年冬所作的关于量子力学新发展的讲演，诺戴姆帮助准备了讲演，冯·诺依曼则从事于该主题的数学形式化方面的工作。文章的目的是将经典力学中的精确函数关系用概率关系代替之。希尔伯特的元数学、公理化的方案在这个生气勃勃的领域里获得了施展，并且获得了理论物理和对应的数学体系间的同构关系。对这篇文章的历史重要性和影响无论如何评价都不会过高。冯·诺依曼在文章中还讨论了物理学中可观察算符的运算的轮廓和埃尔米特算子的性质，无疑，这些内容构成了《量子力学的数学基础》一书的序曲。

1932 年世界闻名的斯普林格出版社出版了他的《量子力学的数学基础》，它是冯·诺依曼主要著作之一，初版为德文，1943 年出了法文版，1949 年西班牙文出版，1955 年被译成英文出版，至今仍不失为这方面的经典著作。当然他还在量了统计学、量子热力学、引力场等方面做了不少重要工作。

客观地说，在量子力学发展史上，冯·诺依曼至少作出过两个重要贡献：狄拉克对量子理论的数学处理在某种意义下是不够严格的，冯·诺依曼通过对无界算子的研究，发展了希尔伯特算子理论，弥补了这个不足；此外，冯·诺依曼明确指出，量子理论的统计特征并非由于从事测量的观察者之状态未知所致。借助于希尔伯待空间算子理论，他证明凡包括一般物理量缔合性的量子理论之假设，都必然引起这种结果。

对于冯·诺依曼的贡献，诺贝尔物理学奖获得者威格纳曾作过如下评价：“在量子力学方面的贡献，就是以确保他在当代物理学领域中的特殊地位。”

在冯·诺依曼的工作中，希尔伯特空间上的算子谱论和算子环论占有重要的支配地位，这方面的文章大约占了他发表的论文的三分之一。它们包括对线性算子性质的极为详细的分析，和对无限维空间中算子环进行代数方面的研究。

算子环理论始于1930年下半年，冯·诺依曼十分熟悉诺特和阿丁的非交换代数，很快就把它用于希尔伯特空间上有界线性算子组成的代数上去，后人把它称之为冯·诺依曼算子代数。

1936至1940年，冯·诺依曼发表了六篇关于非交换算子环论文，可谓20世纪分析学方面的杰作，其影响一直延续至今。冯·诺依曼曾在《量子力学的数学基础》中说过：由希尔伯特最早提出的思想就能够为物理学的量子论提供一个适当的基础，而不需再为这些物理理论引进新的数学构思。他在算子环方面的研究成果应验了这个目标。冯·诺依曼对这个课题的兴趣贯穿了他的整个生涯。

算子环理论的一个惊人的生长点是由冯·诺依曼命名的连续几何。普通几何学的维数为整数1、2、3等，冯·诺依曼在著作中已看到，决定一个空间的维数结构的，实际上是它所容许的旋转群。因而维数可以不再是整数，连续级数空间的几何学终于提出来了。

1932年，冯·诺依曼发表了关于遍历理论的论文，解决了遍历定理的证明，并用算子理论加以表述，它是在统计力学中遍历假设的严格处理的整个研究领域中，获得的第一项精确的数学结果。冯·诺依曼的这一成就，可能得再次归功于他所娴熟掌握的受到集合论影响的数学分析方法，和他自己在希尔伯特算子研究中创造的那些方法。它是20世纪数学分析研究领域中取得的最有影响成就之一，也标志着一个数学物理领域开始接近精确的现代分析的一般研究。

此外冯·诺依曼在实变函数论、测度论、拓扑、连续群、格论等数学领域也取得不少成果。1900年希尔伯特在那次著名的演说中，为20世纪数学研究提出了23个问题，冯·诺依曼也曾为解决希尔伯特第五问题作了贡献。

3. **一般应用数学**

1940年，是冯·诺依曼科学生涯的一个转换点。在此之前，他是一位通晓物理学的登峰造极的纯粹数学家；此后则成了一位牢固掌握纯冯·诺依曼数学的出神入化的应用数学家。他开始关注当时把数学应用于物理领域的最主要工具——偏微分方程。研究同时他还不断创新，把非古典数学应用到两个新领域：博弈论和电子计算机。

冯·诺依曼的这个转变一方面来自他长期对数学物理问题的钟情；另一方面来自当时社会方面的需要。第二次世界大战爆发后，冯·诺依曼应召参与了许多军事科学研究计划和工程项目。1940至1957年任马里兰阿伯丁试验弹道研究实验室科学顾问；1941至1955年任职于华盛顿海军军械局；1943至1955年任洛斯·阿拉莫斯实验室顾问；1950至1955年任职于陆军特种武器设计委员会委员；1951至1957年任职于美国空军华盛顿科学顾问委员会成员；1953至1957年任职于原子能技术顾问小组成员；1954至1957年任职于导弹顾问委员会主席。

冯·诺依曼研究过连续介质力学。很久以来，他对湍流现象一直感兴趣。1937年他关注纳维—斯克克斯方程的统计处理可能性的讨论，1949年他为海军研究部写了《湍流的最新理论》。

冯·诺依曼研究过激波问题。他在这个领域中的大部分工作，直接来自国防需要。他在碰撞激波的相互作用方面贡献引人注目，其中有一结果，是首先严格证明了恰普曼—儒格假设，该假设与激波所引起的燃烧有关。关于激波反射理论的系统研究由他的《激波理论进展报告》开始。

冯·诺依曼研究过气象学。有相当一段时间，地球大气运动的流体力学方程组所提出的极为困难的问题一直吸引着他。随着电子计算机的出现，有可能对此问题作数值研究分析。冯·诺依曼搞出的第一个高度规模化的计算，处理的是一个二维模型，与地转近似有关。他相信人们最终能够了解、计算并实现控制以致改变气候。

4. 博弈论

冯·诺依曼不仅曾将自己的才能用于武器研究等，而且还用于社会研究。由他创建的博弈论，无疑是他在应用数学方面取得的最为令人羡慕的杰出成就。现今，博弈论主要指研究社会现象的特定数学方法。它的基本思想，就是分析多个主体之间的利害关系时，重视在诸如下棋、玩扑克牌等室内游戏中竞赛者之间的讨价还价，交涉，结伙，利益分配等行为方式的类似性。

博弈论的一些想法，19 世纪 20 年代初就曾有过，真正的创立还得从冯·诺依曼 1928 年关于社会博弈理论的论文算起。在这篇文章中，他证明了最小最大定理，这个定理用于处理一类最基本的二人博弈问题。如果博弈双方中的任何一方，对每种可能的策略，考虑了可能遭到的最大损失，从而选择“最大损失”最小的一种为“最优”策略，那么从统计角度来看，他就能够确保方案是最佳的。这方面的工作大致已达到完善。在同一篇论文中，冯·诺依曼也明确表述了 n 个游戏者之间的一般博弈。

博弈论也被用于经济学。经济理论中的数学研究方法，大致可分为定性研究为目标的纯粹理论和以实证的、统计的研究为目标的计量经济学。前者称为数理经济学，正式确立于 20 世纪 40 年代之后。无论在思想上或方法上，都明显地受到博弈论的影响。

数理经济学，过去模仿经典数学物理的技巧，所用的数学工具主要是微积分和微分方程、将经济问题当成经典力学问题处理。显然，几十个商人参加的贸易洽谈会，用经典数学分析处理，其复杂程度远远超过太阳系行星的运动，这种方法的效果往往很难是预期的。冯·诺依曼毅然放弃这种简单的机械类比，代之以新颖的博弈论观点和新的数学—和凸性的思想。1944 年，冯·诺依曼和摩根斯特思合著的《博弈论和经济行为》是这方面的奠基性著作。论文包含了博弈论的纯粹数学形式的阐述以及对于实际应用的详细说明。这篇论文以及所作的与某些经济理论的基本问题的讨论，引起了对经济行为和某些社会学问题的各种不同研究，时至今日，这已是应用广泛、羽毛日益丰盛的一门数学学科。有些科学家热情颂扬它可能是“20世纪前半期最伟大的科学贡献之一”。

5. **计算机**

对冯·诺依曼声望有所贡献的最后一个课题是电子计算机和自动化理论。

1944至1945年间，冯·诺依曼形成了现今所用的将一组数学过程转变为计算机指令语言的基本方法，当时的电子计算机（如ENIAC）缺少灵活性、普适性。冯·诺依曼关于机器中的固定的、普适线路系统，关于“流图”概念，关于“代码”概念为克服以上缺点作出了重大贡献。尽管对数理逻辑学家来说，这种安排是显见的。

计算机工程的发展也应大大归功于冯·诺依曼。计算机的逻辑图式，现代计算机中存储、速度、基本指令的选取以及线路之间相互作用的设计，都深深受到冯·诺依曼思想的影响。他不仅参与了电子管元件的计算机ENIAC的研制，并且还在普林斯顿高等研究院亲自督造了一台计算机。稍前，冯·诺依曼还和摩尔小组一起，写出了一个全新的存贮程序通用电子计算机方案EDVAC，长达101页的报告轰动了数学界。这一向专搞理论研究的普林斯顿高等研究院也批准让冯·诺依曼建造计算机，其依据就是这份报告。

速度超过人工计算千万倍的电子计算机，不仅极大地推动数值分析的进展，而且还在数学分析本身的基本方面，刺激着崭新的方法的出现。其中，由冯·诺依曼等制订的使用随机数处理确定性数学问题的蒙特卡洛法的蓬勃发展，就是突出的实例。

19世纪那种数学物理原理的精确的数学表述，在现代物理中似乎十分缺乏。基本粒子研究中出现的纷繁复杂的结构，令人眼花缭乱，要想很快找到数学综合理论希望还很渺茫。单从综合角度看，且不提在处理某些偏微分方程时所遇到的分析困难，要想获得精确解希望也不大。所有这些都迫使人们去寻求能借助电子计算机来处理的新的数学模式。冯·诺依曼为此贡献了许多天才的方法：它们大多分载在各种实验报告中。从求解偏微分方程的数值近似解，到长期天气数值须报，以至最终达到控制气候等。

在冯·诺依曼生命的最后几年，他的思想仍甚活跃，他综合早年对逻辑研究的成果和关于计算机的工作，把眼界扩展到一般自动机理论。他以特有的胆识进击最为复杂的问题：怎样使用不可靠元件去设计可靠的自动机，以及建造自己能再生产的自动机。从中，他意识到计算机和人脑机制的某些类似，这方面的研究反映在西列曼讲演中；逝世后才有人以《计算机和人脑》的名字，出了单行本。尽管这是未完成的著作，但是他对人脑和计算机系统的精确分析和比较后所得到的一些定量成果，仍不失其重要的学术价值。

冯·诺伊曼逸闻

一次，冯·诺伊曼在晚会上，女主人勇敢地向他提出一个谜题：

两列火车在同一轨道上以每小时30英里的速度相对而行，且相距1英里，这时栖在一列火车前面的一只苍蝇以每小时60英里的速度朝着另一列火车飞去。当它飞到另一列火车时，它又迅速地飞回来。它一直这样飞过去飞回来，直到两列火车不可避免地发生碰撞。问这只苍蝇共飞了多少英里？

大多数人，尤其是懂一点数学的人，都是先计算出它每一来回飞的路程，然后把这些结果累加起来。这涉及无穷级数求和的问题，这样做并不难，但就是麻烦，费时。实际上这里有一个技巧：首先计算出两列火车要经过多长时间才能碰撞，很容易算出来是1分钟。而苍蝇每小时飞60英里，1分钟1英里，太容易了。

几乎在女主人刚解释完问题的同时，冯诺依曼就答道："1英里。"

"太让我惊讶了，你这么快就算出来了，"她说道："大多数数学家都没能看出这里面的技巧，而是用无穷级数去计算，这花费了他们很长时间。"

"什么技巧？我也是用无穷级数算的。"冯·诺依曼回答道。可见他拥有过人的心算能力。

●有一次，意大利裔的美国物理学家塞格雷（他是诺贝尔物理学奖获得者）和同事为一个积分的有关问题奋斗了一个下午，却毫无进展。这时他们从开着的门缝中看到冯·诺依曼正沿着走廊朝他们的办公室走来，于是他们问冯·诺依曼：“您能帮我们解决这个积分问题吗？”困扰他们的积分问题就写在移动黑板上，冯·诺依曼走到门口，看了一眼黑板，立即给出了答案（大概花了3秒钟），此时，塞格雷和他同事完全被吓住了，因为他们根本不知道冯·诺依曼是怎么这么快就解决了这个难题的。

●当冯·诺依曼在兰德公司的时候，有个家伙想向冯·诺依曼表演“硬币问题”，什么意思呢？也就是有一个厚厚的圆柱形的“胖硬币”如果有适当的尺寸，那么抛起来再落下去以后，正面朝上有1/3的可能，反面朝上也有1/3的可能，而以边直立在桌面上也有1/3的可能，当这个家伙向冯·诺依曼谈起这个问题的时候，冯·诺依曼说：“是啊，这的确有那3种可能。”然后那家伙说：“不如让我们抛一抛这种硬币吧?!”冯·诺依曼接着一边计算出了这种硬币的有关尺寸和概率的数据，一边走开，前后只有不到1分钟的时间，把在场的工程师都吓坏了。

●在ENIAC计算机研制时期，有几个数学家聚在一起切磋数学难题，百思不得某题之解。有个人决定带着台式计算器回家继续演算。次日清晨，他眼圈黑黑，面带倦容走进办公室，颇为得意地对大家炫耀说：“我从昨天晚上一直算到今晨4点半，总算找到那难题的5种特殊解答。它们一个比一个更难咧！”

说话间，冯·诺依曼推门进来，“什么题更难？”虽只听到后面半句话，但“更难”二字使他马上来了劲。

有人把题目讲给他听，教授顿时把自己该办的事抛在爪哇国，兴致勃勃地提议道：“让我们一起算算这5种特殊的解答吧。”

大家都想见识一下教授的“神算”本领。只见冯·诺依曼眼望天花板，不言不语，迅速进到“入定”状态。约莫过了5分来钟，就说出了前

4 种解答，又在沉思着第 5 种……

青年数学家再也忍不住了，情不自禁脱口讲出答案。冯·诺依曼吃了一惊，但没有接话茬。又过了 1 分钟，他才说道："你算得对！"

那位数学家怀着崇敬的心情离去，他不无揶揄地想："还造什么计算机哟，教授的头脑不就是一台'超高速计算机'吗？"

然而，冯·诺依曼却待在原地，陷入苦苦的思索，许久都不能自拔。有人轻声向他询问缘由，教授不安地回答说："我在想，他究竟用的是什么方法，这么快就算出了答案。"

听到此言，大家不禁哈哈大笑："他用台式计算器算了整整一个夜晚！"

⊙约翰·福布斯·纳什（John Forbes Nash Jr.）

【1994 年，约翰·纳什因他的"纳什均衡"而摘得诺贝尔经济学奖。电影《美丽心灵》讲述了约翰·纳什与他妻子的故事。现在任何人研究博弈论，都不可能绕开纳什均衡。美国经济学家罗杰·A·麦凯恩在他的著作《博弈论——战略分析入门》一书中称："没有人对博弈论的贡献超过纳什"。】

孤独的天才

约翰·纳什 1928 年出生在美国西弗吉尼亚州工业城布鲁菲尔德的一个富裕家庭。他的父亲是受过良好教育的电子工程师，母亲则是拉丁语教师。纳什从小就很孤僻，他宁愿钻在书堆里，也不愿出去和同龄的孩子玩耍。但是那个时候，纳什的数学成绩并不好，小学老师常常向他的家长抱怨纳什的数学有问题，因为他常常使用一些奇特的解题方法。而到了中学，这种情况就更加频繁了，老师在黑板上演算了整个黑板的习题，纳什只用简单的几步就能解出答案。

中学毕业后，约翰·纳什进入了匹兹堡的卡耐基技术学院化学工程系。1948 年，大学三年级的纳什同时被哈佛大学、普林斯顿大学、芝加哥大学和密执安大学录取，而普林斯顿大学则表现得更加热情，当普林斯顿大学的数学系主任莱夫谢茨感到纳什的犹豫时，就立即写信敦促他选择普林斯顿，这促使纳什接受了一份 1150 美元的奖学金。

当时的普林斯顿已经成了全世界的数学中心，爱因斯坦等世界级大师均云集于此。在普林斯顿自由的学术空气里，纳什如鱼得水，他 21 岁博士毕业，不到 30 岁已经闻名美国。1958 年，纳什因其在数学领域的优异工作被美国《财富》杂志评为新一代天才数学家中最杰出的人物。

约翰·纳什最重要的理论就是现在广泛出现在经济学教科书上的“纳什均衡”，是他 21 岁博士毕业的论文，也奠定了数十年后他获得诺贝尔经济学奖的基础。那时的纳什“就像天神一样英俊”，1. 85 米的个子，体重接近 77 公斤，手指修长、优雅，双手柔软、漂亮，还有一张英国贵族的容貌。他的才华和个人魅力吸引了一个漂亮的女生——艾里西亚，她是当时麻省理工学院物理系仅有的两名女生之一。1957 年，他们结婚了。之后漫长的岁月证明，这也许正是纳什一生中比获得诺贝尔奖更重要的事。

就在事业爱情双双得意的时候，纳什也因为喜欢独来独往，喜欢解决折磨人的数学问题而被人们称为“孤独的天才”。他不是一个善于为人处世的人，他有着天才们常有的骄傲、自我中心的毛病。他的同辈人基本认为他不可理喻，他们说他“孤僻，傲慢，无情，幽灵一般，古怪，沉醉于自己的隐秘世界，根本不能理解别人操心的世俗事务。”

普林斯顿的幽灵

1958 年的秋天，正当艾里西亚半惊半喜地发现自己怀孕时，纳什却为自己的未来满怀心事，越来越不安。系主任马丁已答应在那年冬天给他永久教职，但是纳什却出现了各种稀奇古怪的行为：他担心被征兵入伍而毁了自己的数学创造力，他梦想成立一个世界政府，他认为《纽约时报》上每一个字母都隐含着神秘的意义，而只有他才能读懂其中的寓意。他认为世界上的一切都可以用一个数学公式表达。他给联合国写信，跑到华盛顿给每个国家的大使馆投递信件，要求各国使馆支持他成立世界政府的想法。他迷上了法语，甚至要用法语写数学论文，他认为语言与数学有神秘的关联……

终于，在孩子出生以前，纳什被送进了精神病医院。

几年后，因为艾里西亚无法忍受在纳什的阴影下生活，他们离婚了，但是她并没有放弃纳什。离婚以后，艾里西亚再也没有结婚，她依靠自己作为电脑程序员的微薄收入和亲友的接济，继续照料前夫和他们唯一的儿子。她坚持纳什应该留在普林斯顿，因为如果一个人行为古怪，在别的地方会被当做疯子，而在普林斯顿这个广纳天才的地方，人们会充满爱心地想，他可能是一个天才。

于是，在20世纪70和80年代，普林斯顿大学的学生和学者们总能在校园里看见一个非常奇特、消瘦而沉默的男人在徘徊，他穿着紫色的拖鞋，偶尔在黑板上写下数字命理学的论题。他们称他为“幽灵”，他们知道这个“幽灵”是一个数学天才，只是突然发疯了。如果有人敢抱怨纳什在附近徘徊使人不自在的话，他会立即受到警告：“你这辈子都不可能成为像他那样杰出的数学家!”

正当纳什本人处于梦境一般的精神状态时，他的名字开始出现在20世纪70年代和80年代的经济学课本、进化生物学论文、政治学专著和数学期刊的各领域中。他的名字已经成为经济学或数学的一个名词，如“纳什均衡”、“纳什谈判解”、“纳什程序”、“德乔治－纳什结果”、“纳什嵌入”和“纳什破裂”等。

纳什的博弈理论越来越有影响力，但他本人却默默无闻。大部分曾经运用过他的理论的年轻数学家和经济学家都根据他的论文发表日期，想当然地以为他已经去世。即使一些人知道纳什还活着，但由于他特殊的病症和状态，他们也把纳什当成了一个行将就木的废人。

传奇仍在继续

有人说，站在金字塔尖上的科学家都有一个异常孤独的大脑，纳什发疯是因为他太孤独了。但是，纳什在发疯之后却并不孤独，他的妻子、朋友和同事们没有抛弃他，而是不遗余力地帮助他，挽救他，试图把他拉出疾病的深渊。

尽管纳什决心辞去麻省理工学院教授的职位，但他的同事和上司们还是设法为他保全了保险。他的同事听说他被关进了精神病医院后，给当时美国著名的精神病学专家打电话说："为了国家利益，必须竭尽所能将纳什教授复原为那个富有创造精神的人。"越来越多的人聚集到纳什的身边，他们设立了一个资助纳什治疗的基金，并在美国数学会发起一个募捐活动。基金的设立人写到："如果在帮助纳什返回数学领域方面有什么事情可以做，哪怕是在一个很小的范围，不仅对他，而且对数学都很有好处。"对于普林斯顿大学为他做的一切，纳什在清醒后表示，"我在这里得到庇护，因此没有变得无家可归。"

守得云开见月明，妻子和朋友的关爱终于得到了回报。20 世纪 80 年代末的一个清晨，当普里斯顿高等研究院的戴森教授像平常一样向纳什道早安时，纳什回答说："我看见你的女儿今天又上了电视。"从来没有听到过纳什说话的戴森仍然记得当时的震惊之情，他说："我觉得最奇妙的还是这个缓慢的苏醒，渐渐地他就越来越清醒，还没有任何人曾经像他这样清醒过来。"

纳什渐渐康复，从疯癫中苏醒，而他的苏醒似乎是为了迎接他生命中的一件大事：荣获诺贝尔经济学奖。当 1994 年瑞典国王宣布年度诺贝尔经济学奖的获得者是约翰·纳什时，数学圈里的许多人惊叹的是：原来纳什还活着。

纳什没有因为获得了诺贝尔奖就放弃他的研究，在诺贝尔奖得主自传中，他写道：从统计学看来，没有任何一个已经 66 岁的数学家或科学家能通过持续的研究工作，在他或她以前的成就基础上更进一步。但是，我仍然继续努力尝试。由于出现了长达 25 年部分不真实的思维，相当于提供了某种假期，我的情况可能并不符合常规。因此，我希望通过目前的研究成果或以后出现的任何新鲜想法，取得一些有价值的成果。

而在2001年，经过几十年风风雨雨的艾里西亚与约翰·纳什复婚了。事实上，在漫长的岁月里，艾里西亚在心灵上从来没有离开过纳什。这个伟大的女性用一生与命运进行博弈，她终于取得了胜利。而纳什，也在得与失的博弈中取得了均衡。

⊙莱因哈德·泽尔腾（Reinhard Selten）

【莱茵哈德·泽尔腾（Reinhard Selten，1930—），子博弈精炼纳什均衡的创立者，1994年诺贝尔经济学奖获奖者。】

生平简介

1930年10月10日，泽尔腾出生于德国的不莱斯劳（Breslau）。第二次世界大战以后，不莱斯劳划属波兰，改名为弗罗茨瓦夫（Wrolcaw）。1951年，泽尔腾高中毕业，尽管他曾考虑上大学学习经济学或心理学，但他最后还是决心选择学习数学。泽尔腾考入了法兰克福大学数学系，1957年毕业，获数学硕士学位。而后从事着博弈论及其应用、实验经济学等博弈论的学术研究。1961年，泽尔腾获得法兰克福大学数学博士学位；19世纪60年代早期，泽尔腾做了寡头博弈的实验，1967至1968年度，泽尔腾到加州伯克利分校做访问教授，1972年转到比勒菲尔德大学（University of Bielefeld）工作，1984年至今一直在波恩大学工作。1991年，泽尔腾和夫人伊丽莎白都患上严重的糖尿病。伊丽莎白因此而下肢瘫痪，视力也接近于失明，但泽尔腾夫妇仍对生活充满了自信和快乐。

1994年，泽尔腾教授因在“非合作博弈理论中开创性的均衡分析”方面的杰出贡献而荣获诺贝尔经济学奖。

泽尔腾现还任计量经济学社团委员、美国艺术与科学学院外籍名誉院士、青岛大学名誉教授、南开大学公司治理研究中心顾问等。

学术研究经历及成就

莱茵哈德·泽尔腾的主要学术研究领域为博弈论及其应用、实验经济学等。博弈论是作为数学的一个分支出现的，但是它在军事、政治、经济许多方面都有很多重要的运用，其中以在经济学内的运用最多也最为成功。博弈论整个改写了经济学理论。博弈论对人类的更大贡献是，加强了国际间的交流合作机会。各国对博弈论的研究，促进了人类社会的文明发展。此外，博弈论的思维方式推动了人类思维模式更高层次的发展。

1957 年，泽尔腾获得了硕士学位后，被法兰克福大学的经济学家海因茨·萨尔曼（Heinz Sauermann）教授聘为助手。萨尔曼教授是最早在德国倡导凯恩斯主义的经济学家。一开始泽尔腾被安排将决策理论应用于厂商理论研究，但不久，泽尔腾即迷上了经济学的实验。这项工作得到萨尔曼的支持。于是泽尔腾与几个同事一起开始从事经济学的实验室实验研究。尽管萨尔曼没有受过多少数学训练，但他鼓励助手们对经济问题展开模型研究，他对经济学的发展趋势有很好的直观感觉并对他的助手们的研究提出了很好的指导。

1959 年，泽尔腾与萨尔曼合作发表了他的第一篇学术论文《一个有关寡头的实验》。在当时，实验经济学这门学科还不存在。泽尔腾大学期间学习心理学课程时做实验的经验给了他做这项研究以很大的便利。1961 年，泽尔腾获得法兰克福大学数学博士学位。不久，摩根斯坦邀请他到普林斯顿大学参加博弈论会议，在这次会议上，泽尔腾与哈萨尼首次相遇。会后摩根斯坦资助泽尔腾在普林期顿作了一段短期访问学者。在此期间，泽尔腾与摩根斯坦研究集体的其他成员如奥曼（Aumann）、马斯库勒（Maschler）等进行了学术交流，这对于泽尔腾的博弈论研究有重要的促进作用。

1958 年前后，泽尔腾了解到西蒙（H·A·Simon）关于有限理性的论文，并试图构造一个有限理性多目标决策理论。泽尔腾到匹茨堡大学作了两年访问研究，与西蒙及助手建立了交流。在 1962 年，他与萨尔曼发表了一篇论文《改写厂商理论的想法》。有限理性问题的研究占用了泽尔腾很多的时间，但并没有取得多少进展。泽尔腾越来越强烈地意识到，像他与萨尔曼1962年文章中那样的纯理论研究价值有限，要构造有限理性的经济行为理论必须通过实验的方法，而不是闭门造车。

20世纪60年代早期，泽尔腾做了寡头博弈的实验。他发现对实验模型的博弈理论分析太困难了，只能得到比较简单的分析结果。泽尔腾在分析中发现了一个自然均衡，但同时发现这个博弈有许多其他的均衡。为了描述他的发现，泽尔腾定义了子博弈精炼的概念，并于1965年发表了他最著名的博弈论论文《一个具有需求惯性的寡头博弈模型》。泽尔腾当时没有想到他的这篇文章后来会被广泛引用，并成为了子博弈精炼均衡的正式定义，同时为后来获得诺贝尔经济学奖奠定了基础。1964年，泽尔腾发表了论文《n人博弈的评价》。这是一篇重要的博弈理论论文，是泽尔腾博弈理论研究中的另一重大贡献。

1965年，泽尔腾应邀参加在以色列举行的国际博弈论工作会议，由于当时博弈论还是一个很小的研究领域，因此参加会议的只有17个人。但其中包括了当时所有重要的博弈理论研究专家。会上，专家们对哈萨尼关于不完全信息博弈理论的研究成果进行了热烈的讨论。从这次会议，泽尔腾开始了他和哈萨尼长达二十多年的合作研究。以色列会议结束不久，泽尔腾成为由少数博弈理论专家组成的为美国军备控制与裁军委员会进行研究的一个小组的成员，小组成员中包括哈萨尼。尽管研究成果没有给委员会带来什么具体的成果，但理论却得到了发展，取得一些重要的研究成果，比如奥曼等对不完全信息重复博弈的分析研究。在德国，要做大学教师，博士学位不是最后形式的要求，还得取得一定的资格，这要求写一篇资格论文，常常是关于某一个研究领域的专题文章。泽尔腾1967年写了一篇多产品定价的专题论文，在1970年发表。1967至1968年度，泽尔腾到加州伯克利分校作访问教授。回来后，泽尔腾取得了从教资格，并在柏林自由大学任经济学教授。

在自由大学期间，正值德国学生学潮高涨时期，教学工作遇到很多困难，有时甚至不能正常教学，而自由大学的学潮又最甚。这时，泽尔腾想建立一个大的数理经济学研究所，因此于1972年转到比勒菲尔德大学（Universityof Bielefeld）工作。后来由于资金方面的原因，只建立了一个小型的研究机构。但泽尔腾成功地说服了拨款委员会，允许研究机构都聘请博弈论专家，一共3个人。在比勒菲尔德大学，泽尔腾取得了一系列的研究成果，并继续他的实验研究，但主要是从事博弈理论及其在产业组织与其他领域的应用研究。泽尔腾开始与哈萨尼合作进行博弈均衡选择的研究。这期间，他们互有来往，合作研究的成果在1988年发表。泽尔腾在到伯克利的经常性访问中，还与马萨克（Tom Marschak）合作，于1974年出版了一本关于多产品定价理论的书。在比勒菲尔德大学的12年中，泽尔腾与古斯（Werner Guth）有密切的合作。他们研究了泽尔腾与哈萨尼博弈均衡选择理论的应用（当时泽尔腾与哈萨尼的博弈均衡选择理论还远为定型）。同时，他们还在经济周期模型的框架中对工资谈判问题进行了研究。在此期间，泽尔腾还指导过一些学生，其中有些已成为世界知名的博弈论专家。

1975年，泽尔腾发表了著名的论文《扩展式博弈精炼均衡概念的重新考察》。在论文中，泽尔腾提出了著名的“颤抖手均衡”（tremblinghande-quilibrium）的概念。比勒菲尔德大学鼓励各学科之间的交叉。在与生物学家的交流中，泽尔腾意识到博弈论能应用于生产学的研究。在一些年轻的数学家的帮助下，泽尔腾熟悉了进化稳定（evolutionary stability）的概念作含义，对生物博弈理论产生了极大的兴趣，并对扩展式博弈形式下进化稳定进行了考察，写出一系列的论文。

泽尔腾感到与不同领域的具有较少数学训练的科学家的合作是很有意义的。他与政治学家研究了国际冲突的博弈论模型，并发现政治学家能根据经验事实作出正确的判断，而不受数学模型的制约。泽尔腾还与植物学家研究了蜜蜂传花粉过程的理论模型。尽管泽尔腾非常喜欢比勒菲尔德大学的学术交流气氛，但他想建立一个实验经济学研究的计算机实验室，而波恩大学愿意为此提供更好的物质条件，于是泽尔腾于1984年来到波恩大学，一直工作至今。

在1987年10月1日至1988年9月30日一年中，泽尔腾作为比勒菲尔德大学“行为科学中的博弈论”研究年的组织者，回到比勒菲尔德大学工作了一年。这一年中，他与经济学家、生物学家、数学家、政治学家、心理学家以及哲学家等一起研究讨论，并在1991年出版了四卷本的“博弈均衡模型”。在波恩大学、泽尔腾的研究主要集中于实验经济学研究，目标是建立一个充分考虑人们行为有限理性的决策理论和博弈理论。

⊙约翰·海萨尼（John C. Harsanyi）

【约翰·海萨尼（John C. Harsanyi，1920—2000），经济学天才、理性预期学派的重量级代表，是把博弈论发展成为经济分析工具的先驱之一，1994年获诺贝尔经济学奖。】

生平经历

1920年5月29日，海萨尼出生于匈牙利的布达佩斯。他是家里的独生子，父母曾希望他将来成为一个药商，但海萨尼自己爱好研究哲学和数学。在中学毕业决定自己今后发展方向时，海萨尼还是尊重父母的意愿，选择了布达佩斯大学的药学专业。1944年初，他获得了药学硕士学位。但是，1944年3月，德国军队占领了匈牙利。海萨尼从5月到11月被强迫到一个苦力营中劳动。同年11月，纳粹当局决定将海萨尼所在的苦力营从布达佩斯放逐到奥地利的一个集中营去。但是，海萨尼很幸运地就在列车开往奥地利之前，从布达佩斯火车站逃脱。一位他认识的神父让他躲在修道院的地窖里避难。海萨尼确实是够幸运的，因为后来他那些苦力营的同伴绝大多数都死于集中营里。

1946年，海萨尼重新到布达佩斯大学注册入学，攻读博士学位，专业是哲学，兼修社会学和心理学。由于他在先前学习药学时已有学分，因此在学习了一年多的课程以及写了一篇哲学博士论文之后，海萨尼于1947年6月获得布达佩斯大学哲学博士学位。从1947年9月至1948年6月，海萨尼在布达佩斯大学的社会学研究所做助教。在这里他遇到了后来成为他夫人的安妮·克劳伯。1948年6月，由于海萨尼与当局政见不同，他被迫从研究所辞职。1950年4月，海萨尼和安妮决定离开匈牙利。他们非法从一片边防警卫较薄弱的沼泽地带越过匈牙利国境线，他们庆幸没有被边防哨兵发现，逃到了奥地利。在奥地利，海萨尼和安妮请求去澳大利亚，几个月后他们的请求获得了批准。1950年12月30日，他们到达澳大利亚的悉尼，两天后的1951年1月2日，海萨尼和安妮结婚。

在悉尼的工厂当劳工的同时，海萨尼在悉尼大学修读经济学夜间课程，并于1953年取得经济学硕士。在悉尼读书时，他开始在经济期刊（包括《Journal of Political Economy》和《the Review of Economic Studies》）发表研究论文。由于拥有学位，他得以于1956年在布里斯班昆士兰大学取得教席。在1958年，他获得了洛克菲勒奖学金，使他和安妮得以有两年时间在美国斯坦福大学渡过，另外一学期在考尔斯基金会渡过。在斯坦福，海萨尼在肯尼斯·约瑟夫·阿罗的指导下写了一篇关于博弈论的论文，并于1959年取得了第二个经济学博士学位，而安妮则取得心理学文学硕士学位。

1958年，海萨尼和太太回到澳大利亚。在堪培拉澳大利亚国立大学以研究员身份工作一段很短的时间后，海萨尼因为博弈论在澳大利亚仍是默默无闻而感到被孤立。在肯尼斯·阿罗和詹姆斯·托宾的帮助下，他得以能够迁移到美国，同时于1961年至1963年之间在底特律韦恩州立大学担任经济学教授。1964年，他转到美国柏克莱加州大学，并一直留在那里直至他于1990年退休。抵达柏克莱后不久，他和安妮生了一个孩子，名为汤姆。在柏克莱任教的同时，他对博弈论做大量的研究。从1966年至1968

年，他参与一个博弈论专家的团队，联同 Mathemati 向美国 ACDA 提供咨询意见。

约翰·海萨尼老年时患上阿兹海默病，2000 年在柏克莱死于心脏病发作。

学术生涯及成就

由于约翰·海萨尼的英语水平不高，同时他在匈牙利获得的学位，澳大利亚不承认，因此在到达悉尼的头三年中的大部分时间里，海萨尼不得不到工厂做工以养家度日。晚上，海萨尼就到悉尼大学学习经济学课程。他这时觉得经济学理论的概念和数学方法的雅致对他很有吸引力，因此他决定从社会学改行学经济学。在匈牙利的学位虽然不被承认，但他在匈牙利上大学时的课程使他获得了一部分学分，他只需学习两年的进一步课程并写一篇经济学的硕士论文，就可以获得经济学硕士学位。这样，海萨尼于 1953 年底获得了悉尼大学经济学硕士学位。这时，海萨尼已开始了他的经济学学术生涯。1954 年初，他到布里斯班（Brisbane）的昆士兰大学（Universityof Queensland）做经济学讲师，一直工作到 1956 年。这期间，海萨尼发表了五篇论文。其中三篇是关于将冯·诺依曼——摩根劳动保护坦效用函数应用于福利经济学和伦理学的研究。

1956 年，海萨尼获得了洛克菲勒研究基金的支持，携夫人到美国斯坦福大学学习了两年。在斯坦福大学，海萨尼的指导老师是阿罗（Ken Arrow）。1958 年学习结束时，海萨尼获得了斯坦福大学经济学博士学位，这时他已年届 38 岁了。1958 年，海萨尼与安妮回到澳大利亚，在堪培拉的澳大利亚国家大学（Australia National Universtity）谋到了一个很好的职位。但是海萨尼很快发现自己非常孤立，因为那时博弈理论在澳还不为人们知晓。因此海萨尼向阿罗寻求帮助。在阿罗和托宾（J. Tobin）的帮助下，海萨尼于 1961 年到美国底特律的韦恩州大学（Wayne State University）作经济学教授，一直工作到 1963 年。这几年中，海萨尼发表了十多篇论文。论文中大部分是关于博弈理论的研究，其中最为重要的是 1963 年发表的

"一个关于n人合作博弈简化的讨价还价模型"。1964年，海萨尼到加州大学工作，一开始是作为加州大学（伯克利）商学院的访问教授，后来成为正式教授。过了一段时间，海萨尼还成为经济系的教授。从进入加州大学后，海萨尼一直在此工作，直到1990年退休。

20世纪60年代下半期是海萨尼学术生涯中最重要的时期，在1967年和1968年，海萨尼发表了一篇分成三个部分的论文："贝叶斯参与人完成的不完全信息博弈"（Gameswith Incomplete Information Playedby Bayesian Players）。该论文对当时博弈理论还无法有效讨论的不完全信息博弈进行了研究，提出了一种如何将一个具有不完全信息的博弈转换成一个具有完全（但不完美）信息博弈的方法。通过这种转换方法，不完全信息博弈被转换成一个等价的完全信息博弈，从而可以对原来的不完全信息博弈进行研究。目前这一转换方法已称为"海萨尼转换"，是处理不完全信息博弈的标准方法。这样，由于海萨尼的这一篇论文，博弈理论在分析不完全信息博弈时的困难得到了解决，将不完全信息博弈纳入到博弈理论的分析框架之中，极大地拓展了博弈理论的分析范围和应用范围，从而完成了博弈理论发展中的一个里程碑式的成就。正是因为这一贡献，使海萨尼获得了诺贝尔经济学奖的殊荣。海萨尼除了在博弈理论的研究中取得卓越的成就外，他还在福利经济学和经济哲学方面获得了重要的研究成果，从20世纪50年代初一直到20世纪90年代，海萨尼在这两方面发表了一系列的文章，作出了一定的贡献，进一步确立了他在经济学界的地位。

主要著作

海萨尼著述颇丰，发表了各类论文过百篇，著作五部：

《博弈和社会中的理性行为与讨价还价均衡》

《关于伦理学与社会行为及其科学解释的论文》

《博弈论论文集》

《博弈均衡选择的一般理论》（与泽尔腾合著）

《道德、平等和个人美德：一个不正统的功利主义理论》

荣誉

海萨尼对经济博弈论的学术贡献，使他在经济学界享有很高的声誉。

著名经济史学家布劳格（Mark Blaug）在其1986年版（第二版）的《经济学家名人录：1700—1986》中收录有海萨尼的词条，肯定了海萨尼在经济哲学与博弈理论方面的贡献（这一版的名人录中没有纳什和泽尔腾，同时海萨尼获诺贝尔经济学奖的成果也未列入）。

海萨尼拥有一系列的荣誉职衔：

他是美国国家科学院的成员（从1992年）；

美国艺术与科学研究院院士（从1984年）；

计量经济学会会员（从1968年）；

美国经济学会荣誉会员（1994年）；

美国西北大学名誉博士（1989年）。

⊙詹姆斯·莫里斯（James A. Mirrlees）

【詹姆斯·莫里斯（James A. Mirrlees，1936—），激励理论的奠基者，在信息经济学理论领域做出了重大贡献，1996年诺贝尔经济学奖获奖者，凭借着一份内部交流文稿就摘走了国际经济学界的桂冠；33岁时就成了当时牛津大学最年轻的经济学教授。】

个人简历

1936年，詹姆斯·莫里斯生于苏格兰的明尼加夫，与亚当·斯密是同乡。

1957年，获得爱丁堡大学数学硕士学位。

1963年，获剑桥大学经济学博士学位。

1963至1968年，莫里斯任剑桥大学经济学助理讲师、讲师、剑桥大学三一学院研究员，此期间曾任卡拉奇巴基斯坦经济开发研究所顾问。

1969 年，他被正式聘为牛津大学教授。

1969 年至 1996 年，莫里斯一直任教于牛津，任该校埃奇沃思讲座经济学教授，Nuffield 学院院士。

1968、1970、1976 年出任麻省理工学院经济系客座教授。

1976 至 1978 年任英国财政部政策最优化委员会成员。

1980 年出任国际经济计量学会副会长。

1982 年荣任国际经济计量学会会长，并当选为美国经济学会的外籍会员。他还曾担任过皇家经济学会会长，是英国科学院院士，美国艺术与科学院院士，并担任过几个重要学术杂志的编辑工作。

1994 年，由于夫人去世，莫里斯教授为换个环境于 1995 年 5 月转到剑桥大学任教。

1995 年被选为剑桥大学的政治经济学教授，并再次成为三一学院的研究员。他继续研究福利经济学和契约理论。

1996 年因其对不对称信息理论的贡献，他和威廉·维克瑞一起荣获诺贝尔经济学奖。

1998 年，获英国女王授予“爵士”爵位。

2001 年，他与 Patricia 结婚，她有很丰富的中国经验，负责组织中国项目。他是北京大学和位于西安的西北大学的荣誉教授；此外，从 2002 年起，他任香港中文大学客座教授。

他现在还是澳门大学和墨尔本大学的荣誉教授。多年来他数次在麻省理工学院，加州大学伯克利分校和耶鲁大学做访问学者。2009 年，他担任香港中文大学晨星书院的院长。并获得了由爱丁堡皇家学会授予的皇家勋章。

学术论文

莫里斯自 19 世纪 60 年代便活跃于西方经济学界，以激励经济理论的研究见长。

20 世纪 70 年代，他与斯蒂格里茨、罗斯、斯彭斯等人共同开创了委托——代理理论的研究，并卓有成就。莫里斯分别于1974、1975、1976年发表的三篇论文，即《关于福利经济学、信息和不确定性的笔记》、《道德风险理论与不可观测行为》、《组织内激励和权威的最优结构》，奠定了委托——代理的基本的模型框架。莫里斯教授开创的分析框架后来又由霍姆斯特姆（Holmstrom）等人进一步发展，在委托——代理文献中，被称为莫里斯·霍姆斯特姆模型方法。

莫里斯教授所写的与委托——代理理论有关的论文还有：《最优所得税理论探讨》、《论责任分配：行为人相同的情形》、《最优税收理论》、《动态的不可替代性原理》、《论生产者税收》、《激励理论》、《两阶级经济中的最优税收》、《私人不变利润与公共影子价格》、《税收理论与累进税制》、《劳动供给对最优税收的影响：最新理论思想指南》、《社会收益—成本分析与收入分配》、《功利主义的经济学分析》、《道德风险对最优保险的意义》、《发明的福利经济学》、《消费者不确定性与最优收入税》。

除对委托——代理理论的贡献外，莫里斯还在研究最优税制结构、非对称信息结构下的最优契约设计、公共财政理论、不确定性下的福利经济理论等方面造诣精深，成为这些领域的代表人物。有关论文有：《不确定下的最优积累》、《人口政策和家庭规模的税制》、《不确定性下的最优积累：投资不变利润的案例》、《税率的意义》、《对公共支出的讨论》、《退休年龄不确定时的最优社会保障模型》、《养老金的保险特性》、《随机经济中的最优税制》、《最优国外收入税制》、《社会保险与不合理行为》、《对不确定收入的征税》、《市场不完全时对相同消费者的最优税收》、《最优税制与政府财政》、《福利经济学和规模经济》、《私人风险和公共行为：福利国的经济》、《退休年龄不确定时的社会保险和私人储蓄》等。

詹姆斯·莫里斯中国行

莫里斯在经济增长与发展等方面也成就非凡，曾与斯特恩（Stern）合编《经济增长模型》一书，与利特尔（Little）合著《发展中国家的项目签订和计划》一书，并于1975年发表《关于利用消费和生产率之间关系的欠发达经济的纯理论》一文，对经济政策、尤其是增长理论进行了功利主义分析，探讨了不确定性对适度增长的影响、非再生资源理论、不可分割的增长理论以及耐用品的不可替代性定理等。在发展经济学领域，莫里斯提出了成本收益分析方法，建立了低收入经济的发展模型，研究了国际援助政策的效用与结果。莫里斯曾多次访问中国。

⊙威廉·维克瑞（William Vickrey）

【威廉·维克瑞（William Vickrey，1914—1996），在信息经济学、激励理论、博弈论等方面都做出了重大贡献。1996 年 10 月 8 日，瑞典皇家科学院决定把该年度的诺贝尔经济学奖授予威廉·维克瑞与英国剑桥大学的詹姆斯·莫里斯，以表彰他们“在不对称信息下对激励经济理论作出的奠基性贡献”。不幸的是，维克瑞教授在得奖三天之后，在前去开会的途中去世。】

个人简介

1914 年，威廉·维克瑞生于加拿大。

1935 年获耶鲁大学理学学士学位。

1937 年获哥伦比亚大学硕士学位。

1945 年起，维克瑞任职于哥伦比亚大学。

1947 年又获哥伦比亚大学哲学博士学位。

1964 至 1967 年，他担任哥伦比亚大学经济系主任，在此期间曾任纽约市城市经济协会会长。

1967 年成为加利福尼亚斯坦福行为科学高级研究中心研究员与经济计量学会会员。

1971 年出任澳大利亚纳施大学客座讲师。

1973 年出任美国经济研究局局长。

1974 年，他出任联合国发展规划预测和政策中心财政顾问，并成为美国文理研究院研究员。

1979 年获芝加哥大学人文学博士。

1996 年，去世前任职于哥伦比亚大学麦克维卡讲座政治经济学教授。

学术贡献

20 世纪 40 年代末，威廉·维克瑞开始在学术界崭露头角，特别是在最优税制结构研究领域成绩斐然，渐渐脱颖而出，成为财政方面的权威性人物。其在 1949 年出版的《累进税制议程》一书成为研究财政与赋税问题的经典之作。

维克瑞学识渊博，善于思考，具有敏锐的嗅觉，以理论的实践性闻名于经济学界。他不仅在赋税、交通、公用事业、定价等方面成就突出，而且因其对激励经济理论的开创性研究而闻名于世。他早年著作中有关激励问题的深刻思想直至 20 世纪 70 年代才重新获得经济学界的重视，极大地推动了信息经济学、激励理论、博弈论等领域的发展。维克瑞一生的研究与公共事业及政策有紧密的联系，是一位典型的应用经济理论家。他不满足于纯理论的抽象研究方式，更多地把眼光投向于大众关心的现实问题，他对理论的主要贡献，都是出于解决实际问题的需要。同时，他在经济理论方面也有很深的造诣，善于运用自己建立的理论去研究现实问题，使其对现实的分析具有一个坚实的理论基础，从而使理论与实践相互促进，相得益彰。

维克瑞早年的学术生涯与赋税研究结下了不解之缘，《累进税制议程》一书使他一举成名。由此他参加了舒普的税制委员会，并与舒普一起奔赴日本，建立了日本战后税制的基础。维克瑞认为，大多数所得税制度规定的课税依据中列入的资本收益指导已实现的收益，其部分原因在于未实现的收益难以准确计算，如一些资本资产在收益实现以前很难确定其所有权的归属。对此维克瑞建议对这类应计收益按实际收益追溯征税。同时，他还研究了累积平均资产、遗赠权继承税、遗产税年终级差、未分配利润税收的合理化、工资收入信贷的合理化、土地价值税等问题。

20世纪60年代，维克瑞开始对拍卖等具体的市场机制进行研究。1960年，维克瑞在《经济学季刊》上发表文章，探讨了公共要价与秘密投标策略。次年，他又在《金融杂志》上发表《反投机、拍卖和竞争必密封投标》一文，讨论了拍卖规则与公共要价的激励之间的相互关系，分析了有关拍卖的私人信息、策略报价等问题。这两篇文章是研究拍卖问题的开创性之作，为这一领域的研究奠定了基础。

维克瑞在公用事业与运输的最优定价理论方面也做出了重大贡献，研究范围包括反应性标价、城市的拥挤情况收费、模拟期货市场、通货膨胀对效用调节和计价收费方法的影响等方面。他还曾参加美国和其他国家有关城市交通路线快速运转所需运费结构的研究工作，分析了交通拥挤现象和高峰负荷效应。他极力主张根据交通工具使用时间的拥挤程度来定价，甚至建议采取工程学的方法来解决城市汽车使用的监控和通行税的征税问题。维克瑞研究的虽然多为具体的市场机制，但其研究对于人们认识更为一般的市场机制，建立市场微观结构的一般理论具有重大的价值，诺贝尔经济学奖也是对其理论的一种承认与肯定。

1996年10月8日，瑞典皇家科学院决定把该年度的诺贝尔经济学奖授予维克瑞与英国剑桥大学的莫里斯，以表彰他们“在不对称信息下对激励经济理论作出的奠基性贡献”。不幸的是，维克瑞教授在得奖三天之后，在前去开会的途中去世。他在诺贝尔的光环照耀中倒下了，其一生为学术研究鞠躬尽瘁，最后为其人生画上了一个美丽的句号。

投标与喊价艺术

维克瑞教授获得诺贝尔奖，主要因为他的两项研究奠定了信息经济学的基础。

一是他在20世纪40年代中期对所得税的研究，另一则是他在20世纪60年代初期对投标与喊价的研究。而对于投标与喊价的研究可以说是维克瑞最重要的学术贡献。

投标或喊价在人类历史上有着悠久的历史，古今中外有各式各样的应用：希腊罗巴时代奴隶的买卖、荷兰的花市、索思比的古董拍卖、采矿权、空中频道使用权、政府公债的标信、公共工程的发包等都是投标或喊价应用的现成例子。各种各样的秘密投标与公开喊价威廉·维克瑞看起来大不相同，维克瑞将之归纳成两种：荷兰式与英国式。荷兰式喊价是荷兰花市所使用的规则，喊价者由高价往低价喊，第一个举手者赢得标的物，并付出当时喊到的价格；英国式喊价则由竞标者由低往高出价，最后出价者赢得标的物，并付出他所喊的价格。秘密投标的规则，一般是由竞标者秘密写出标金再公开开标，由标金最高者中标，并以其出标为售价。荷兰式喊价的竞争者在决定何种价格该举手时，与秘密投票者在决定应该如何出标时，有着相同的考虑因素，故两者的均衡策略会相同，结局也会相同。

有没有与英国式喊价相对应的秘密投标呢？有。这就是著名的维克瑞投标法，其规则基本上与传统投标相同，唯一不同点是赢标者付出的价格，不再是他所出的标，而是第二高标，故又称“次高价投标法”。很奇妙的是，若采用这种投标法，投标者的最好投标策略，就是依照自己对标的物的评价据实出标。而其好处是方便投标者，如此投标者在决定其出标时，只要评估自己的需求，而不需要费力去搜集与评估每一个竞争对手的需求，所以大大地减少了投标者的准备工作。

除了比较各种投标与喊价的关系，维克瑞也指出在适当条件下，卖方采纳这四种销售方法的任何一种，预期收入都是一样，这就是著名的收入相等原则。这样的结果等于指出，既然每一种投标或喊价对卖方都无差别，当然是用最方便买方竞争的维克瑞投标法了。

在实际应用上，维克瑞投标法也逐渐被人们所采用，例如美国的国库券拍卖，不过他们采用的是修改过的版本，称为单一价格投标法，允许标的物的数量大于一件，而得标的人可以超过一个。规则如下：投标者出标的时候要决定需要的数量与单价，买方再将所有的出标价格由高到低排列，以对应国债的发行。总量为限，优先配给出价高者，而价格则订为分配不到标的物者的最高出价。由于得标者不论其出价的高低都出相同的价格，故称单一价格法；而价格由没有得标者的最高出价决定，故仍然维持了维克瑞投标法的特色，亦即大家都会根据自己的真实评价来出价。

维克瑞对于投标的研究，其意义不只局限于投标方面，因为投标方法解决的是如何在信息不完整或其分配不对称下最有效率地配置资源的问题，这开创了信息经济学研究的先河。在信息不完整或其分配不对称下，掌握较多信息者可以策略性地运用其信息以博取利益，而信息经济学所要探讨的，就是要如何设计契约或机制来处理各种刺激与管制的问题。维克瑞对投标与喊价的研究，带来了许多相关的研究，让我们更了解诸如保险市场、信用市场、厂商的内部组织、工资结构、租税制度、社会保险、政治机构等等问题。

⊙罗伯特·奥曼（Robert J. Aumann）

【罗伯特·约翰·奥曼（Robert J. Aumann，1930—），美国和以色列（双重国籍）经济学家，以色列耶路撒冷希伯来大学合理性研究中心教授，犹太人。因为“通过博弈论分析改进了我们对冲突和合作的理解”与托马斯·克罗姆比·谢林（Thomas Crombie Schelling）共同获得2005年诺贝尔经济学奖。】

生平简历

1930年6月8日，罗伯特·奥曼出生在德国法兰克福，犹太人。为了逃避纳粹的迫害，他随全家于1938年移居美国纽约，拥有美国和以色列双重国籍。

罗伯特·奥曼于1950年获得纽约城市学院数学学士学位，1955年获得麻省理工学院数学博士学位。他还是芝加哥大学、波恩大学、鲁汶大学、以色列 Bar－Ilan 大学荣誉博士。

1956 年至今，罗伯特·奥曼教授供职于耶路撒冷希伯来大学数学系。1990 年，他成为希伯来大学合理性研究中心的创建人之一。这是一个以博弈理论为中心、各学科之间的研究中心，成员来自 12 个院系，包括商学、经济学、心理学、计算机科学、法学、数学、生态学、哲学等。

罗伯特·奥曼教授曾任英国社会科学院院士、以色列科学和人文学院院士、美国科学院院士、美国艺术与科学院外籍荣誉院士。他曾在普林斯顿大学、耶鲁大学、伯克利大学、鲁汶大学、斯坦福大学、纽约州立石溪大学以及纽约大学担任客座教授。

罗伯特·奥曼的研究领域主要涉及博弈论、预期效用理论、完全竞争经济理论等。他发表了八十多篇研究论文，撰写了 6 本书籍，其中有《非原子博弈的价值》、《博弈论》、《关于博弈论的论述》、《经济学应用博弈论手册》、《不完全信息下的重复博弈》。

学术成就

罗伯特·奥曼作为一名杰出的经济学家，在决策制定理性观点方面有着杰出的贡献，对博弈论和其他许多经济理论的形成起到了重要的乃至不可或缺的作用。因此，他于 1983 年获得了以色列技术机构颁发的科学技术哈维奖，1994 年获得了以色列颁发的经济学奖。他在博弈论方面的贡献以及相关思想如下：

1. 博弈论：交互式条件下“最优理性决策”

一般认为，博弈理论始于 1944 年，数学家约翰·冯·诺伊曼（John von Neumann）和经济学家奥斯卡·摩根斯坦（Oskar Morgenstern）合作出版了《博弈论与经济行为》一书，概括了经济主体的典型行为特征，提出了策略型与广义型（扩展型）等基本的博弈模型、解的概念和分析方法，奠定了经济博弈论大厦的基石，也标志着经济博弈论的创立。

那么，什么是博弈论？奥曼认为，较具描述性的名称应是“交互的决策论”。可以看到，奥曼对博弈论的定义是十分简洁凝练的。因为博弈论是研究决策者的行为发生直接相互作用时的决策以及这种决策的均衡问题的，就是说人们之间的决策与行为将形成互为影响的关系，一个经济主体在决策时必须考虑到对方的反应，所以用“交互的决策”来描述博弈论是再简洁不过的了。奥曼还以经济主体的理性为分析的出发点，认为博弈论是交互式条件下“最优理性决策”，即每个参与者都希望能以其偏好获得最大的满足。如果仅有一个参与者，通常就会产生划分明确的最优化问题。而在多人参与者的博弈论中，一个参与者对结果的偏好等级并不意味着是他的可能决策的等级，这个结果也取决于其他参与者的决策。

奥曼还分析了一般和特殊模型中的“解概念”，指出，就社会科学的理性方面而言，博弈论是一种概括或“统一场论”。这里的“社会”是广义的，包括人类和非人类的参与者（如计算机、动物、植物等）。与探讨像经济学或政治学等学科的他种方法不同，博弈论不利用个别的、特定的结构讨论各种具体问题，如完全竞争、垄断、寡头垄断、国际贸易、征税、表决、威慑等等。更确切地说，博弈论发展了原则上应用于所有交互情形的一套方法，并进而探讨这些方法在每一具体应用中所导致的结果。从一般博弈论方法得到的结果与用较为特殊的方法得到的结果之间，常常出现密切的联系。然而在其他的情形下，博弈论方法会得出一些其他方法未能得出的新见解。

2. 完全竞争经济：参与者连续统模型

众所周知，完全竞争经济模型描述了一种存在着许多参与者（居民和厂商），并且每个参与者的影响都是微不足道的市场情形。就是说，在完全竞争的经济状态下，每个居民或厂商的交易量相对于市场总量来说是很小的，任何一个人交易的商品数量并不会影响总供给和总需求。然而，奥曼认为：“事实上，只要仅存在有限多的参与者，个别参与者对经济的影响就不能被忽视。因此，适合于完全竞争的直观上的概念的数学模型必须包括无限多的参与者。我们认为适合这个目的的最自然的模型包括了参与者连续统（Continuum），类似于一条线上点的连续统或流体中粒子的连续统。”

在经济理论中，“连续统”观点的引入对经济学的学科发展有很大的影响。奥曼指出，连续统可以被看作接近于存在许多但是数量有限的粒子（或经济主体，或策略，或可能的价格）的真实情形。采用连续统的粗略估计的目的是使称为“分析”的数学分支的强有力的、精确的方法得以应用，而使用有限的方法将会更困难甚至是无望的。古典经济学假定每个人接受既定的所有商品的价格（单个居民或厂商的决策不能影响价格）。为了使经济处于稳定的状态，价格必须使总需求等于总供给，这就是瓦尔拉斯的竞争均衡（Walrasian competitive equilibrium）。奥曼证明了它的存在，并用商人连续统的市场作了明确的说明。

奥曼还考虑了称为联盟的团体和它们之间以互益的方式进行的交易。竞争均衡定义假定厂商允许市场力量决定价格，他们根据市场价格进行交易；而对埃奇沃思著名的“契约曲线”（contract curve）进行概括的博弈论概念的核心，则认为这个核心由在此之上没有联盟可以有所进步的所有分配组成，它忽视了价格机制，仅仅涉及参与者之间的直接交易。奥曼指出，竞争分配的核心和模式与厂商连续统的市场相一致。奥曼通过精确表达完全竞争观点的连续统模型，成功地使最初由埃奇沃思提出，经许多其他模型改进的理论精确化，并从此成为经济理论的基本准则之一。

此外，1975 年，奥曼还获得了另一个完全竞争经济中竞争分配和值分配之间等价性的结果。在奥曼看来，博弈论和经济理论中最显著而独有的现象或许是竞争市场经济的价格均衡与对应的博弈的主要解概念（除一个以外）之间的关系。直观上看，等价性原理是说，市场价格的建立是从在完全竞争市场上运转的基本力量自然地产生的，几乎不管我们假定这些力量是怎样运转的。

综上所述，可以看到，完全竞争分析所获得的基本观点，使对完全竞争之外的基本经济问题的研究成为可能并且更加容易。在这方面，奥曼最重要的贡献和影响是利用一个或更大的参与者的连续统建立的垄断和寡头垄断竞争模型，以及公共经济学基于经济活动和政治过程相互交织的税收模型，如表决、固定价格模型等。

3. **重复博弈论：理论系统性的发展**

重复博弈是指同样结构的博弈重复多次，其中的每次博弈称为“阶段博弈”。重复博弈是动态博弈中的重要内容，它可以是完全信息的重复博弈，也可以是不完全信息的重复博弈。奥曼对重复博弈的贡献在于对理论系统性的发展起了一定的促进作用。

首先是对完全信息的重复博弈研究的促进。完全信息博弈的最早结果出现在20世纪50年代，被称为“佚名定理”。该定理认为，重复博弈的策略均衡结局与一次性博弈中的可行的个体理性结局恰好相一致。这个结局可被视为把多阶段非合作行为与一次性博弈的合作行为联系在一起。然而，虽然所有可行的个体理性结局确实代表了合作博弈的解观点，但是它相当模糊，并且不提供信息。而奥曼认为，完全信息的重复博弈论与人们之间相互作用的基本形式的演化相关。它的目的是解释诸如合作、利他主义、报复、威胁（自我破坏或其他）等现象。博弈论和新古典经济学模式的现象，可能一开始看起来是非理性的。

奥曼还考察了许多具体的合作行为，定义了“强均衡”概念，即没有任何参与者团体可以通过单方面改变他们的决策来获益的情形。他指出，重复博弈的“强均衡”与一次性博弈的核（更精确的是“6核心”）相一致。为此，奥曼定义和研究了经济理论中极为重要的“一般”合作博弈，即非转移效用（non - transferable utility）博弈，这开拓了该领域的研究空间，因为在此之前，仅有“单边支付”博弈被研究，即每个联盟可以任意在其成员中分享一定数额的赢得。

其次是对不完全信息的重复博弈研究的促进。从20世纪60年代中期开始，奥曼和其他合作者一起，在其学生的辅助下，发展了不完全信息的重复博弈论。

1966年，奥曼和M·马希勒（Michael Maschler）在给美国武器控制和裁军机构的开创性报告中，建立了不完全信息的重复博弈模型。他们指出，信息使用的复杂性实际上可以以一种出色的、简练的、明确的方式来解决。在最简单的一个重复的2人零（zero - sum）和博弈中，其中一个参与者比另一个拥有更多的信息（这就是所谓的单边的不完全信息），拥有更多信息的参与者所使用（并揭露）的信息数量是被精确地决定的；有时是完全揭露或根本没有揭露；有时是部分揭露。这种分析被扩展至更一般的模型，即2人零和博弈与非零和博弈。许多新的精深的观点和概念由此产生。例如，奥曼、马希勒和斯特恩斯在1968年引入了一个“联合控制的彩票”（jointly controlled lottery）的概念，即没有参与者可以单方面地改变彩票不同结果的可能性，这个概念与非零和博弈密切相关。之后，奥曼在重复博弈上的研究获得了丰硕成果。事实上，他的有关不完全信息博弈的许多重要观点已被应用于许多经济学科，诸如寡头垄断、委托人与代理人、保险等等。

4. 合作与非合作博弈论：非转移效用与理性的假设

博弈论还可以划分为合作博弈与非合作博弈。在20世纪50年代，既是合作博弈发展的鼎盛期，又是非合作博弈的开创期。奥曼在该方面的贡献在于，一方面把“可转移效用”理论扩展为一般的非转移效用理论；另一方面发展并提炼了“什么是理性”，使之形成统一的观点。

合作博弈理论不讨论理性的个人如何达成合作的过程，而是直接讨论合作的结果与利益的分配。合作博弈的基本形式是联盟型博弈，它隐含的假设是存在一个在参与者之间可以自由转移的交换媒介（“货币”），每个参与者的效用在其中是线性的。这些博弈被称为“单边支付”博弈，或“可转移效用”博弈（TU - games）。奥曼把“可转移效用”理论扩展到一般的非转移效用理论，发展并加强了可转移效用和非转移效用的合作博弈论。他先是界定了非转移效用联盟形式的博弈概念，然后提出了相应的合作解的概念。他研究了不同模型中的合作解，同时，将非转移效用值公理化，这是奥曼对合作博弈论基本原理所作的贡献之一。在1985年，奥曼还成功地制定了描述非转移效用值的一个简单公理集，这不仅拓展了这一领域的研究，而且产生了许多新的研究方向。

非合作博弈论的重点是对个体的战略选择，即每个参与者如何博弈，或者说选择什么策略达到他的目标。与之不同，合作博弈理论的重点则是对群体，并仅从更一般的意义上阐述了每个联盟的赢得，而没有说明如何赢得。奥曼通过多年的努力，发展并提炼了“什么是理性”。他认为：“如果一个参与者在既定的信息下最大化其效用，他就是理性的。”因此，一个理性人选择他最偏好的行动，当然“最”是相对于他所掌握的（关于环境和其他参与者的）知识而言的。令人惊讶的是，这个看上去简单清晰的表述可以以不同的方式理解，当然，也有些是互相矛盾的。什么是“参与者的信息”？他知道其他人的什么情况？是他们的理性吗？奥曼在他的许多影响深远的研究工作中解决了这些问题，并为这些模型制订了标准。

首先，他考察了知识和信息问题。对于这个问题，奥曼相当精确地概括出具有常识性的概念。他指出，如果开始时两个参与者具有了相同信念，但在对于一个具体事件的较晚的信念（基于不同的个人信息）是常识的，则这些较晚的信念必然形成一致。奥曼的观点对非博弈论产生了重大的影响。一方面，它导致了涉及多人情形下知识的正式概念的“交互认识论”整个领域的发展。另一方面，它形成了许多应用范畴。从经济模型——诸如只要人们有相同的最高执行官，他们的行为是人所共知的，那么具有不同信息的人们之间就不会产生交易——到计算机科学——用于分析分布环境，诸如多重处理器网络等。

其次，他假定参与者是“贝叶斯理性的”（Bayesian rational）。这在一人决策论中或许是标准的，但是它在多人模型中是否也适用？奥曼引入了相关均衡的基本理论概念。相关均衡出现在经济和其他许多领域，引起了对不同交流程序和通常所说的“机制”的更重要的研究。同时，奥曼还研究了“达到古典纳什均衡所需要的理性和理性知识的范围”的基本问题。他的观点与专业人士相反，认为答案并不一定是“理性的常识”。严格的理性是对决策者行为复杂的假设，由此产生了对边界理性模型的考察，该模型放宽了假定。奥曼指出，在交互情形下，微小的非理性是如何起很大作用的。实际上，在某些情形下，它能够导致重复博弈的合作。

5. 其他贡献

奥曼在值集函数（即值为点集而非单独一点的函数）领域，也作出了许多重要的贡献，如“奥曼可衡量选择定理”、值集函数积分结果等。大部分问题产生于对不同博弈论和经济模型的研究，经纪人连续统和数学理论是这些模型演化和分析的重要工具。奥曼所获得的诸如一般均衡、最优分配、非线性编制程序、控制理论、测量理论、定点理论等结果是基本的，它们被应用于经济学、数学、运筹学等许多领域。此外，奥曼把库恩（Kuhn）著名的完全检索有限博弈中的行为和混合战略的均衡结果扩展为无限的情形，克服了复杂的技术困难。除了他发表的书外，奥曼多年来对许多人的研究产生了直接的影响。他向他们建议并提出了重要的问题和研究的渠道，与他们分享了深层的理解，帮助并鼓励他们从事研究工作。奥曼总是引导他的学生走向这一领域，与学生之间形成了双向反馈的相互作用，所获得的结果又被他用于塑造和提炼他的观点和理解。

⊙托马斯·克罗姆比·谢林（Thomas Crombie Schelling）

【托马斯·克罗姆比·谢林（Thomas Crombie Schelling，1921 年—）美国著名学者、经济学家，外交事务、国家安全、核战略以及军备控制方面的研究专家，也是有限战争理论的奠基人之一，瑞典皇家科学院 2005 年 10 月 10 日在斯德哥尔摩宣布，将 2005 年的诺贝尔经济学奖授予美国马里兰大学的托马斯·谢林和以色列希伯莱大学的罗伯特·奥曼，以表彰他们“通过博弈论分析，促进了人们对冲突和合作的理解”。】

个人生平

1921 年，托马斯·克罗姆比·谢林出生于美国加利福尼亚州的奥克兰市。

1944 年获伯克利加利福尼亚大学文学学士学位。

1948 年获得哈佛大学文学硕士学位。

1951 年在哈佛大学获哲学博士学位。

1948 年到 1953 年，他先后为马歇尔计划、白宫和总统行政办公室工作。

1953 到 1958 年任耶鲁大学经济学教授。

1958 年被聘为哈佛大学经济学教授。

1969 年到哈佛大学肯尼迪研究生院兼职，是该院知名的政治经济学教授。

1978 年，他从哈佛大学辗转来到马里兰学院研究公共事务。

1992 年当选为美国经济学联合会会长。他是政治经济学领域著名的“弗兰克·赛德曼奖”的获得者；凭借对预防核战争的相关行为的研究，他成为“国家自然科学奖”的获得者；

1988 年美国经济学联合会将其评为“杰出资深会员”。

他曾为美国军备控制与裁军署、国务院、国防部、参谋长联席会议、耶鲁大学和兰德公司等机构工作或担任顾问，并作为经济学家为美国政府工作过。他发表了涉及许多领域的研究成果，包括军事战略和军备控制、能源和环境政策、气候变化、恐怖主义、团体犯罪、外交援助和国际贸易、冲突和讨价还价理论、种族隔离和种族融合、军事计划、健康政策、烟草制品和毒品走私政策以及与公共事务和公共政策相关的伦理学问题等。

学术贡献

谢林的工作进一步发展了非合作博弈理论，并开始涉及社会学领域中的一些主要问题。他从数学的角度感到从博弈论入手有可能重新塑造关于人类交互作用的分析范式。最重要的是，谢林指出，许多人们所熟知的社会交互作用可以从非合作博弈的角度来加以理解。

谢林的博弈理论建立在对新古典经济理论分析方法突破的基础之上，与主流的博弈理论在研究方法和侧重点上都有很大的不同，从而完善、丰富和发展了现代博弈论。

在其经典著作《冲突的战略》一书中，谢林首次定义并阐明了威慑、强制性威胁与承诺、战略移动等概念开始把关于博弈论的洞察力作为一个统一的分析框架来研究社会科学问题，并对讨价还价和冲突管理理论作了非常细致的分析。讨价还价理论是谢林早期的主要贡献所在。尽管当时谢林并没有刻意强调正式建立模型问题，但是他的很多观点后来随着博弈论的新发展而定形，而他所定义的概念也成为博弈理论中最基本的概念，比如，完美均衡概念中的不可置信威胁就源自谢林的可行均衡概念。

他卓有成效的工作促进了博弈论的新发展并且加速了这一理论在社会科学领域的运用，特别是他对战略承诺的研究为许多现象（比如公司的竞争性战略、政治决策权的授权等）给出了解释。

1988 年美国经济学联合会将其评为“杰出资深会员”时，其评语为“谢林关于社会关系的理论以及他对该理论多方面的应用源于他富有成效地将理论与实践相结合。他有着异于常人的天赋，这使得他能切实涉及到有着相同或不同利益的参与人的社会和经济状况的本质，并能具体而生动地把这种本质描述出来。”

诺贝尔评奖委员对他的评价是：“谢林，这位自称‘周游不定的经济学家’，被证明是一位非常杰出、具有开创性的探险者。”

出版著作

《国家收入行为》（1951）

《国际经济学》（1958）

《冲突的战略》（1960）

《战略与军控》（1961）

《武器与影响》（1966）

《微观动机与宏观行为》（1978）

《透析能源问题》（1979）

《选择与结果》（1984）

《讨价还价、沟通和有限战争》（1993）等。